래블

베이징

상상출판

셀프트래블

베이징

초판 1쇄 | 2019년 2월 21일

글과 사진 | 김충식

발행인 | 유철상
편집 | 이정은, 이유나, 김유진, 남영란
디자인 | 주인지, 조정은, 조연경, 이혜수
마케팅 | 조종삼, 최민아

펴낸 곳 | 상상출판
주소 | 서울시 동대문구 정릉천동로 58, 103동 206호(용두동, 롯데캐슬 피렌체)
구입 · 내용 문의 | **전화** 02-963-9891, 070-8886-9892 **팩스** 02-963-9892
이메일 cs@esangsang.co.kr
등록 | 2009년 9월 22일(제305-2010-02호)
찍은 곳 | 다라니

※ 가격은 뒤표지에 있습니다.

ISBN 979-11-89856-01-4(14980)
ISBN 979-11-86517-10-9(set)

※ 이 도서의 국립중앙도서관 출판예정도서목록(CIP)은 서지정보유통지원시스템 홈페이지(http://seoji.nl.go.kr)와
국가자료공동목록시스템(http://www.nl.go.kr/kolisnet)에서 이용하실 수 있습니다. (CIP제어번호 : CIP2019002921)

www.esangsang.co.kr

셀프트래블

베이징

Beijing

김충식 지음

상상출판

OMEGA
京市百货大楼
Cartier
LANCÔME
震撼传媒
王老吉
王老吉
始创于 1828年 独家配方
SAMSUNG
刚刚好，就是
Galaxy C
盖乐世

外婆家
药
东安市场

Prologue

『셀프트래블 베이징』 초판이 나온 지 2년이 훌쩍 지난 어느 날, 개정판을 준비해야 한다고 연락이 왔다. 지난 시간이 길게 느껴졌다. 초여름 첫 책을 받아들고 느끼던 설렘도 잠시. 베이징 야생동물원에서 중국인 모녀가 호랑이에게 안타까운 죽임을 당했고, 곧이어 전 세계를 공포로 몰고 간 사스(SARS, 중증급성호흡증후군)가 발생했다. 그리고 우리나라가 사드(THAAD, 고고도 미사일 방어체계)를 설치한다는 소식이 들렸다. 중국에서 반한(反韓) 감정에 불매운동이 벌어졌고, 수많은 한국식당과 기업이 어려움을 겪었다. 그리고 마침내 중국에 진출한 롯데마트가 문을 닫았다.
그 즈음에 시진핑(習近平)이 중국공산당 중앙위원회 총서기로 당선이 되었다. 중국의 또 다른 변화가 시작되었다. 이후 중국은 정치, 경제 부문에 커다란 변화를 일구어냈다. 아니 지금도 변하고 있다. 특히 눈에 띄는 변화는 '환경' 분야였다. 세계 최악의 대기오염도시라는 불명예를 없애기 위한 강력한 정책들이 쏟아져 나왔다. 환경유해업체의 강제이주, 석탄 연료 감소를 위한 친환경정책 등 다양한 정책이 시행되면서 베이징에 푸른 하늘이 찾아왔다.

거리 곳곳에 노점 및 이동식 음식점이 사라졌다. 중국 정부는 강제적인 도로 정비와 환경미화도 진행했다. 베이징 내 불법 체류자들의 온상지를 없애서 인구밀도는 낮췄다. 모두 베이징 시민의 생활을 개선하기 위한 노력이었다. 덕분에 도로가 정비되고 골목길이 깨끗해졌다. 거리에 보행자의 흡연이 사라지고, 상업지구와 전통거리에 새로운 트렌드가 정착되기 시작했다. 전통보다는 퓨전을, 실용적이고 상업적인 아이템들이 하나둘 자리를 채우기 시작했다.

먹거리도 변하기 시작했다. 향기 가득한 찻집이 있던 자리에 드롭 커피(Drop Coffee) 전문점이 생기고, 유럽풍의 수제맥주 전문점들이 하나둘 생겼다. 한국식당 대신에 현지인들을 위한 한류음식점이 생겼다. 오랜 전통의 북경오리는 와인과 함께 하는 즐길 수 있는 퓨전 레스토랑에서도 만날 수 있게 되었다. 교통도 편리해졌다. 이제 만리장성을 제외한 대부분의 관광명소는 지하철과

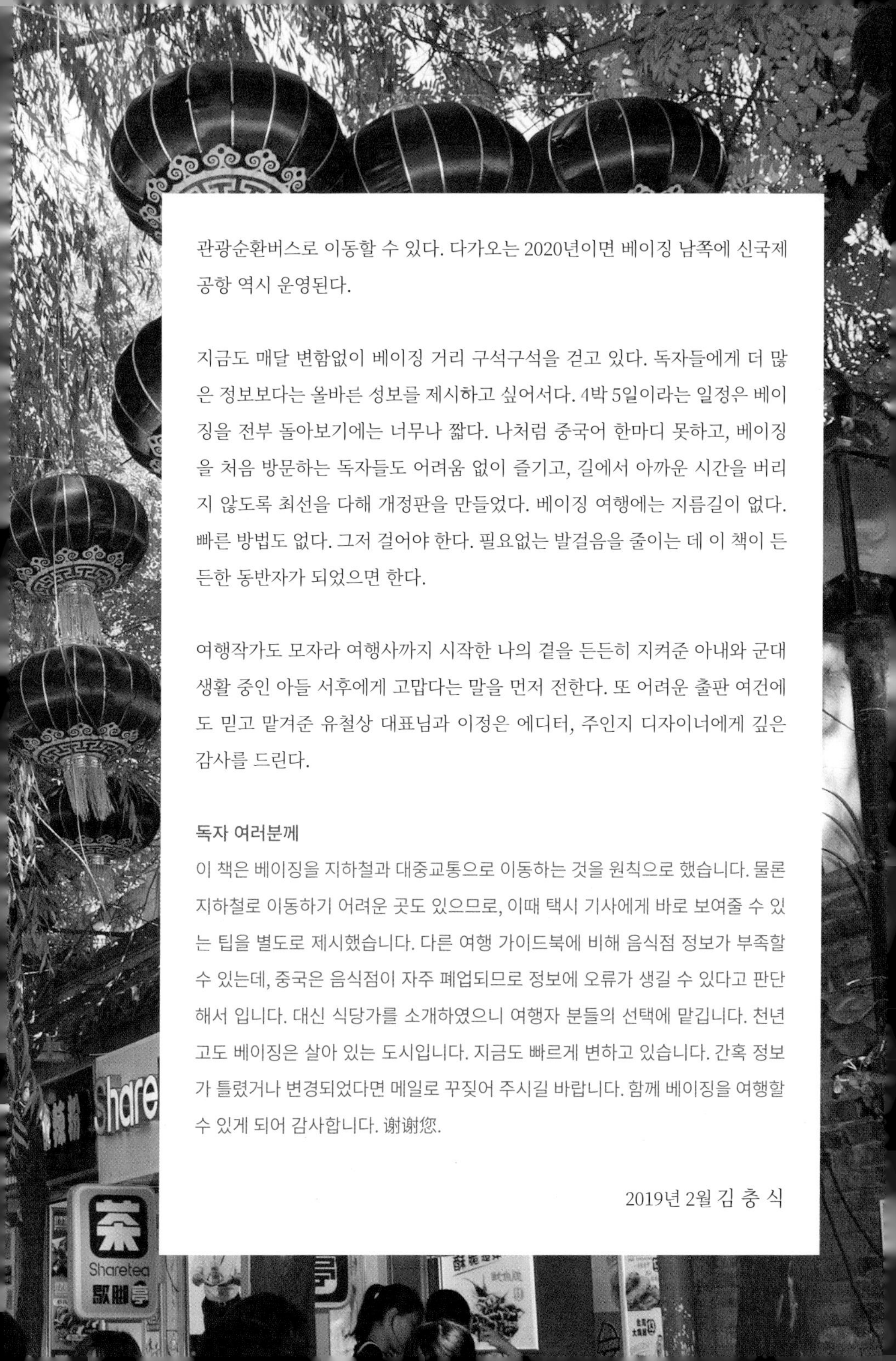

관광순환버스로 이동할 수 있다. 다가오는 2020년이면 베이징 남쪽에 신국제공항 역시 운영된다.

지금도 매달 변함없이 베이징 거리 구석구석을 걷고 있다. 독자들에게 더 많은 정보보다는 올바른 성보를 제시하고 싶어서다. 4박 5일이라는 일정은 베이징을 전부 돌아보기에는 너무나 짧다. 나처럼 중국어 한마디 못하고, 베이징을 처음 방문하는 독자들도 어려움 없이 즐기고, 길에서 아까운 시간을 버리지 않도록 최선을 다해 개정판을 만들었다. 베이징 여행에는 지름길이 없다. 빠른 방법도 없다. 그저 걸어야 한다. 필요없는 발걸음을 줄이는 데 이 책이 든든한 동반자가 되었으면 한다.

여행작가도 모자라 여행사까지 시작한 나의 곁을 든든히 지켜준 아내와 군대생활 중인 아들 서후에게 고맙다는 말을 먼저 전한다. 또 어려운 출판 여건에도 믿고 맡겨준 유철상 대표님과 이정은 에디터, 주인지 디자이너에게 깊은 감사를 드린다.

독자 여러분께

이 책은 베이징을 지하철과 대중교통으로 이동하는 것을 원칙으로 했습니다. 물론 지하철로 이동하기 어려운 곳도 있으므로, 이때 택시 기사에게 바로 보여줄 수 있는 팁을 별도로 제시했습니다. 다른 여행 가이드북에 비해 음식점 정보가 부족할 수 있는데, 중국은 음식점이 자주 폐업되므로 정보에 오류가 생길 수 있다고 판단해서 입니다. 대신 식당가를 소개하였으니 여행자 분들의 선택에 맡깁니다. 천년 고도 베이징은 살아 있는 도시입니다. 지금도 빠르게 변하고 있습니다. 간혹 정보가 틀렸거나 변경되었다면 메일로 꾸짖어 주시길 바랍니다. 함께 베이징을 여행할 수 있게 되어 감사합니다. 谢谢您.

2019년 2월 김 충 식

c★ntents

稻香村

Self Travel Beijing
일러두기

❶ 주요 지역 소개

『베이징 셀프트래블』은 베이징을 중심부와 동부, 서부, 근교 지역으로 나누어 소개하고 있습니다. 자유 여행객들의 주된 이동 수단이 지하철임을 감안해 지역별 스폿은 지하철역을 중심으로 수록했으며, 이동 동선 파악에 도움을 주기 위해 지도도 함께 제시했습니다.

❷ 알차디알찬 여행 핵심 정보

Mission 베이징에서 놓치면 100% 후회할 볼거리, 먹을거리, 살거리 등 재미난 정보를 테마별로 보여줍니다. 내 취향에 맞는 것만 쏙쏙~ 골라 여행을 계획하세요.
Enjoy 베이징 주요 스폿을 자세하게 소개합니다. 주소, 가는 법, 홈페이지 등 상세 정보는 물론, 각 스폿에 대한 저자의 팁이 가득합니다. 중요도에 따라 ★☆☆는 안 봐도 괜찮은 곳, ★★☆는 시간이 있다면 가볼 곳, ★★★는 베이징에 왔다면 꼭 가볼 곳으로 별점을 주었습니다.
음식점의 경우, 처음 베이징을 여행하는 분들을 위해 베이징 오리구이로 유명한 전취덕과 편의방, 샤부샤부 맛집인 동래순 등 다양한 프랜차이즈 맛집을 스페셜 페이지로 수록했습니다. 이동 코스와 대표적인 관광지 근처의, 도보로 이동 가능한 음식점을 중점적으로 추천했습니다.
숙소는 베이징을 중심부, 서부, 동부로 나누고, 호텔의 인지도와 유명 관광지로의 접근이 용이한 지하철역을 중심으로 호텔을 선정해 수록했습니다.
Step 베이징의 일반 정보부터 비자 발급 방법, 출입국 수속법, 길 찾는 법, 생존 중국어까지! 초보 여행자도 큰 어려움 없이 베이징을 여행할 수 있도록 유용한 정보를 모았습니다.

1 주요 지역 소개

2 여행 핵심 정보

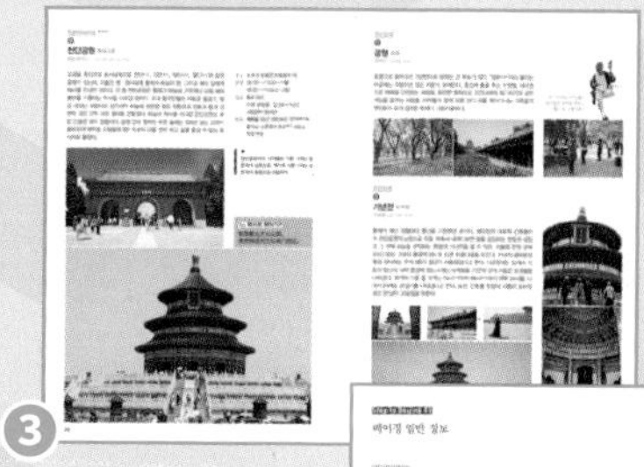

원어 표기

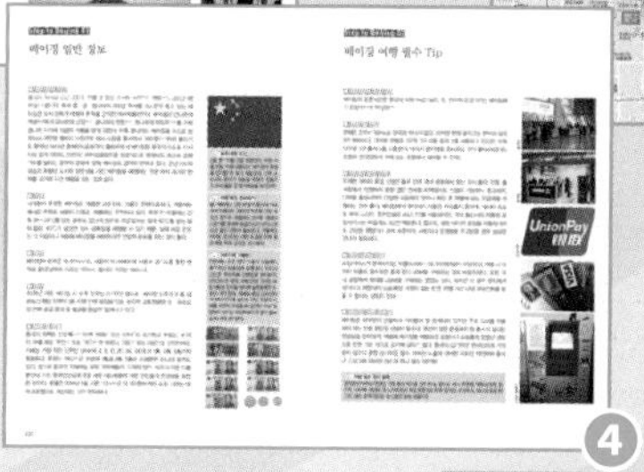

정보 업데이트

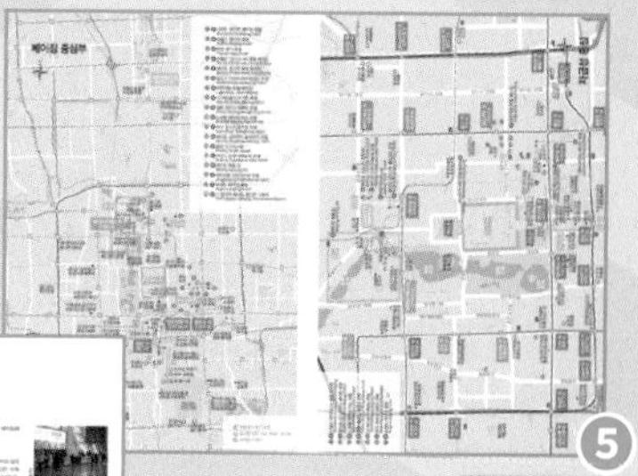

지도 활용법

❸ 원어 표기

각 스폿은 외래법을 기준으로 한글명뿐만 아니라 한자, 발음, 성조 등을 함께 표기했으나 몇몇 관광명소의 경우 여행자들에게 익숙한 이름을 택했습니다. 관광명소의 경우 중국어를 함께 표기하였으니 주소나 문장을 현지 사람들에게 직접 보여주는 편을 추천합니다.

❹ 정보 업데이트

이 책에 실린 모든 정보는 2019년 1월까지 취재한 내용을 기준으로 하고 있습니다. 현지 사정에 따라 요금과 운영시간 등이 변동될 수 있으니 여행 전 한 번 더 확인하시길 바랍니다. 잘못되거나 바뀐 정보는 계속 업데이트하겠습니다.

❺ 지도 활용법

이 책의 지도에는 아래와 같은 부호를 사용하고 있습니다.

주요 아이콘

Ⓗ 호텔, 호스텔 등의 숙소	• 스폿, 관광지	*i* 관광 안내소
Ⓢ 슈퍼마켓, 백화점 등 쇼핑 장소	M 지하철역	¥ 은행
Ⓡ 카페, 레스토랑 등 식사할 수 있는 곳	선착장	✚ 병원

베이징 전도

N
승덕 시
承德市
사마대 장성/고북수진
司马台长城/高北水镇
밀운수고
密云水库
용경협
龙庆峡
연경현
延庆县
모전욕 장성
慕田峪长城
관청수고
官厅水库
팔달령 장성
八达岭长城
회유구
怀柔区
거용관 장성
居庸关长城
명 13릉
明十三陵
창평구
昌平区
순이구
顺义区
평곡구
平谷区
베이징 수도 국제공항
北京首都国际机场
향산공원
香山公园
천저하촌
川底下村
팔대처
八大处
베이징시
통주구
通州区
베이징 다싱 국제공항(예정)
北京首都第二机场
방산구
房山区
G1
G2
G3
G4
G6
G7
G25
G45
G95
G101
G102
G103
G105
G108
G109
G110
G111
G112
S1
S12
S21
S30
S40
S50
S9961

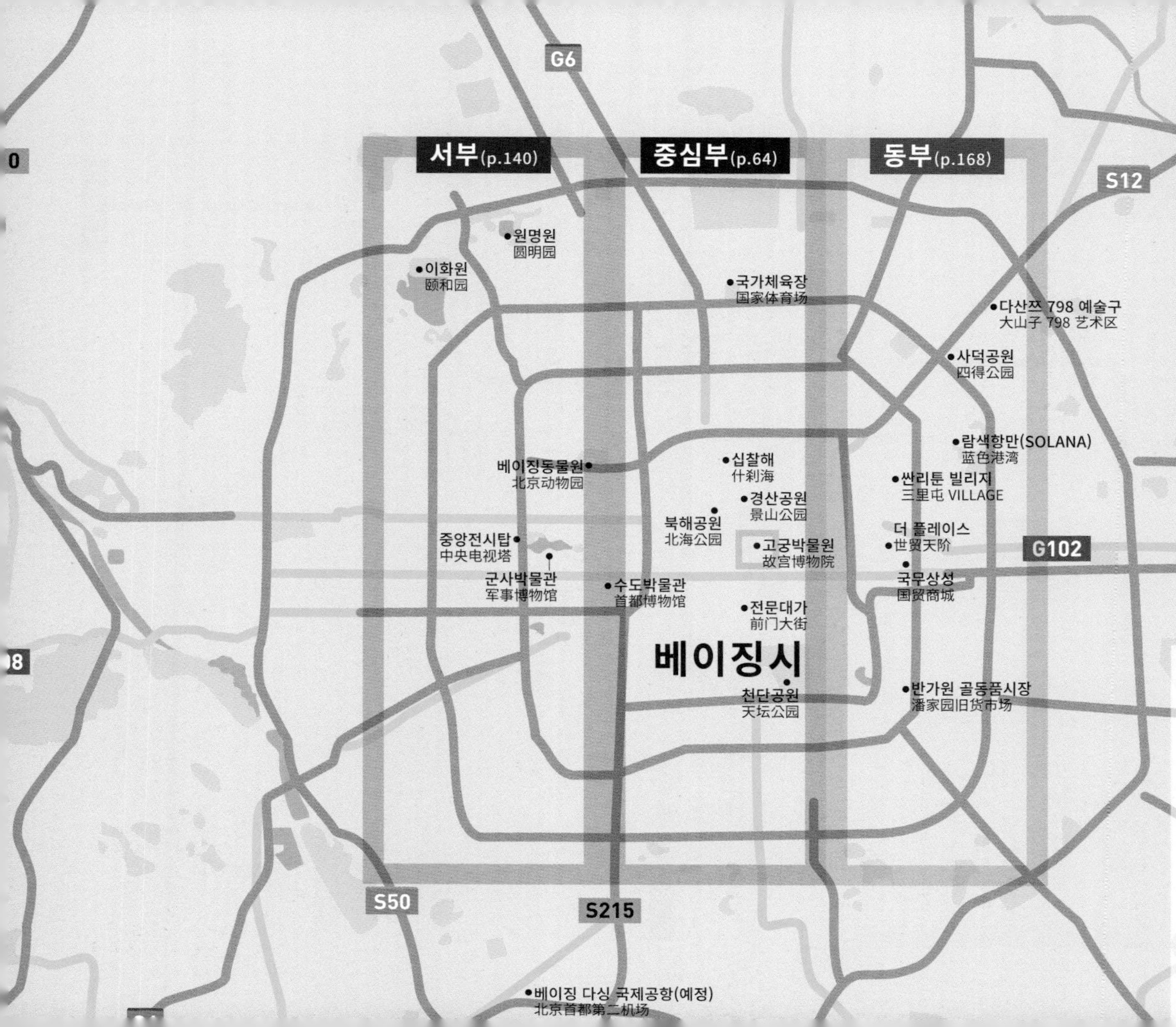

베이징 지도를 보면 마치 현대의 계획 도시처럼 직사각형의 면적에 고궁을 중심으로 수직(南北)선, 수평(东西)선으로 명확하게 나누어져 있는 것을 볼 수 있다. 그래서 베이징에서는 방향 감각만 있어도 길을 잃어버릴 일이 없다. 남북선은 도시의 심장인 고궁을 기준으로 북쪽으로는 경산공원과 고루까지, 남쪽으로는 천안문과 전문대가, 그리고 천단공원까지 이어진다. 그리고 동서선은 천안문을 가로지르는 장안대로(长安大街)로 베이징의 중심선이자 번화한 거리이다. 이렇게 고궁을 중심으로 교차점이 형성된다.

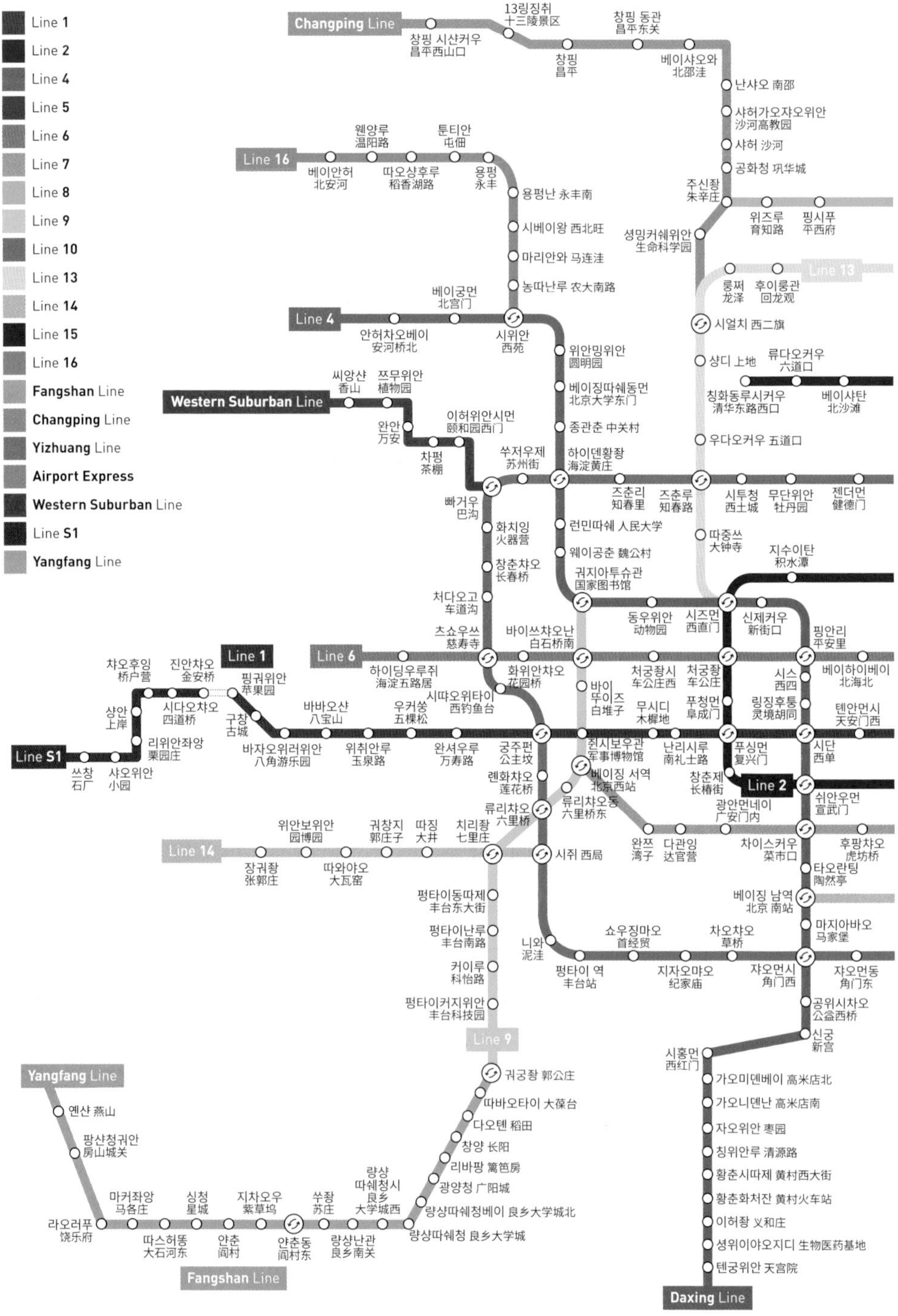
Line 1
Line 2
Line 4
Line 5
Line 6
Line 7
Line 8
Line 9
Line 10
Line 13
Line 14
Line 15
Line 16
Fangshan Line
Changping Line
Yizhuang Line
Airport Express
Western Suburban Line
Line S1
Yangfang Line
Changping Line
창핑 시산커우 昌平西山口
13링징취 十三陵景区
창핑 昌平
창핑 동관 昌平东关
베이샤오와 北邵洼
난샤오 南邵
샤허가오쟈오위안 沙河高教园
샤허 沙河
공화청 巩华城
주신좡 朱辛庄
위즈루 育知路
핑시푸 平西府
셩밍커쉐위안 生命科学园
Line 13
룽쩌 龙泽
후이룽관 回龙观
시얼치 西二旗
상디 上地
류다오커우 六道口
칭화동루시커우 清华东路西口
베이샤탄 北沙滩
우다오커우 五道口
Line 16
베이안허 北安河
웬양루 温阳路
따오샹후루 稻香湖路
툰티안 屯佃
용펑 永丰
용펑난 永丰南
시베이왕 西北旺
마리안와 马连洼
농따난루 农大南路
Line 4
안허차오베이 安河桥北
베이궁먼 北宫门
시위안 西苑
위안밍위안 圆明园
베이징따쉐동먼 北京大学东门
종관춘 中关村
하이덴황좡 海淀黄庄
Western Suburban Line
씨앙샨 香山
쯔무위안 植物园
완안 万安
이허위안시먼 颐和园西门
차펑 茶棚
쑤저우제 苏州街
빠거우 巴沟
즈춘리 知春里
즈춘루 知春路
시투청 西土城
무단위안 牡丹园
젠더먼 健德门
화치잉 火器营
런민따쉐 人民大学
웨이공춘 魏公村
따중쓰 大钟寺
지수이탄 积水潭
창춘챠오 长春桥
궈지아투슈관 国家图书馆
처다오고 车道沟
동우위안 动物园
시즈먼 西直门
신제커우 新街口
핑안리 平安里
츠쇼우쓰 慈寿寺
바이쓰챠오난 白石桥南
Line 6
하이딩우루쥐 海淀五路居
화위안챠오 花园桥
처궁좡시 车公庄西
처궁좡 车公庄
베이하이베이 北海北
시스 西四
바이뚜이즈 白堆子
무시디 木樨地
푸청먼 阜成门
링징후퉁 灵境胡同
톈안먼시 天安门西
Line 1
챠오후잉 桥户营
진안챠오 金安桥
핑궈위안 苹果园
시다오챠오 四道桥
구청 古城
샹안 上岸
리위안좌앙 栗园庄
Line S1
쓰창 石厂
샤오위안 小园
바바오샨 八宝山
바자오위러위안 八角游乐园
위취안루 玉泉路
우커쑹 五棵松
완셔우루 万寿路
시따오위타이 西钓鱼台
궁주펀 公主坟
쥔시보우관 军事博物馆
난리시루 南礼士路
푸싱먼 复兴门
시단 西单
베이징 서역 北京西站
롄화차오 莲花桥
창춘제 长椿街
Line 2
쉬안우먼 宣武门
류리챠오 六里桥
류리챠오동 六里桥东
광안먼네이 广安门内
완쯔 湾子
다관잉 达官营
차이스커우 菜市口
후팡챠오 虎坊桥
Line 14
위안보위안 园博园
궈창지 郭庄子
따징 大井
치리좡 七里庄
시쥐 西局
장궈좡 张郭庄
따와야오 大瓦窑
타오란팅 陶然亭
베이징 남역 北京南站
마지아바오 马家堡
펑타이동따제 丰台东大街
펑타이난루 丰台南路
니와 泥洼
쇼우징마오 首经贸
차오챠오 草桥
커이루 科怡路
펑타이 역 丰台站
지자오먀오 纪家庙
쟈오먼시 角门西
쟈오먼동 角门东
펑타이커지위안 丰台科技园
공위시차오 公益西桥
Line 9
신궁 新宫
시홍먼 西红门
궈궁좡 郭公庄
따바오타이 大葆台
다오톈 稻田
창양 长阳
리바팡 篱笆房
광양청 广阳城
량샹따쉐청베이 良乡大学城北
량샹따쉐청 良乡大学城
량샹 따쉐청시 良乡大学城西
Yangfang Line
옌샨 燕山
팡샨청궈안 房山城关
라오러푸 饶乐府
마커좌앙 马各庄
따스허똥 大石河东
싱청 星城
얀춘 阎村
지차오우 紫草坞
얀춘동 阎村东
쑤좡 苏庄
량샹난관 良乡南关
Fangshan Line
가오미덴베이 高米店北
가오미덴난 高米店南
자오위안 枣园
칭위안루 清源路
황춘시따제 黄村西大街
황춘화처잔 黄村火车站
이허좡 义和庄
셩위이야오지디 生物医药基地
텐궁위안 天宫院
Daxing Line

베이징 지하철 노선도

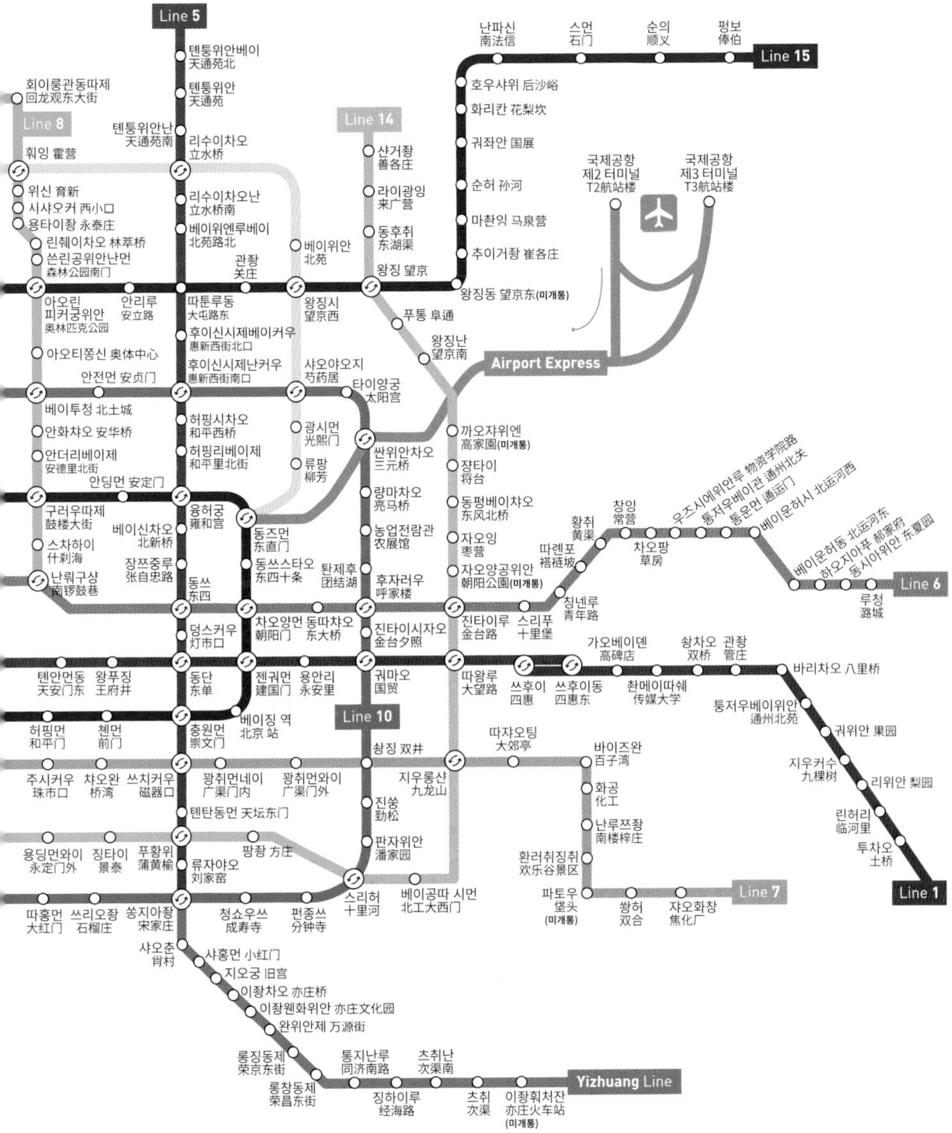

Line 5
톈퉁위안베이 天通苑北
톈퉁위안 天通苑
톈퉁위안난 天通苑南
리수이차오 立水桥
리수이차오난 立水桥南
베이위엔루베이 北苑路北
관좡 关庄
따툰루동 大屯路东
후이신시제베이커우 惠新西街北口
후이신시제난커우 惠新西街南口
허핑시차오 和平西桥
허핑리베이제 和平里北街
융허궁 雍和宫
베이신차오 北新桥
장쯔중루 张自忠路
동쓰 东四
덩스커우 灯市口
동단 东单
충원먼 崇文门
츠치커우 磁器口
톈탄동먼 天坛东门
푸황위 蒲黄榆
류자야오 刘家窑
쑹지아좡 宋家庄
회이룽관동따제 回龙观东大街
Line 8
훠잉 霍营
위신 育新
시샤오커 西小口
용타이좡 永泰庄
린췌이차오 林萃桥
쓴린공위안난먼 森林公园南门
아오린피커궁위안 奥林匹克公园
안리루 安立路
아오티쫑신 奥体中心
안전먼 安贞门
베이투청 北土城
안화차오 安华桥
안더리베이제 安德里北街
안딩먼 安定门
구러우따제 鼓楼大街
스차하이 什刹海
난뤄구샹 南锣鼓巷
Line 14
샨거좡 善各庄
라이광잉 来广营
동후취 东湖渠
왕징 望京
푸퉁 阜通
왕징난 望京南
베이위안 北苑
왕징시 望京西
샤오야오지 芍药居
광시먼 光熙门
류팡 柳芳
타이양궁 太阳宫
싼위안차오 三元桥
량마차오 亮马桥
농업전람관 农展馆
퇀제후 团结湖
후자러우 呼家楼
진타이시자오 金台夕照
궈마오 国贸
솽징 双井
진쑹 劲松
판자위안 潘家园
스리허 十里河
Line 10
까오쟈위엔 高家园(미개통)
장타이 将台
동펑베이챠오 东风北桥
자오잉 枣营
자오양공위안 朝阳公園(미개통)
진타이루 金台路
스리푸 十里堡
칭넨루 青年路
따왕루 大望路
지우롱샨 九龙山
따쟈오팅 大郊亭
베이공따 시먼 北工大西门
Line 15
난파신 南法信
스먼 石门
순의 顺义
펑보 俸伯
호우샤위 后沙峪
화리칸 花梨坎
궈좌안 国展
순허 孙河
마촨잉 马泉营
추이거좡 崔各庄
왕징동 望京东(미개통)
국제공항 제2 터미널 T2航站楼
국제공항 제3 터미널 T3航站楼
Airport Express
동즈먼 东直门
동쓰스타오 东四十条
차오양먼 朝阳门
동따챠오 东大桥
황취 黄渠
창잉 常营
차오팡 草房
따롄포 褡裢坡
우즈시에위안루 物资学院路
퉁저우베이관 通州北关
퉁윈먼 通运门
베이윈허시 北运河西
베이윈허동 北运河东
하오지아푸 郝家府
동샤위안 东夏园
루청 潞城
Line 6
톈안먼동 天安门东
왕푸징 王府井
젠궈먼 建国门
용안리 永安里
쓰후이 四惠
쓰후이동 四惠东
가오베이뎬 高碑店
촨메이따쉐 传媒大学
솽차오 双桥
관좡 管庄
바리차오 八里桥
퉁저우베이위안 通州北苑
궈위안 果园
지우커수 九棵树
리위안 梨园
린허리 临河里
투차오 土桥
Line 1
허핑먼 和平门
첸먼 前门
베이징 역 北京站
주시커우 珠市口
챠오완 桥湾
광취먼네이 广渠门内
광취먼와이 广渠门外
바이즈완 百子湾
화공 化工
난루쯔좡 南楼梓庄
환러취징취 欢乐谷景区
파토우 垡头 (미개통)
쐉허 双合
쟈오화창 焦化厂
Line 7
용딩먼와이 永定门外
징타이 景泰
팡좡 方庄
따홍먼 大红门
쓰리오좡 石榴庄
청쇼우쓰 成寿寺
펀종쓰 分钟寺
샤오춘 肖村
샤홍먼 小红门
지오궁 旧宫
이좡차오 亦庄桥
이좡웬화위안 亦庄文化园
완위안제 万源街
룽징동제 荣京东街
룽창동제 荣昌东街
퉁지난루 同济南路
징하이루 经海路
츠취난 次渠南
츠취 次渠
이좡훠처잔 亦庄火车站 (미개통)
Yizhuang Line

Beijing Q & A
베이징 여행 전 꼭 알고 싶은 9가지

Q1. 자유여행? 패키지여행?

베이징은 우리나라 서울과 경기도 크기의 면적이다. 단순히 면적만을 고려한다면 베이징은 패키지여행이 좋다. 이동이 용이하기 때문이다. 하지만 아쉽게도 국내 대형 여행사는 2박 3일 또는 3박 4일 일정의 상품이며, 그나마도 시간 때우기 식의 이동 동선인 경우가 많다. 결론적으로 자유여행을 추천하지만 베이징을 다 돌아볼 생각보다는 방문 시점에 가장 적합한 곳들을 여유 있게 즐기는 것이 좋다. 베이징의 매력을 온전하게 느끼려면 최소 5박 6일 이상의 일정이어야 한다. 지리적으로 가까운 곳이니 다시 찾을 생각으로 여유롭게 여행하자.

Q2. 언제 여행하면 좋을까요?

베이징을 여행하기에는 가을이 가장 좋다. 베이징에서는 대부분의 지역을 도보로 이동해야 한다는 점을 감안하면 가장 좋은 여행 시기는 9월 말부터 11월 초 정도이다. 하늘도 푸르고 기온도 적당하다. 다만 이 기간 중 10월 1일부터 일주일 정도, 중국 최대명절인 국경절에는 여행을 피하는 것이 좋다. 따라서 10월 중순부터 10월 말 또는 11월 초까지가 좋다. 봄은 꽃이 피는 4월과 5월이 좋다. 여름에는 기온이 40도에 육박하므로 7월부터 8월 말까지는 각오하고 여행해야 한다. 또한 1월부터 2월까지는 체감온도가 아주 낮으니 참조하자.

Q3. 어떤 사람이 여행하면 좋을까요?

베이징은 친구들끼리, 혹은 연인이나 가족 단위로 여행하는 사람이 많다. 그중에서도 5,000년의 중국 역사와 문화에 관심이 있고 대륙의 스케일을 느끼고 싶은 사람, 다양한 종류의 중국 음식을 맛보고 싶은 사람이 여행하면 좋다. 무엇보다 대부분의 관광지를 대중교통과 도보 중심으로 이동해야 하기 때문에 평소에 활동적이고 도보 여행을 즐기는 사람에게 추천한다. 만일 일행 중에 여행의 대부분을 호텔에서 쉬는 '휴양형' 타입이 있다면 최소한의 목표를 정해서 돌아보는 것이 좋다.

Q4. 항공권은 언제 사는 것이 좋을까요?

모든 항공권은 일찍 살수록 저렴하다. 베이징은 대한항공과 아시아나항공에서 직항노선을 운항하고 있다. 중국국제항공, 중국남방항공, 산동항공 등 중국 항공기도 있다. 국적기는 상대적으로 가격이 높으나 일찍 예매를 하면 다른 항공사와 큰 차이가 없다. 단, 중국 최대의 명절이나 국내여행사 성수기에는 가격이 많게는 2~3배의 차이가 있을 수 있으니 최대한 일찍 구매하는 것이 좋다.

Q5. 어떤 숙소를 고르는 게 좋을까요?

베이징에는 크게 두 가지의 숙소가 있다. 비즈니스 타입의 현대식 호텔과 베이징 전통가옥 사합원을 개조한 호텔이다. 베이징 전통가옥 사합원을 개조한 숙소는 주로 유럽인들이 많이 선호하는 편이다. 이 호텔은 목조로 되어 있거나 편의시설이 다소 부족하다. 비싼 편이지만 여행 기간 중에 하루 정도는 머물러 봐도 좋다. 저자가 추천하는 숙소는 약간 다르다. 무조건 지하철 역에서 가까운 호텔이 좋은 호텔이다. 결론적으로, 예산 범위 내에서 지하철 주변 도보로 5분 이내를 추천한다.

Q6. 베이징은 입맛 까다로운 사람에게도 좋은 여행지인가요?

중국 음식에 대한 가장 큰 어려움은 샹차이(우리나라에서 '고수'라 불린다) 향에 대한 거부감이다. 많은 사람이 샹차이에 익숙하지 않다. 베이징은 중국의 수도인 만큼 전 세계의 대표적인 브랜드 식당이 운영되고 있다. 만일 중국 음식에 대한 거부감이 심하다면, 백화점이나 쇼핑몰 등에 있는 대형 음식점 또는 프렌차이즈 레스토랑을 찾아가면 된다.

Q7. 가족과 여행한다면 무엇을 집중적으로 둘러볼까요?

베이징은 도시 전체가 박물관이라고 할 수 있다. 도시 곳곳에 역사적인 건축물과 공원, 그리고 상업지구가 밀집되어 있다. 또 가족끼리 여행을 한다면 천단공원, 자금성과 경산공원, 북해공원과 이화원 등 자연과 어우러진 여행지는 어떨까? 혹은 전문대가, 남라고항, 왕부정과 싼리툰 등 쇼핑중심의 거리에서 베이징 전통 간식을 맛보는 것도 좋다.

Q8. 베이징 여행의 매력 포인트는 무엇인가요?

베이징은 중국의 과거와 현재, 미래가 공존하고 있다. 자금성을 중심으로 남북으로 이어진 과거의 공간, 자금성 서쪽으로 펼쳐진 현지인들 삶의 공간, 그리고 동쪽으로 개발 중인 미래의 중국이 모여 있다. 150개 이상의 박물관과 전시관이 있는 곳, 중국 4대 요리뿐만 아니라 베이징만의 요리까지 맛볼 수 있는 음식의 천국, 다양한 예술과 문화의 공간이다. 그런 관광명소들을 지하철과 순환관광버스로 대부분 돌아볼 수 있다. 여행자의 취향에 따라 보물찾기를 즐길 수 있는 곳이 바로 베이징이다.

Q9. 치안은 괜찮은가요?

베이징은 중국의 수도이다. 중국의 다른 도시에 비하여 치안은 약간 과잉이란 느낌이 들 정도이다. 따라서 일반적인 관광지나 쇼핑몰, 거리에서는 치안에 대해 걱정할 필요가 없다. 물론 늦은 밤 어두운 골목길을 혼자서 다니는 것은 삼가자.

All about Beijing

중화인민공화국의 수도인 베이징은 면적으로 보면 16,411km², 서울의 약 28배 크기이다. 서울과 경기도를 합친 면적과 같으며, 남북의 거리는 176km, 동서의 거리는 160km이다. 생각보다는 훨씬 큰 면적이다. 하지만 관광지로서의 베이징은 자금성을 기준으로 동서남북 10km 이내이다. 물론 만리장성과 명 13릉과 같은 근교를 제외한 것. 베이징은 중국의 천년고도千年古都라 불릴 만큼 도시 전체가 박물관이며 유적지이다. 특히, 천단공원에서 북으로 십찰해까지 이어지는 중심부는 베이징 관광의 핵심 부분이다. 그리고 서부는 자연경관이 아름다우며, 동쪽은 중국 성장의 동력과 같은 경제중심지구이다. 베이징 여행은 살아 있는 중국 역사의 현장 답사와도 같다. 천천히, 더 천천히 걸으며 과거에서 현재로, 그리고 미래로 여행을 떠나보자.

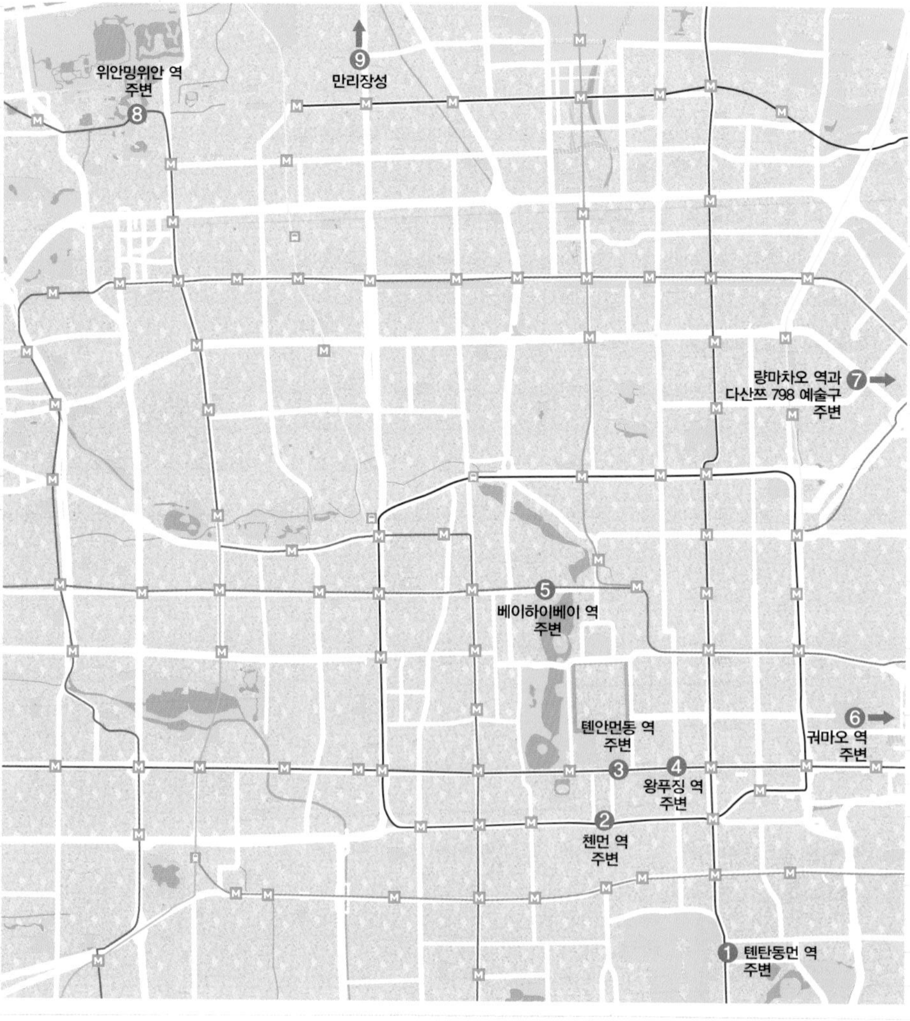

❶

톈탄동먼 역 주변 p.68

하늘과 이어진 길, 천단공원

고궁에서 약 3km 남쪽으로 떨어져 있는 천단공원은 베이징 중심부의 시작점이자 베이징 여행의 시작점이다. 명 · 청 시대에 황제들이 제사를 지내던 천단공원에는 수백 년된 나무들로 우거진 숲과 공원이 조성되어 시민들에게 휴식공간을 제공하고 있어 베이징의 아침을 볼 수 있는 곳이다. 실크제품으로 유명한 홍교시장과 소림사 쿵후를 소재로 한 홍극장, 베이징자연박물관이 인접해 있다.

❷

첸먼 역 주변 p.76

100년 전통의 거리를 걷다

황제가 있던 자금성은 베이징 시의 경계를 나누던 성벽으로 둘러싸여 있었다. 청나라 최대상업지구인 전문대가는 궁의 정문 밖으로 가장 번화한 상업지구가 있던 곳이다. 전문대가는 전통 상점이 즐비한 대책란과 골동품과 문방사우 전문 거리인 유리창과 연결되어 있다. 수백 년 전통의 맛집과 상점 거리를 거닐며 시간 여행을 할 수 있다.

❸

톈안먼동 역 주변 p.92

동병상련의 아픔을 담아 헌화를 하다

베이징 여행은 천안문과 고궁박물원을 보는 것으로 시작한다. 베이징의 모든 기준이 되는 곳이며 중국인들의 자부심과 자존심으로 통하는 곳이다. 마오쩌둥의 초상화가 걸린 천안문과 오성기가 휘날리는 천안문광장, 황금빛 유리기와가 파도와 같이 펼쳐진 고궁박물원은 중국 문화의 정수를 보여주는 곳이다. 국가박물관과 국가대극원, 인민대회당, 모주석 기념당 등 베이징 관광명소가 모두 모인 핵심 코스이다.

❹

왕푸징 역 주변 p.116

베이징 속의 샹젤리제를 걷다

중국인 관광객은 명동으로 오고 한국인 관광객은 왕부정대가로 간다. 베이징의 최고급 쇼핑 거리인 왕부정대가에는 약 1km에 걸쳐 보행자 거리가 조성되어 있다. 거리 앞뒤로 전통 먹거리 시장이 있으며 거리 양옆으로 대형백화점과 전통 상점들이 늘어서 있다. 전통 음식과 먹거리와 볼거리, 그리고 휴식공간이 풍성한 왕부정대가는 외국인 관광객이 선정한 베이징 최고의 거리이다.

❺

베이하이베이 역 주변 p.121

베이징이 품은 바닷가를 거닐자

고궁박물원 북문인 신무문 정면에는 만춘정에서 고궁박물원을 한눈에 내려다 볼 수 있는 경산공원이 있고, 그 옆에 가장 완벽한 보존 상태를 자랑하는 황실 정원인 북해공원이 있다. 또한 호숫가를 끼고 바 거리로 유명한 십찰해와 연대사가, 베이징 명물 후통이 쇼핑 거리로 탈바꿈한 남라고항이 인접해 있다. 최근 베이징에서 가장 핫한 곳. 후통과 사합원에서 라이브 음악과 함께 술 한잔할 수 있는 곳이다. 야경 또한 아름답다.

❻

궈마오 역 주변 p.171

베이징의 유행을 선도하는 거리

베이징 동부의 중심지와도 같은 궈마오 역은 중국 경제성장의 동력원이 모인 곳이다. 베이징 중심부가 과거의 모습이라면, 동부는 미래의 모습을 대표한다. 국무상성과 건외소호를 중심으로 아래로는 반가원 골동품시장과 금일미술관을, 위로는 조양공원과 싼리툰 빌리지, 천안문 방향으로는 수수가와 더 플레이스 등이 있다. 럭셔리한 느낌 속에 편안함이 묻어 있는 문화와 쇼핑의 거리를 차분하게 둘러보자.

❼

량마차오 역과 다산쯔 798 예술구 주변

p.198

베이징의 과거와 현재를 넘나들다

베이징의 북서지역에 있는 량마차오 역은 공항에서 도심으로 들어오는 관문인 삼원교와 인접해 있다. 관광지보다는 대사관과 비즈니스 지역으로 유명하다. 세계 음식점이 줄지어 서 있는 호운가Lucky Street와 람색항만SOLANA, 조양공원을 끼고 있다. 한인타운이 있는 왕징 주변에는 한국식당이 밀집한 사덕공원과 다산쯔 798 예술구, IKEA 등이 있다.

❽

위안밍위안 역 주변 p.157

청나라의 아픈 기억 속에 서다

중국 역사상 가장 화려한 황실 별궁인 원명원과 서태후의 여름 별장으로 유명한 이화원이 있는 곳이다. 베이징의 지하철이 발달하면서 도심권으로 포함되었다. 세상에서 가장 아름다운 정원이자 황실의 휴양지로 통하는 이화원과 원명원은 당대 문화예술의 결정판이었다. 그러나 이곳은 연합군에 의해 철저히 짓밟히고 불탄 적도 있다. 서태후를 빼고는 이야기할 수 없는 이화원만이 그 아픔을 대변하고 있다.

❾

만리장성 p.210

중국인들의 자존심

베이징 도심에서 벗어나면 만리장성과 명 13릉이 있다. 명 13릉은 중국 황제와 황후를 모신 곳으로 세계에서 가장 웅장한 규모와 완벽한 보존 상태를 자랑한다. 중국인들의 로망인 만리장성 중 가장 대표적인 팔달령 장성의 정상에 서서 산 능선을 따라 뻗어나가는 장성의 웅장한 모습을 보면 결코 인간이 만들었을 거라고는 생각하지 못할 만큼 불가사의하다.

Try Beijing 01

4박 5일 천년 고도 베이징을 즐기는 정석 코스

베이징을 가장 알차게 둘러보려면 최소 4박 5일 정도가 필요하다. 가장 대표적인 관광지를 중심으로 지하철과 도보를 이용하여 최적의 관람 순서로 일정을 세웠다. 만일 시간이 부족하다면 명 13릉과 만리장성을 제외해도 좋다. 짧은 일정에 모든 여행지를 다 돌아볼 수는 없기에, 버릴 건 과감하게 버리는 선택과 집중이 필요하다.

DAY1 천단공원과 전문대가 둘러보기

09:00~10:30 **베이징 수도국제공항 도착**

10:30~11:30 **베이징 입국 및 도심 이동**

12:00 **호텔 체크인**

★기내식을 먹어 점심은 간단히 먹고 싶다면, 중국 패스트푸드(맥도날드/KFC)에 도전!

13:00~14:30 **천단공원**

이동 방법 지하철 5호선 천단공원 역 출구A 하차, 동문 매표소 이용

추천 동선 천단공원 동문 ⇨ 칠성석 ⇨ 장랑 ⇨ 기년전 ⇨ 황궁우 ⇨ 원구단 ⇨ 남문

미션 ① 건축물에 사용된 원형과 사각형 그리고 건축물 속에 숨은 숫자 8과 9를 찾아보자.

② 공원에서 스퀘어댄스와 제기차기毽子, 태극권 따라 하기

★홍교시장을 둘러보려면, 천단공원에 들어가기 전에 간단히 쇼핑을 하자.

★호텔에서 택시로 이동 시, 천단공원 남문에서 내린다. 추천 동선의 반대로 돌아보고 동문으로 나가서 지하철 2호선 전문 역에서 하차, 출구C로 나가면 된다.

15:00~17:00 **전문대가와 대책란** (유리창문화거리는 선택)

이동 방법 천단공원 남문에서 버스 120번(路)을 타고 전문에서 하차(7정류장/30분)

(노선도 : 천단남문(天坛南门) – 永定门东街 – 永定门东 – 先农坛 – 天桥 – 珠市口南 – 대책란(大栅栏) – 전문(前门))

추천 동선 전문 ⇨ 패루(스타벅스 앞) ⇨ 전문대가 ⇨ 대책란 ⇨ 노사차관 ⇨ 국가대극원

미션 ① 전문대가에서 트램Tram을 타고 과거로 떠나기(20위안/편도, 10분 소요).

② 구불리 만두의 '맥주'와 도일처 '소맥'의 차이점 느껴보기

③ 과일꼬치 '탕후루' 등 전통 간식 먹어보기

★북경오리를 먹고 싶다면, 전문대가를 둘러보기 전에 먼저 북경오리 전문점(전취덕, 편의방)을 방문해 사전 예약을 하자. 도일처, 구불리 만두, 선어구에서 간단하게 저녁 식사를 하고 노사차관에서 공연을 보는 것도 좋다(예약 필수).

★이후 일정인 만리장성과 명 13릉 관광버스 표를 예매해 두자(전문 앞 매표소).

17:00~18:00 **국가대극원 야경 즐기기**

이동 방법 전문대가에서 KFC를 지나 노사차관으로 이동(필요시 예약)
길 건너 국가대극원으로 도보 10~15분 이내

추천 동선 전문대가 ⇨ 노사차관 ⇨ 인민대회당 뒤길 ⇨ 국가대극원(내부관람은 선택)
⇨ 천안문서(天安门西) 역 방향 ⇨ 천안문광장을 끼고 전문대가(광장은 진입불가)

미션 ① 인공호수에 비친 국가대극원 모습 카메라에 담기
② 붉은 오성기와 마오쩌둥 초상화가 걸린 천안문을 배경으로 인증샷 남기기

★입장료를 내고 상설전시 및 내부를 관람할 수 있다(40元).
★국가대극원에서 천안문광장 방향의 진입을 통제할 경우, 이동 동선을 되돌아가야 한다.
★전문대가 부근에서 저녁을 먹지 않으면 천안문서 역에서 지하철로 이동한다.

18:30~20:00 **저녁 식사**(북경오리 또는 노사차관)

DAY2 금단의 문을 열다

08:00~09:00 **천안문**

이동 방법 지하철 1호선 천안문동 역 또는 천안문서 역에서 하차(줄을 서서 보안검색 후 입장 가능)

추천 동선 천안문 ⇨ 고궁박물원 입구

미션 ① 마오쩌둥 초상화와 화표를 배경으로 인증샷 남기기
② 천안문 성루에 올라가서 천안문광장과 고궁박물원을 내려다보기
(짐 보관 필수. 요금 별도 15元/인)

★사복경찰이 주변에 많으니 불필요한 행동은 삼가자.
★천안문과 고궁박물원은 단체관광객이 몰리기 전에 돌아보는 것이 좋다.

09:00~11:00 **고궁박물원**

이동 방법 천안문 마오쩌둥 초상화를 지나 직진하면 오문 앞 매표소가 있다.

추천 동선 오문 ⇨ 태화문 ⇨ 태화전 ⇨ 중화전 ⇨ 보화전 ⇨ 건청문 ⇨ (짐 보관) ⇨ 신무문(북문)

미션 ① 금수교를 배경으로 멋진 태화전과 인증샷 남기기

② 중국 황실의 보물이 있는 진보관과 구룡벽의 나무조각을 찾아보자

★시간적 여유가 있으면 오디오 가이드를 이용하자.

11:00~12:00 **경산공원**

이동 방법 고궁박물원 북문(신무문)을 나오면 정면에 경산공원 입구가 있다.

왼쪽 지하도를 이용해서 건너간다.

추천 동선 문 ⇨ 주성정 ⇨ 관묘정 ⇨ 만춘정 ⇨ 남문(입구에서 오른쪽으로 돌면 주성정周赏亭으로 올라가는 계단이 나온다. 그 옆에 명나라 마지막 황제가 자결한 홰나무가 있다. 관묘정观妙亭을 거쳐 정상인 만춘정万春亭으로 이동한다.)

미션 ① 천천히 베이징의 풍광을 즐겨보자. 고궁의 황금지붕 물결을 배경으로 하는 인증샷은 필수! 나지막한 인공 산이지만 고궁을 비롯해 베이징이 발 아래 놓인 기분을 느낄 수 있다.

② 명나라의 국운을 머문 홰나무를 찾아보기(관묘정 올라가는 입구 왼쪽 편)

★봄에는 꽃들의 향연이 펼쳐지는 곳이다. 꽃의 향기를 즐기며 공원을 산책해보자.

★반대편으로 내려가 서문으로 나가면 북해공원 동문과 마주하게 된다.

13:00~16:00 **천안문광장**

이동 방법 경산공원 건너편(고궁박물관 북문)에서 관광순환버스 1호선을 타고, 전문대가에서 하차. 인민대회당 앞 대로를 따라 도보 10분 이내

추천 동선 인민대회당(선택) ⇨ 천안문광장 ⇨ 정양문 ⇨ 인민영웅기념비 ⇨ 중국국가박물관

★해가 지고 국기강하식이 끝나면 천안문광장에 머물 수 없다.

★천안문광장으로 들어가기 전에 전문대가에서 간단하게 점심 식사를 하자.

16:30~18:00 **왕부정 대가**

이동 방법 중국국가박물관 앞 지하철 1호선 천안문동 역에서 왕부정 역까지 이동한다.

추천 동선 동방신천지 ⇨ 왕부정 보행자거리 ⇨ 왕부정소흘가 ⇨ 동당 ⇨ 왕부정 역

미션 왕부정소흘가에서 전통 간식을 먹고, 왕부정 우물을 찾아 인증샷

★APM(애플스토어) 건너편에 천주교성당, 동당까지 둘러보고 이동하자.

★저녁 식사는 APM 백화점 또는 동방신천지 내의 식당가를 이용하자.

DAY3 황실 정원 꽃 향기에 취하다

09:00~11:00 **이화원**

이동 방법 이화원과 연결되는 지하철 역은 2개로, 동문과 인수전으로 통하는 서원 역과 소주가로 이어지는 북궁문 역이다. 필자는 서원 역을 추천한다.

추천 동선 ① 여유가 있을 경우 : 서원 역 ⇨ 동문 ⇨ 인수전 ⇨ 옥란당 ⇨ 덕수전 ⇨ 장랑 ⇨ 불향각 ⇨ 청안방 ⇨ 보트로 이동 ⇨ 동우/남호도 ⇨ 곤명호 호수길 ⇨ 동문 ⇨ (소주가) ⇨ 서원 역

② 서원 역 ⇨ 동문 ⇨ 인수전 ⇨ 옥란당 ⇨ 곤명호 호수길 ⇨ 동우/남호도 ⇨ 곤명호 호수길 ⇨ 덕수전 ⇨ 장랑 ⇨ 불향각 ⇨ 청안방 ⇨ 소주가 ⇨ 북궁문 역

미션 ① 곤명호 호수 위에서 보는 불향각, 불향각에서 내려다보는 곤명호의 인증샷은 필수!

② 인수전에서 덕수전, 장랑, 불향각, 청안방까지 서태후의 발걸음을 뒤쫓기

★이화원에서 도심까지 이동하는 동안 약 1시간이 소요된다. 서원 역 앞에 맥도날드, KFC, 스타벅스 등 간단한 먹거리 매점이 있다. 또한 북궁문 역 앞에도 먹거리 시장이 형성되어 있으니 잠시 쉬어가자.

13:00~15:00 **북해공원(동문, 남문 또는 북문)**

이동 방법 지하철 4호선을 타고 평안리 역에서 6호선으로 환승한다. 북해북 역에서 하차. 출구B로 나오면 도보 5분 이내

추천 동선 북해공원 동문 ⇨ 경화도 ⇨ 남문 또는 북문(구룡벽 필수)

미션 ① 여름의 연꽃이 필 무렵이라면 남문에서 하얀 백탑을 배경으로 인증샷은 필수!

② 경화도의 백탑을 돌아본 후 보트를 타고 호수 건너기

★십찰해 또는 남라고항으로 이동하려면 북문으로 나가는 것이 좋다.

★동문 또는 북문 근처에 있는 보트를 타고 경화도로 이동한 다음, 도보로 북문을 나오는 것이 편리하다.

15:00~16:30 **공왕부**

이동 방법 북해북 역 또는 북해공원 북문에서 도보 10분 이내

미션 ① 내부 전시실에 공왕부가 있게 만든 화신의 초상화 찾기

② 강희황제의 친필인 '복福'자가 새겨진 비석 찾기(유월대와 안선당 사이)

★공왕부에서 십찰해로 가는 후통 골목에 한국식당 한정미韩正味가 있다.
중국인이 운영하는 식당이지만 한국인의 입맛에 잘 맞고, 구글 번역으로 인한 오역으로 인한 메뉴판이 읽는 재미를 더해준다. 슴슴 매콤한 라면에 떡볶이가 생각난다면 들려보자.

17:00~18:00 **십찰해 및 후통 투어**

이동 방법 공왕부 출구에서 왼쪽으로 이동한다. 처음 만나는 넓은 호수가 전해前海이다.

추천 동선 공왕부 ⇨ 십찰해 바Bar 거리 ⇨ 은정교 ⇨ 연대세가 ⇨ 십찰해 역

미션 사합원에서 차 한잔을 하며 베이징 사람들이 살아가는 모습을 살펴보자.

★무더운 날에는 자전거 후통 투어를 이용해보자. 후통 투어는 전해前海보다 후해后海를 권한다. 도보로 이동하기에 상당한 시간과 체력이 필요하지만 실상 볼거리는 많지 않기 때문이다. 사전에 철저한 가격협상은 필수.

★십찰해는 해가 지면 활기가 넘치는 곳이다. 호수에 반영되는 멋진 야경은 덤!

18:30~20:00 **남라고항**

이동 방법 십찰해를 둘러보고 연대세가를 지나 왼쪽으로 걸으면 고루가 있다.
고루에서 오른쪽으로 걸으면 남라고항과 북라고항의 분기점을 만나게 된다.
골목 입구에 남라고항 동판 지도가 있으니 확인하자.

추천 동선 스타벅스 ⇨ 남라고항 지하철 역

미션 남라고항을 천천히 걸으면서 쇼핑도 하고 다양한 간식거리를 즐기자.
멋진 라이브 바Bar에서 맥주를 한잔하거나 아기자기한 카페에서 차 한잔의 여유를 즐기는 것도 여행을 넉넉하게 만든다. 사합원을 개조한 식당에서 멋진 식사도 가능하다.

★남라고항을 둘러보고 다시 십찰해로 돌아오려면 남라고항 역에서부터 관람을 시작하는 것이 좋다. 연대세가에서 왼쪽은 종고루, 오른쪽은 남라고항 역 방향임을 잊지 말자.

DAY4 ① 인간이 만든 최고의 걸작품, 만리장성 길을 걷다

~ 일출 시간 천안문광장

미션 국기게양식 관람

06:30~17:00 만리장성, 명 13릉

이동 방법 전문 앞 관광버스 매표소 앞에서 전용버스 출발

추천 동선 전문 ⇨ 명 13릉 ⇨ 점심 ⇨ 만리장성(팔달령장성) ⇨ 올림픽공원 ⇨ 전문

미션 ① 명 13릉 지하왕궁 입구에 있는 금金 표식 찾기

② 케이블 또는 슬라이딩카로 정상에 올라 만리장성을 사진에 담기

★제공되는 점심 식사가 입맛에 맞지 않을 수 있으니 간단한 간식거리를 준비해 가자.

★돌아오는 길이 베이징 시내 도로가 많아 막히는 편이므로, 올림픽공원에서 내려 주경기장과 국가수영센터를 둘러보고 지하철로 이동하는 것도 좋다. 참고로 올림픽공원은 해 질 무렵 조명이 들어오면 가장 아름답다.

★빠듯한 여행이 싫다면 만리장성과 명 13릉은 다음 기회로 미루자. 만리장성을 일정에서 빼고, 지하철로 명 13릉과 원명원, 이화원을 같이 묶는 것도 방법이다.

DAY4 ② 베이징의 문화와 삶을 이해하다

09:00~10:30 원명원

이동 방법 지하철 1호선 서단 역에서 4호선으로 환승, 원명원 역에서 하차

추천 동선 원명원의 볼거리는 서양루이다. 청화대학교를 가려면 서양루 출구에서 직진한다.
이화원을 가려면 원명원모형전시관이 있는 오른쪽으로 이동한다.
돌아오는 길에서는 배를 타고 잠시나마 호수를 유람하는 방법을 추천.

미션 성룡과 권상우가 주연한 〈차이니스 조디악〉의 배경이니, 성룡 포즈로 인증샷을 찍어보자.
19세기 후반 약탈당한 청나라 황실 정원 원명원圓明園의 12간지 청동상을 되찾은 과정을 그린 영화이다. 사양루에 가기전에 12간지 청동상에 대한 특별전시장이 있다.

★원명원은 무척 넓은 곳이다. 미지에 대한 호기심은 잠시 접어두자. 오늘은 많이 걸어야 하는 코스이니 발을 아끼며, 가능한 한 다른 관람객을 따라 직선코스를 걷자.

11:00~12:00 **수도박물관**

이동 방법 지하철 4호선 위안밍위안 역에서 1호선 무시디 역으로 이동(2번 환승/ 약 30분)

추천 동선 3층부터 관람하면서 내려온다. 지하에 있는 기념품 상점도 살펴보자.

미션 베이징의 역사와 문화, 예술 생활풍속 이해해보기

★무료입장이지만 여권은 필수 지참

13:00~15:00 **옹화궁과 공묘/국자감**

이동 방법 1호선 무시디 역에서 2호선으로 환승, 용허궁 역으로 이동한다.

추천 동선 옹화궁 ⇨ 공묘 ⇨ 국자감

미션 ① 북쪽 끝에 있는 만복각에서 높이 18미터의 백단나무로 만든 대불大佛을 찾아보자.
웅화궁은 완전한 중국 사원의 건축 형식은 아니지만, 한나라 시절의 라마 건축물의 아름다움을 살펴 볼 수 있는 곳이다.

② 원명청 3대에 걸쳐 공자에게 제사를 드리던 사당인 공묘孔庙에서 공자에게 소원을 빌어 보자.
강희 때부터는 새로운 황제가 즉위할 때마다 순서대로 이곳에 현판을 걸었는데
현재 강희 때부터 선통宣统까지 황제 9명의 현판이 보존돼 있다.

③ 벽옹辟雍으로 항하며 유리로 된 유리패방琉璃牌坊을 찾아보자.
유리패방에는 앞뒤로 건륭제가 직접 쓴 '원교교택圜桥教泽', '학해절관学海节观'이 각각 새겨져 있다.
또한, 벽옹의 3면에 건륭, 도광, 함봉 3명의 황제가 친필로 쓴 현판이 걸려 있다.

★옹화궁을 보고 길 건너 공묘와 국자감도 함께 돌아보자. 안정문 역 방향으로 걸어가면 오도영후통과 연결된다.

15:00~17:00 **오도영 후통**

이동 방법 국자감을 보고 안정문 역으로 이동한다.

또는 용허궁 역 출구A 근처인 Costa커피숍 골목길이 오도영후통의 시작점이다.

미션 ① 가위로 오려서 만든 세계 유명도시 지도점을 찾아보자.

② 다양한 물감을 풀어 석고 조형물에 화려한 색감을 입혀보자

★이른 시간보다 늦은 오후, 또는 해가 질 무렵에 찾아가면 좋다.

DAY5 베이징의 문화예술과 만나다

08:00 호텔에서 얼리 체크아웃을 하고, 짐을 호텔에 맡긴다.

09:00~11:00 공항으로 이동하기 전 남은 시간을 최대한 활용하자.

선택① 798예술구 둘러보기(추천)

선택② 반가원 골동품시장과 금일미술관 & 22원가예술구 돌아보기

★단, 공항으로 이동하는 시간을 감안하여 최소 3시간 전에는 호텔로 돌아와야 한다.

항공시간표에 맞게 시간을 활용하자.

선택 보기

선택① **798 예술구 둘러보기**

798 예술구

이동 방법 지하철 14호선 장태 역(将台 站)에서 택시 또는 도보로 이동 가능(약1.5~2km).

또는 지하철 13호선 왕징시 역에서 버스로 환승 후 왕예펀王爷坟 또는 다산쓰로쿠난大山子路口南에서 하차한다.

추천 동선 798 예술구는 A구역부터 F구역까지 총 6개로 구분되는데 시간적으로 전체를 모두 둘러보기가 쉽지 않다. 798 거리에 있는 D구역과 E구역을 집중적으로 공략하자.

★미로처럼 복잡하니 지도를 참조로, 구역별 상징적인 조형물을 이정표로 하자.

선택② 반가원골동품시장과 금일미술관 & 22원가예술구

반가원골동품시장

이동 방법 지하철 10호선 반가원 역에서 하차, 출구 B/C에서 도보 5분 이내

미션 없는 물건이 없지만, 대부분 짝퉁이다. 베이징 기념품 수준으로 고르고, 가벼운 흥정을 즐기자.

★골동품에 관심이 없다면 생략해도 무관

금일미술관 & 22원가예술구

이동 방법 지하철 10호선 반가원 역에서 쌍정 역 이동, 출구B2에서 도보 10분 이내

미션 입구에 서 있는 아저씨들이 단체로 익살스럽게 웃고 있는 동상과 다양한 포즈로 인증샷 남기기

★뛰어난 작품들을 만날 수도 있으니 전시 내용을 미리 확인하자.

4~6시간 반나절 스피드 베이징 여행

비즈니스로 베이징을 찾은 경우, 베이징을 둘러볼 시간은 딱 반나절 또는 하루뿐인 경우가 많다. 짧은 시간이 아쉽지 않도록, 베이징의 핵심만 빠르게 쏙쏙 둘러볼 수 있는 기본 코스를 소개한다.

12:30~13:30 **노사차관에서 다과 및 점심 즐기기(선택)**

★노사차관에서는 매일 12:30부터 작은 인형극 공연이 펼쳐진다.

13:30~14:30 **전문대가와 대책란 둘러보기**

이동 방법 지하철 2호선 전문 역에서 출구C(또는 택시로 이동) 노사차관에서 우측으로 대로를 따라 이동(도보 5분)

미션 ① 전문과 전문대가 인증샷(정양패루와 전문을 배경으로 하자)

② 전문대가에서 마담투소밀랍박물관, 전취덕, 도일처 중 하나 경험하기

③ 대책란의 내연승, 구불리 만두 구경하기(대관루 앞 맥도날드에서 돌아가자)

14:30~15:00 **천안문광장**

미션 국기게양대와 천안문 배경으로 인증샷(도보 5분)

★천안문광장은 꼭 들어가지 않아도 된다. 전문대가에서 국가대극원의 아름다운 돔을 보고, 인민대회당에서 천안문과 천안문광장을 한눈에 볼 수 있기 때문.

15:00~15:30 **천안문**

미션 마오쩌둥 초상화와 화표를 배경으로 인증샷(도보 10분)

15:30~16:30 **고궁박물관**

추천 동선 금수교 ⇨ 태화문 ⇨ 태화전 ⇨ 중화전 ⇨ 보화전 ⇨ 신무문(북문 출구)(1시간)

16:30~17:30 **경산공원**

미션 만춘정에서 고궁을 배경으로 인증샷

★베이징에서 가장 높은 산이지만, 만춘정(정상)까지 겨우 10~15분이 걸린다.

17:30~18:00 **베이징 시내 버스투어전용차 당당차**铛铛车 **탑승**

★고궁박물원 출구 앞(고궁)에서 승차, 신동안시장에서 하차한다(약 20분/15元).

18:00~19:00 **왕부정대가 산책**

미션 쇼핑 및 먹거리 탐방

Try Beijing 03

10시간 아침부터 저녁까지, 하루 만에 베이징 정복!

하루 동안 베이징을 여행할 시간이 주어진다면 어떻게 해야 할까? 이른 아침부터 저녁까지 바쁘게 움직이면 베이징의 주요 관광지는 다녀올 수 있다. 우선, 호텔에서 택시로 천단공원 남문 이동한다. 지하철로 이동할 경우, 반나절코스와 동일하다.

08:00~09:00 **천단공원**

이동 방법 지하철 5호선 천단동문 역에서 숭문문 환승한다. 2호선 전문 역 출구C 하차(20분 소요)

추천 동선 천단공원 남문 ⇨ 원구단 ⇨ 기년전 ⇨ 동문

09:30~10:30 **전문대가**

이동 방법 전문에서 인민대회당 경유해 천안문광장 도착(도보 10분)

추천 동선 정양패루 ⇨ 전문대가 ⇨ 대책란

★중간에 점심 식사를 할 만한 곳이 없다. 간단하게 구불리 만두나 도일처 등 전통 상점에서 간식거리를 맛보고 이동하자.

10:40~11:30 **천안문광장과 그 주변**

추천 동선 국가대극원 ⇨ 천안문광장(인민대회당, 인민영웅기념비, 국기게양대 등)

11:30~13:30 **천안문과 고궁박물원**

추천 동선 천안문 ⇨ 오문 ⇨ 태화문 ⇨ 태화전 ⇨ 중화전 ⇨ 보화전 ⇨ 건청문

★천안문 마오쩌둥 초상화를 배경으로 인증샷을 남기고, 천안문의 성곽은 생략해도 무관하다. 고궁박물관도 중요 부분을 중심으로 관람하고 북문으로 빠져나간다.

14:00~15:00 **경산공원**

미션 만춘정에 올라 고궁박물원을 내려다보며 인증샷(도보 20분).

★여건이 되면 일출 또는 일몰을 감상해 보자. 고궁의 황금빛 지붕 위로 이동하는 햇살의 모습이 장관이다. 북해공원 백탑을 배경으로 지는 붉은 노을도 아름답다.

15:30~16:30 **남라고항**

이동 방법 남라고항 끝자락에 있는 스타벅스를 지나 대로가 나오면 좌회전한다(도보 20분). 곧바로 걷다보면 종고루가 나오고 횡단보도 건너 왼쪽으로 내려가면 카페베네를 지나서 연대세가 입구가 나온다(도보 10~15분).

미션 후통 거리의 아기자기한 상점과 먹거리 즐기기

17:00~18:00 **십찰해**

추천 동선 연대세가 ⇨ 은정교 ⇨ 십찰해(전해) ⇨ 북해북 역

★바Bar에서 라이브 음악과 함께 맥주를 한잔 마시며 호수에 내리는 노을을 구경하자.

19:00~21:00 **왕부정대가 또는 싼리툰으로 이동**

이동 방법 지하철 6호선 북해북 역에서 출발해 동사 역에서 5호선으로 환승하고, 1호선 동단 역에서 왕부정 역으로 갈아탄다. 싼리툰의 경우, 북해북 역에서 출발해 호가루 역에서 10호선으로 환승하고, 단결호 역에서 하차한다.

미션 쇼핑을 즐기고, 쇼핑몰에서 저녁 식사까지 해결!

01

Mission in Beijing

베이징에서 꼭 해봐야 할 모든 것

베이징에서 꼭 즐겨야 할 10가지

3박 4일 또는 4박 5일간 베이징 여행을 한다면 무엇을 해야 할까? 베이징은 무척이나 넓고 관광지도 많은 곳이다. 대중교통과 도보로 이동한다면 하루에 관광지 4~5곳도 무리다. 제한된 시간에 베이징을 최대한 즐기기 위해 아래의 베스트 10을 참고해보자.

01 고궁박물원(p.103)

명나라에서 청나라까지 500여 년에 걸쳐 24명의 황제가 살았던 자금성紫禁城. '중국' 하면 가장 먼저 떠오르는 건물 중 하나가 바로 주황색 지붕의 웅장한 자금성일 것이다. 비밀스럽고 신비한 공간이었던 자금성을 지금은 '옛날 궁'이란 뜻의 '고궁故宮'이라 부른다. 영화 〈마지막 황제〉에서 어린 푸이가 황제 즉위식을 올린 태화전을 비롯하여 왕위를 사이에 둔 갈등과 패권 싸움, 정권 다툼, 정변 등 온갖 비화와 음모가 곳곳에 숨어 있는 중국 정치의 일 번지이다. 고대 금단의 성을 걸어 보며 화려했던 옛 중국의 역사를 직접 느껴 보자.

02 만리장성(p.210)

달에서도 보인다는 이야기가 있었던 만리장성. 중국인들은 '만리장성을 오르지 않으면 사나이가 아니다'라며 죽기 전에 꼭 가봐야 하는 곳으로 이곳을 제일 먼저 꼽는다. 팔달령 장성의 정상에 오르면 주변 산 정상을 따라 굽이굽이 이어진 웅장한 모습이 눈에 들어오는데 마치 한 마리의 용이 승천하는 것 같은 모습이다. 이 모습을 바라보고 있자면 인류가 이루어낸 가장 위대한 업적 중 하나인 만리장성을 'Great Wall'이라 부르는 이유를 알 수 있다.

03 이화원(p.162)

'서태후의 여름 별장'이라고 불리는 이화원에는 곳곳에 그녀를 둘러싼 다양한 이야기가 숨겨져 있다. 70만 평 크기의 바다 같은 인공호수 곤명호와 그 호수를 만들기 위해 파낸 흙으로 만든 만수산, 그리고 그 위에 세운 불향각, 돌로 만든 배인 청안방까지 볼거리가 풍부한 곳이다. 본래 이화원의 조감도에 비해 현재의 모습은 일부분일 뿐이라 하니 다시 한 번 서태후의 절대 권력을 느낄 수 있다. 황실 최고의 정원이자 별궁이던 이화원에서 서태후의 발자취를 따라가 보자.

04 전문대가와 대책란(p.78, 86)

황제가 살던 자금성과 베이징 시의 정문 역할을 하던 것이 정양문이다. 그 앞에는 황실에 물건을 납품하려는 공방과 상점들이 앞다투어 들어서면서 베이징 최대의 상업지구가 형성되었다. 그러나 청나라 이후 서양 세력이 들어오면서 과거의 모습을 점차 잃어갔는데 중국 정부는 반세기 전의 모습과 분위기를 최대한 살리기 위해 1920~1930년대의 건축물을 길게 세우고, 예전과 같이 시속 8km로 트램도 운행하고 있다. 베이징 오리고기 전문점의 양대 산맥인 전취덕과 편의방도 이곳에 있다. 또한, 비좁은 골목에서는 수백 년의 역사를 자랑하는 전통 상점들이 장사를 하고 있으니 마치 시간 여행을 온 것과도 같다.

05 천단공원(p.70)

황제가 하늘에 기우제나 다음 해의 풍년을 기원하는 의식을 치르던 곳이다. 고대 중국인들은 하늘은 둥글고, 땅은 네모난 모양이라 생각하여 하늘에 관련된 것은 둥근 원형으로 만들고 땅과 관련된 모든 건축물은 네모 형태로 만들었다. 기년전에는 농경 사회의 근간인 1년 사계절과 12개월, 24절기, 하루 24시를 의미하는 숫자가 숨어 있다. 원구단은 중국인들이 절대적으로 영원하다고 믿는 9의 배수로 이루어져 있다. 고대 중국인들의 건축물 속에 숨겨진 의미를 생각하며 걸어 보자.

06 왕부정대가(p.118)

베이징 최고의 명품 쇼핑 거리인 왕부정대가는 여행자라면 누구나 방문하는 곳으로 동방신천지로부터 약 1km에 걸쳐 있는 보행자 거리를 말한다. 유명한 왕부정 소흘가와 동안문 야시장 및 전통 상점과 함께 대형 백화점들이 열병식을 하듯 마주하고 있다. 외국인 관광객뿐 아니라 중국 젊은이들도 가장 많이 찾는 이곳은 역사가 살아 숨쉬는 '베이징 제일의 거리'이다.

07 십찰해(p.127)

외국인 관광객들에게 가장 인기가 많은 곳 중 하나가 바로 십찰해다. 북해공원과 남라고항, 연대사가와 함께 시간이 멈춰 있는 낭만적인 곳이기 때문. 호숫가를 따라 길게 늘어선 버드나무 사이를 거니는 많은 사람들, 좁은 옛 골목길을 달리는 붉은색의 인력거, 큰 호수를 품고 있는 멋진 레스토랑과 카페, 펍들이 이방인의 가슴을 설레게 한다. 특히 해가 지면 카페와 레스토랑, 그리고 바에서 새어 나오는 불빛이 호수를 화려하게 물들인다. 밤이 아름다운 거리, 십찰해. 그 거리에서 추억을 만들어 보자.

08 남라고항(p.134)

베이징의 독특한 문화 중 하나가 바로 후통과 그 안에 자리한 사합원이다. 베이징에는 수많은 후통이 있지만 대표적인 곳이 남라고항이다. 십찰해가 카페와 바, 그리고 식당이 자리한 유원지의 느낌이라면, 남라고항은 먹거리와 쇼핑의 거리라 할 수 있다. 남라고항의 좁은 골목길은 젊은 중국인들과 외국인 관광객들이 붐비는 베이징의 새로운 명소가 되었다. 삼청동과 인사동이 연상되는 이곳은 해가 지면 술집과 상점에 예쁜 불이 하나둘 켜지면서 낭만이 넘치는 후통 거리로 변신한다.

09 노사차관(p.85)

베이징의 전통문화와 예술에 경극만 있는 것은 아니다. 희극, 잡기, 전통 악기 연주 등 그 종류도 무척이나 다양하다. 이 모든 것을 한곳에서 즐길 수 있는 곳이 노사차관이다. 서양에 의해 중국의 아름다운 전통문화가 사라짐을 안타까워한 어느 기업가가 설립했다. 각종 차를 음미할 수 있을 뿐 아니라, 계절에 따른 베이징의 토속 음식도 맛볼 수 있다. 베이징 문화의 향기를 머금은 종합문화박물관에서 향긋한 차 한 잔과 함께 베이징 문화 속으로 들어가 보자.

10 싼리툰 빌리지(p.185)

베이징이라는 천년 고도 이미지와는 다르게 싼리툰 빌리지는 세련되고 화려한 복합문화공간이다. 낮에는 이국적인 분위기의 가로수길을 따라 산책이나 쇼핑을, 밤에는 화려한 조명과 흥겨운 음악을 함께 즐길 수 있다. 그리고 전 세계의 다양하고 맛있는 음식을 한곳에서 맛볼 수 있는 곳이다. 라이브 바와 펍이 길게 늘어서 있는 '바 거리Bar Street'라는 뜻으로 '지우빠지에酒吧街'라 부른다. 골목마다 발길 가는 대로 걷다가 마음에 드는 바에 들어가서 맥주 한잔하며 분위기에 젖어 보자.

베이징 박물관 파헤치기

쇼핑 거리나 사람이 많은 거리보다는 한적한 박물관, 미술관을 둘러보고자 하는 이들을 위해 마련한 코너이다. 베이징에는 공식적인 박물관이 150개가 넘는다. 도시 전체가 박물관이라고도 할 수 있지만, 짧은 여정에 도움이 될 만한 것으로 골랐으며 순서는 이동 동선을 고려한 것이다.

01 중국국가박물관(p.99)

중국국가박물관은 중화인민공화국 수립 10주년 기념일이었던 1959년 10월 1일에 문을 연 이래 대대적인 보수를 거쳐 오늘날의 모습을 지니게 되었다. 천안문광장의 날개와도 같이 거대하고 웅장한 규모로 서 있으며 중국 고대, 근 · 현대 및 당대 역사를 보여주는 진귀한 유물을 전시하고 있으나 5,000년 역사의 희귀한 중국 보물은 이곳에 없다. 황궁의 보물은 자금성 안에 있고, 중국 보물 중 일부는 대만의 고궁박물관과 난징 고궁박물관에 흩어져 소장되어 있기 때문. 과도한 기대는 하지 말고 가벼운 마음으로 둘러보기 좋다.

02 수도박물관(p.147)

수도박물관은 베이징 지역에서 출토된 문물을 통해 베이징의 역사, 건축, 민속, 문화 등을 보여주는 대형박물관이다. 특히 전시장 중 '고도古都 베이징-역사 · 문화전'은 수도박물관 전시의 핵심으로 오랜 시간을 거쳐 온 베이징의 역사와 문화 발전사를 보여주고 있다. 또한 박물관 내부 장식들은 중국 전통 건축물의 독특한 매력을 보여주고 있는데, 특히 로비에 있는 청동 전시관의 기울어진 벽면은 고대 문물의 파토에서 나온 것임을 상징적으로 함축하고 있다. 베이징을 좀 더 깊게 알고 싶다면 수도박물관으로 가자.

03 중국미술관(p.120)

고대 중국의 화려하고 아름다운 전통 미술을 접하고자 한다면 중국미술관은 어쩌면 다소 실망스러운 장소일 수 있다. 이름과 달리 중국의 근대 및 현대의 작품을 주로 전시하고 있기 때문. 특히 국민당 통치 초기 시절과 청나라 및 명나라 말기의 대표 작품들이 많으며, 이곳에 소장되어 있는 미술 작품은 약 7만여 점에 이른다. 최근 들어 외국인 관광객을 위한 다양한 주제의 특별전을 기획, 운영하고 있으니 방문 시기에 맞추어 홈페이지에서 전시 내용을 확인하고 가자.

베이징 전통문화 즐기기

좁은 후통 골목과 사합원의 회색빛 담장, 황금색의 유리기와로 뒤덮인 베이징의 풍경을 즐겼다면 밤에는 베이징 전통문화 속으로 들어가 보는 것은 어떨까?

01 홍극장(p.75)

뮤지컬 소림 무술극 〈쿵후전기〉를 상영하는 곳이다. 기존의 뮤지컬이 노래와 춤을 바탕으로 한다면, 〈쿵후전기〉는 뮤지컬에 화려한 쿵후와 중국 기예를 더한 것이다. 수도승을 연기하는 배우들이 실제로 소림사에서 무술을 배운 탓에 보는 내내 긴장감과 현실감 있는 액션을 보여준다. 환상적인 조명과 음향, 그리고 화려한 액션이 어우러져 마치 소림사에 들어와 있는 듯하다.

★사전에 홈페이지로 예약 시, 저렴하게 관람할 수 있다. 영어로 내레이션하고 중국어로 자막 처리를 하고 있어 내용 파악에 큰 문제가 없다★

02 조양극장(p.177)

베이징 서커스를 보려면 조양극장으로 가라. 본래 조양극장은 80년대 중 · 후기에는 중국인과 외국인 관광객들에게 가무와 연극 등의 공연을 보이던 곳이다. 이후에는 서커스 공연을 전문으로 하게 되었다.

세계적으로 유명한 상하이 서커스가 화려하고 고난도의 기술을 보여주는 반면, 베이징 서커스는 가장 기본적인 서커스 공연이라 할 수 있다. 의자 높이 쌓기, 접시 돌리기, 춤과 텀블링, 모자와 우산으로 하는 묘기, 자전거 묘기, 그리고 마지막 하이라이트인 오토바이 묘기까지 보는 내내 긴장감을 늦출 수 없게 만든다.

03 호광회관(p.144)

베이징을 대표하는 예술은 단연 경극이다. 베이징 오페라로 부르는 경극을 볼 수 있는 곳은 여러 곳이 있다. 그중 200년 이상의 긴 역사를 가진 베이징 호광회관은 메이란팡뿐만 아니라 수많은 경극의 대가들이 공연을 한 곳이기도 하다.

화려한 시간을 뒤로 하고 황폐해진 호광회관을 10년에 걸쳐 복원하였다. 화려하게 채색된 기둥과 무대는 마치 왕부王府의 품격을 보여주는 것 같다.

정통 경극을 고집하는 호광극장의 막이 오르면 화려한 조명과 함께 영화 〈패왕별희〉 속 장국영의 모습이 자연스럽게 오버랩 된다.

베이징 종교 유적지 탐방

중국의 5대 종교는 도교, 불교, 이슬람교, 그리고 천주교와 기독교이다. 중화사상을 바탕으로 황궁과 밀접한 관계를 가지고 있던 종교 유적지를 둘러보자.

01 옹화궁(p.190)

중국 최대 규모의 티베트 불교 사원이다. 본래 명나라 황궁의 내부 감옥으로 사용하던 곳을 건륭제 때 왕부王府로 바꾸었다. 당시 황궁에만 사용할 수 있었던 노란 유리기와가 옹화궁에 사용된 이유다. 이곳은 건륭제가 행궁의 일부를 티베트 교단에 시주하면서 불교 전도의 중심지로 만들었던 곳인데 260년 동안 사원 내부에 있는 향불이 꺼지지 않았다고 한다. 중국 사원의 전통 건축양식은 아니지만, 한나라 시절 라마 건축물의 아름다움을 살펴볼 수 있다.

02 공묘 · 국자감(p.192, 191)

공묘는 원 · 명 · 청 3대에 걸쳐 공자에게 제사를 드리던 사당이다. 공묘의 정전인 대성전은 공자의 위패를 모신 곳으로 황제가 공자에게 제사를 지내던 곳이다. 공묘와 더불어 700년의 역사를 자랑하는 국자감이 이곳에 연계되어 있다. 본래 국자감은 원 · 명 · 청나라에 걸쳐 관료를 선발하는 과거 시험장이었으며, 때로는 황제가 직접 유학을 강의하는 자리이기도 했다. 유교사상이 자리한 공묘와 국자감을 거닐면서 근본을 되새겨 보자.

03 지단공원(p.193)

천단공원이 하늘에 제를 올리는 곳이라면, 지단공원은 땅의 신인 지신에게 제사를 드리던 곳이다. 천단공원이 파란색에 둥근 건축물인 반면 지단공원은 회색에 사각형 건축물이다. 황기실은 황제가 신에게 제사를 드리던 위패를 모시는 곳. 그러나 특이하게도 땅의 신이 소와 돼지인데 이는 농경 사회 중국인들의 사상이 반영된 것이다.

04 동악묘(p.188)

베이징 동악묘는 도교의 한 종파인 정일도正一道가 세운 도교道教 사원이다. 도교는 모시는 신이 많은 관계로 사당 내에는 여러 가지 다채로운 건축물과 비석들이 대량으로 보존되어 있다. 현재 사당 안에는 베이징민속박물관北京民俗博物馆이 설립되어 있지만 큰 볼거리는 딱히 없는 편이다.

05 동당(p.120)

베이징에 있는 4대 성당 중 하나이며, 동쪽에 있어서 '동당东堂'이라 부른다. 본래 순치제가 두 명의 외국 신부에게 하사한 저택이었다. 이들이 공터에 작은 교회당을 지었는데 수차례 훼손과 소멸을 반복한 끝에 1904년 재건되었다. 지금의 모습은 1980년에 재차 건축된 것이다. 주말이면 젊은 신혼부부들이 웨딩촬영을 하기 위해 모여든다. 동당은 베이징 사람들에게는 휴식처이자 안식처이다.

공묘 · 국자감

공묘 · 국자감

지단공원

옹화궁

동악묘

옹화궁

동당

06 북해공원(p.123)

북해공원은 요 · 금 · 원 · 명 · 청나라 시절 황제가 여행을 나갈 때 잠시 들러 정무를 처리하고 친히 제사를 지내던 곳이다. 현존하는 정원 중 가장 오래된 것으로 800여 년의 역사를 자랑한다. 원나라 시기에 만든 영안교 건너편에 있는 백탑산의 백탑은 전형적인 티베트 불탑으로 북해공원의 랜드마크다. 남문에서 연꽃을 배경으로 보이는 백탑이 북해공원의 베스트 포토존이다.

07 법원사(p.144)

당나라 측천무후 때 세워진 법원사의 원래 이름은 민충사悯忠寺다. 당 태종이 고구려를 침략하기 위해 요동 정벌에 나섰다가 크게 패하여 회군한 후, 베이징에 고구려와의 전쟁에서 죽은 수많은 장군과 병사들의 영혼을 애도하기 위해 절을 세울 생각을 하였다.

그 절이 바로 법원사이다. '민悯'은 '불쌍할 민, 딱할 민, 민망할 민'과 같은 뜻을 가지고 있으니 당시 이곳을 지은 당 태종의 심정을 조금이나마 짐작해 볼 수 있다.

08 백탑사(p.155)

베이징에는 두 개의 백탑이 있다. 북해공원에 있는 '작은 백탑'과 묘응사妙应寺에 있는 '큰 백탑'이다. 원나라 개국과 베이징 도읍 지정 기념으로 네팔의 공예가阿尼哥가 설계하여 1279년 대성수만안사백탑이 설립되었다.

준공 후 황제가 동서남북으로 각각 활을 하나씩 쏜 다음 화살이 떨어진 곳을 경계로 사원을 지었다고 한다. 백탑은 중국에 현존하는 불탑 중 가장 먼저 지어졌으며, 가장 큰 창고 형태의 불탑이다.

09 백운관(p.146)

백운관은 도교 북파를 대표하는 선신교의 총본산지로서 동악묘와 함께 베이징에서 가장 큰 도교 사원이다.

도교의 가장 큰 목적은 무병불사无病不死의 신비스러운 신선이 되는 것이다. 영화나 드라마에 흔히 나오는 부적을 날리는 도사는 도교에서 가장 일반적인 도사 모습이다. 반면 전진교는 신선이 되는 방법을 올바른 윤리와 오랜 수행이라 믿는다. 우리나라 유교 사상과도 같은 전진교에 대해 알아보자.

10 천녕사탑(p.146)

원나라 말기에 전란으로 소실되었다가 명나라 초기에 재건된 천녕사에는 원나라 때 쌓은 57.8m의 팔각십삼층밀첨식 전탑인 천녕사탑이 있다. 천녕사탑은 사각 기초 위에 금강역사, 보살, 운룡 등이 새겨진 탑신을 세웠다. 탑 내에는 불사리가 있다고 전해지고 있다. 웅장한 규모와 탑신에 새겨진 조각들을 살펴보고 탑 주위를 돌면서 소원을 빌어보자.

북해공원 백탑

법원사

백탑사

백탑사

백운관

천녕사탑

베이징 야경 핫스폿

뜨거운 베이징 햇살이 사그라지면 어디로 가야 할까? 어디서 베이징의 야경을 즐길 수 있을까? 아쉽게도 고궁 주변은 높이 제한으로 전망대가 없으니 불 밝힌 베이징의 모습은 이곳에서 즐겨 보자.

01 천안문과 천안문광장 (p.100, 94)

파란 하늘과 붉은색 담장 사이로 휘날리는 오성기와 마오쩌둥의 초상화가 걸린 천안문에 어둠이 내리면 또 다른 느낌이 든다. 성벽을 따라 불을 밝힌 전등과 천안문 지붕 곳곳의 모양새를 잡아주는 작은 불빛이 그 웅장함을 가늠케 한다. 해가 지면 천안문광장에 들어갈 수 없으니 인민대회당 또는 국가박물관 앞에서 야경을 만끽하도록 하자.

02 십찰해(p.127)

베이징에서 최고의 야경 포인트를 꼽으라면 망설임 없이 고를 수 있는 곳이 바로 십찰해이다. 특히 전해前海를 끼고 있는 화하시장에서 은정교까지가 베스트 야경 코스이다. 또한 화하광장에서 즐길 수 있는 길거리 공연 및 전통 제기차기 등 다양한 놀이 문화는 덤이다. 호숫가에 늘어선 바와 카페, 레스토랑들이 불을 밝히면 십찰해의 심장박동이 빨라져 금세 생동감으로 가득 차게 된다. 십찰해와 연계해서 남라고항도 둘러보자.

03 왕부정대가(p.118)

왕부정대가의 야경은 오렌지 빛으로 가득하다. 화려한 백화점의 조명이나 간판보다 야시장과 왕부정 소흘가 골목을 밝히는 전등의 환한 빛 아래로 관광객이 모여들기 때문이다. 왕부정대가의 야경 포인트는 동당이다. 은은하게 푸른 불빛 아래 곧게 뻗은 성당의 모습이 아름답다 못해 숙연하다.

04 전문대가(p.78)

베이징에서 해마다 크리스마스트리가 눈부시게 붉을 밝히는 곳이다. 저녁때 회색빛 건물들 사이로 붉은 가로등이 불을 밝히면 화려하게 채색된 정양패루가 빛을 발한다. 전문과 어우러진 모습에 사진을 찍기 위해 기다리는 사람들이 많다. 특히 전문대가는 해가 지기 시작할 무렵에 가야 한다. 이때가 사진도 가장 잘 나오고 야경의 모습이 더욱 인상적이기 때문이다.

★전문대가와 전문의 야경을 보고 국가대극원의 야경도 함께 둘러보자★

05 싼리툰 빌리지(p.185)

오색영롱한 싼리툰 빌리지의 야경은 무척이나 인상적이다. 유니클로의 독특한 질감과 아디다스의 묵직함, 그리고 애플 스토어의 로고가 어우러진 분수대. 그 뒤에선 화려한 스와로브스키 매장이 빛을 더한다. 강약과 보색의 조화를 갖춘 싼리툰 빌리지의 야경은 북쪽으로 갈수록 보는 이를 더욱 설레게 만든다. 강렬한 불빛들이 명품관을 드러내고 있기 때문. 싼리툰 빌리지 맞은 편에 있는 싼리툰 소호로, 그리고 베이징 공인체육장이 있는 곳까지 걸어 보자. 베이징의 유명한 클럽 VICS와 MIX가 있는 곳이다. 주변에는 많은 바와 레스토랑도 있는데 이 또한 싼리툰 빌리지 야경의 일부분이다.

베이징에서 꼭 먹어야 할 음식

베이징의 역사와 함께한 전통 음식은 어떤 것이 있을까? 원 · 명 · 청나라를 거치면서 한족과 만주족의 음식 문화가 베이징에 스며들었다. 황궁에서 시작하여 서민들이 즐기는 음식으로 바뀐 토속 음식, 반드시 먹어봐야 할 음식을 추천한다.

01 베이징 오리고기

베이징 여행에 빠지면 안 되는 음식이 베이징 오리고기, 즉 베이징 덕Beijing Duck이다. 중국인들은 이를 '베이징 카오야'라고 부르는데 '카오야'는 '구운 오리고기'라는 뜻이다. 셀 수 없을 만큼 많은 종류의 식당이 있지만, 그중 대표적인 식당은 전취덕全聚德과 편의방便宜坊이다. 대부분은 전취덕이 베이징 오리구이의 원조라고 알고 있지만, 사실 명나라 때부터 전해 내려오는 원조는 편의방이다. 각각 오리의 사육부터 굽는 방식이 서로 다르지만, 두 곳 모두 베이징 최고의 오리구이 전문점임은 의심할 여지가 없다. 입안에서 살살 녹는 베이징 오리고기의 진미를 느껴 보자.

02 훠궈

베이징 오리고기만큼 베이징 사람들이 즐기는 음식이 훠궈다. 훠궈는 몽골군이 투구에 물을 끓여 양고기와 야채를 넣고 익혀 먹던 것에서 유래했다. 우리나라의 샤부샤부와 비슷하다. 차이가 있다면 국물인데, 두 가지 국물을 동시에 즐길 수 있도록 만든 위안양궈鸳鸯锅에 붉은 고추, 산초, 생강 등으로 매운 맛을 내는 마라궈麻辣锅와 닭의 뼈를 우려내 만든 담백한 국물인 바이탕궈白汤锅를 선택해 두 가지 맛을 함께 즐기는 것이 좋다. 먼저 야채로 국물을 우려낸 다음에 양고기, 소고기, 해물 등 재료를 선택해 살짝 익혀 먹으면 된다. 특히, 추운 겨울철에는 훠궈만 한 음식이 없다.

03 꼬치구이

양러우촨은 양고기를 잘게 썰어 꼬치에 끼워서 구워 먹는 요리로 대중적인 이슬람식 요리다. 우리나라에서도 양꼬치구이로 많은 인기를 얻고 있는 만큼 베이징에서 원조 꼬치구이를 맛보는 것도 흥미로운 경험이 될 것이다. 또한 베이징에는 양꼬치 같은 음식도 있지만 일반적인 꼬치구이도 매우 많아 쉽게 찾아볼 수 있다. 왕부정대가에 있는 동안문 야시장에서 다양한 꼬치를 맛보자.
간혹 야시장에서 전갈이나 거미, 지네 등 특수 재료로 만든 꼬치를 즐기는 관광객을 볼 수 있다. 옛 말에 중국인은 책상을 제외하고 다리가 있는 것은 다 먹는다는 말이 실감난다.

중국의 삼시 세끼 대중음식

중국인들은 저녁 식사를 가장 중시하며 아침은 가능한 간단하게 먹는다. 출근시간 무렵 거리에 나가면 아침을 파는 상인들을 쉽게 볼 수 있다. 일반적으로는 죽에 해당하는 시판(稀饭)을 셴차이(咸菜)와 같이 먹기도 하고 바오쯔(包子), 만터우(馒头), 유타오(油条), 더우장(豆浆), 훈툰(棍纯) 등의 음식을 즐겨 먹는다. 최근 들어서 대도시에 사는 중국인들은 우유와 시리얼, 토스트, 계란, 햄과 같은 서양식 아침 역시 즐겨 먹는다. 현지인이 된 기분으로 중국인들과 삼시 세끼를 해보는 건 어떨까?

01 아침

중국인들이 보편적으로 즐기는 대표적인 아침 식사는 유타오와 더우장이다. 유타오는 밀가루를 길쭉하게 빚어서 기름에 튀겨 만든 것이고, 더우장은 콩을 갈아서 만든 두유의 일종으로 찬 것과 따뜻한 것이 있다. 또한, 바오쯔와 만터우도 죽과 짭짤하게 절인 채소인 셴차이와 곁들여 먹는다.

★만터우와 바오쯔, 쟈오즈의 차이점★
만터우는 밀가루 반죽을 두툼하게 하여 찐 것으로 고추잡채와 함께 나오는 꽃빵이 만터우의 일종이다. 바오쯔는 발효시켜 만든 밀가루 피에 고기나 채소 등을 넣고 찐 것으로 흡사 찐빵과도 같다. 쟈오즈는 흔히 교자만두라고 부르는 형태를 말한다. 피가 아주 얇고 주로 삶아서 먹는다.

만터우

쟈오즈

02 점심

점심은 아침과 유사하며, 주식인 쌀과 국수 이외에 볶음요리 등을 먹는다. 최근 서양식 패스트푸드를 파는 가게에서 젊은 연령층 위주로 햄버거나 치킨, 피자 등을 즐기기도 한다.

03 저녁

저녁 식사는 보통 가족과 함께한다. 우리나라의 신선로와 유사하게 생긴 훠궈에 고기를 얇게 썰어 넣어 살짝 익혀서 먹는 솬양러우涮羊肉를 즐긴다. 솬양러우는 얇게 썰어 놓은 양고기나 소고기를 채소와 함께 살짝 데쳐 소스에 찍어 먹는 음식이다. 기호에 따라 갖은 채소와 두부, 당면, 해물 등을 넣어 함께 끓여 먹는다. 본래 추운 계절에 몸을 따뜻하게 해주는 양고기의 효능 때문에 즐겨 먹었는데, 현재는 사시사철 즐기는 음식이 되었다.

또한 양고기를 잘게 썰어 꼬치에 끼워서 구워 먹는 요리인 양러우촨羊肉串도 저녁 식사로 많이 먹는다. 양러우촨은 맛술과 간장에 재운 양고기 뒷다릿살에 소금과 후추, 고춧가루를 뿌리고 구운 다음 참기름을 바른 것이다. 신선하고 부드러운 양고기와 꼬리 부분의 양 기름을 잘라서 적당히 섞어 쇠꼬챙이에 하나씩 끼워 꼬치를 만든다. 꼬치가 골고루 잘 구워지면 참기름을 발라 먹는다. 또는 꼬치를 계란과 양념, 소금을 잘 섞어 만든 소스에 집어넣었다가 양념이 스며들면 꺼내 구워 먹으면 되는데 그 맛 또한 쉽게 잊을 수 없다.

시판

양러우촨

훠궈

훠궈

중국의 음식 문화

먹거리에 관해서라면 언제나 일 순위로 회자되는 중국. 음식의 발달은 중국 문화 속에 자연스레 스며들어 있다. 중국인들에게 의약과 음식은 본래 그 뿌리가 하나라는 생각으로 식사의 목적을 단순히 맛있는 음식을 먹는 것에서 더 나아가 건강과 장수에 두었다. 또한, 왕조의 변화에 따라 새로운 음식 문화가 형성되고 발전했으며 특히 나라가 태평성대일 때 왕실과 권력자들의 미식 욕구를 충족시키기 위해 다양한 음식이 개발되었다고 한다. 그렇기에 중식의 특징은 다양하고 광범위한 재료의 선택에 있다고 할 수 있다.

01 중식 메뉴 파악하기

중식은 사용하는 재료와 형태, 그리고 조리법을 조합하여 메뉴판에 표기하고 있다. 따라서 음식 이름만으로도 나올 요리를 대략이나마 예상하고 선택할 수 있다. 대부분의 베이징 식당 메뉴판에는 사진이 함께 있으나 미리 핵심 단어를 익혀 메뉴판 완전 정복에 도전해 보자!

❶ 주사용 재료

닭고기鸡肉, jīròu, 돼지고기猪肉, zhūròu, 소고기牛肉, niúròu, 양고기羊肉, yángròu, 실파小葱, xiǎocōng, 해삼海参, hǎishēn, 잉어鲤鱼, lǐyú, 생새우살虾仁, xiārén, 두부豆腐, dòufu, 버섯蘑菇, mógu, 고추尖椒, jiānjiāo, 잣松仁, sōngrén, 참깨芝麻, zhīma, 땅콩花生, huāshēng, 옥수수玉米, yùmǐ, 감자土豆, tǔdòu, 가지茄子, qiézi, 토마토番茄, fānqié

❷ 재료의 형태

채 썰다丝, 깍둑 썰다丁, 길게 썰다条, 말다卷, 얇게 썰다片, 국汤, 수프羹, 둥글게 빚다团, 완자 모양丸

❸ 조리법

튀기다炸, 굽다烤, 지지다煎, 볶다炒, 절이다泡, 무치다拌, 찌다蒸, 삶다炖

채 썰다

굽다

깍둑 썰다

지지다

길게 썰다

볶다

말다

찌다

02 중국 요리 순서

중국인들은 음식에 매우 까다로운 편이다. 음식이 건강에 절대적인 영향을 미칠 수 있다고 생각하기 때문. 주방장 마음대로 나오는 요리 같아 보여도 나오는 순서와 격식이 있다.

❶ 소채小菜가 나온다. 정식요리가 나오기 전에 차를 마시면서 함께 드는 가벼운 음식이다. 간단하게 먹을 수 있고 입맛을 돋우는 절인 땅콩이나 닭발, 약간 짠 반찬들 위주다.

❷ 전채前菜가 나온다. 정식요리의 첫 순서로 해산물이나 육류가 포함된 요리인 냉채冷菜와 따뜻한 채소나 고기류의 볶음요리인 열채热菜가 나온다.

❸ 주채注菜가 나온다. 대표 주채 중 가장 고급 재료를 사용하는 요리가 먼저 나온다.
볶음요리 ⇨ 튀김요리 ⇨ 조림요리 ⇨ 찜요리 ⇨ 볶아서 소스를 뿌리는 요리 ⇨ 구이요리 ⇨ 채소요리의 순서로 나온다.

❹ 탕 또는 훠궈가 나온다.

❺ 과자류나 단맛을 지닌 음식인 단 요리甜菜가 나온다.

❻ 분식요리小食와 과일이 나온다.

★정식요리에서 생선의 의미★
첫 번째는 중국인들의 길상물吉祥物에 대한 숭배의 목적이다. 농사에 직접적으로 영향을 미치는 비를 관장하는 영적인 존재로는 용과 함께 물고기를 꼽았기 때문. 두 번째로 생선은 한자로 어鱼이며 중국어로는 '위yu'라 발음한다. '여유 있다, 풍족하다'의 '위裕'와 발음이 같다. 즉, 생선을 특별히 선호하는 것은 항상 풍족함을 기원한다는 의미를 지니고 있는 것이라 할 수 있다.

소채

찜요리

냉채

채소요리

열채

튀김요리

구이요리

탕요리

볶음요리

단요리

조림요리

분식요리

03 중국의 식사 예절

중국에서 비즈니스 식사를 하는 경우, 좌석 배치는 서열에 따라 앉는 순서가 정해진다. 대접하는 사람이 문을 바라보고 가장 안쪽 자리에 앉는다(테이블마다 세팅이 다르니 눈여겨 살펴보자). 손님 중 서열에 따라 접대자의 오른쪽과 왼쪽에 자리한다. 순서에 의해 나오는 모든 요리는 초대받은 손님 앞에 놓아 먼저 맛을 볼 수 있게 한다. 중국에서도 식사에 술이 빠지지 않는다. 처음 음식이 나오게 되면 초청한 맨 윗사람이 백주白酒로 첫 번째 환영주를 권하는데 이때는 대부분 건배를 한다. 원래는 세 번째 환영주까지 건배를 하는 것이 일반적인 술 예절이나 요즘은 많이 간소화되었다.

04 중국의 4대 요리

❶ 산동요리

산동지역은 춘추전국시대부터 요리가 발달하여, 명 · 청시대에 이르러서는 산동 출신의 많은 요리사가 궁중요리 개발 등에 힘써 중국요리에 끼친 영향이 상당히 크다. 산동요리는 조미료보다는 재료 본래의 맛을 중요시한다는 점에서 광둥요리와 비슷하다. 현재 한국에서 우리가 먹는 중국요리는 산동요리에 가깝다.

❷ 장수요리

장수요리는 난징, 상하이, 쑤저우 등과 같은 중부지방의 요리로 대표되기 때문에 '난징요리' 또는 '상하이요리'라고 부른다. 장수요리는 풍부한 해산물과 쌀을 바탕으로 발전했는데, 조리 방법이 섬세하고 맛이 독특하다. 또한 양념을 적게 사용하여 재료 본래의 맛을 살리되 간장과 설탕을 사용하여 달콤하게 맛을 내며, 기름기가 많고 진한 것이 특징이다.

❸ 사천요리

사천요리는 특유의 매운맛으로 우리에게 잘 알려져 있다. 사천지역은 분지 형태로 지세가 낮고 주위는 산으로 겹겹이 둘러싸여 있다. 따라서 여름엔 고온다습하고 햇빛이 적으며 겨울엔 매우 춥다. 이러한 기후에서는 풍토병에 걸리기 쉬운데, 고추의 매운맛이 냉기를 제거하고 열을 보충해줘 풍토병을 예방할 수 있다. 또한, 식욕을 돋우기 위하여 마늘, 파, 붉은 고추 등을 많이 사용하는 매운 요리가 발달했다. 사천요리는 한국 사람의 입맛에 가장 잘 맞는 음식으로 대표적인 요리로는 다진 고기와 두부를 이용한 마파두부麻婆豆腐, 닭 가슴살, 땅콩, 말린 고추를 주재료로 해서 볶아 만든 궁바오지딩宫保鸡丁 등이 유명하다.

❹ 광둥요리

중국 남부지방을 대표하는 광둥요리는 광주요리를 중심으로 한 지방요리를 말한다. 산동요리나 장수요리와는 달리 광둥요리는 조미료를 중시하며, 요리의 종류와 재료의 다양성을 비교할 수가 없다. 열대성 식물을 이용한 신선하고 담백한 요리가 특징이지만, 16세기부터 스페인과 포르투갈 등 서양 상인들이 모여들어 외국의 향신료를 첨가한 국제적인 요리법이 다양하게 개발되었다. 자연의 맛을 잘 살려내 신선하고 부드러운 맛과 시원한 맛을 강조하며, 특히 탕을 중요하게 생각한다.

실전! 중국 식당 이용하기

베이징을 여행하면서 가장 어려우면서도 즐거운 것이 바로 먹는 것이다. 아쉽게도 혼자 여행을 하는 경우 단품 음식을 파는 곳이 드물어서 일반 중국 음식점을 들어가기가 쉽지 않다. 우리나라와 같이 단품 음식을 파는 곳은 백화점이나 쇼핑몰에 있는 패스트푸드점이다. 하지만 베이징에서 한번쯤은 중국식으로 먹어보는 것을 추천한다. 필자와 같이 중국어가 안 되는 독자를 위해 생존형 노하우를 공유한다. 당당하게 문을 열고 들어가 음식을 주문하자. 서툰 언어도 여행의 또 다른 즐거움이다. 도전! 현지어로 중국 음식 주문하기!

01 식당 입장하기

식당에 들어서면 수많은 종업원들이 커다란 소리로 환영 인사를 외친 뒤 인원수를 묻는다.

❶ **환영합니다** 欢迎光临
(환잉광린 | huān yíng guāng lín)
❷ **몇 명입니까?** 几位 ? or 几个人?
(지웨이 | jī wèi
or 지커런 | jī gè rén)

기죽지 말고, 웃으면서 손가락으로 인원수를 내보인다. 대답할 때는 종업원이 물어본 말을 그대로 사용한다.

❸ **2명** 两位(량웨이 | liǎng wèi)
3명 三个人(싼커런 | sān gè rén)

02 메뉴판 요청하기

중국은 입구에서 종원원이 안내해주는 자리에 앉아야 한다. 보통 메뉴판이 테이블 위에 놓여 있지만, 만일 없다면 종업원을 불러서 메뉴판을 가져다 달라고 한다.

❶ 종업원을 부를 때 :
종업원 服务员
(뿌우웬 | fú wù yuán)
여보세요 喂(웨이 | wèi)
❷ 메뉴판을 부탁할 때 :
메뉴판 菜单(차이딴 | cài dān)

03 메뉴 주문하기

메뉴판에는 대부분 사진과 함께 영문 표기가 함께 있으니 이를 참조해 다양한 메뉴를 주문하는 것도 좋다. 원하는 음식을 손가락으로 가리키며 이렇게 말하면 된다.

❶ **이것** 这个(쩌거 | zhè ge)
❷ **한 개** 一个 (이꺼 | yí gè)
두 개 两个(량꺼 | liǎng gè)

04 음료 주문하기

음식 주문이 끝나면 음료를 주문한다. 음료는 보통 병瓶(핑 | píng)이란 수사를 사용한다.

맥주 啤酒(피지우 | pí jiǔ)
고량주 高粱(까오량 | gāo liáng)
콜라 可乐(커얼러 | kě lè)
한 병 一瓶(이핑 | yì píng)
두 병 两瓶(량핑 | liǎng píng)

05 음료 리필하기

차를 마실 경우, 찻물이 떨어지면 차 주전자의 뚜껑을 반만 열어 놓으면 된다. 종업원이 알아서 채워준다. 또한, 술이나 음료는 항상 수시로 잔에 따라준다.

06 계산하기

중국은 식사를 마치면, 계산대가 아닌 자리에서 계산을 한다. 종업원을 불러서 계산서를 요청하면 테이블로 가지고 온다. 현금을 지불하면, 계산 후 영수증과 함께 잔돈을 가지고 온다. 팁은 필요 없다. 주의할 사항은 종업원을 부른 사람이 계산을 하는 것이 중국의 문화다.

계산서 买单(마이단 | mǎi dān)

★신용카드로 계산하기★
신용카드로 계산을 하려면 사전에 '可以用信用卡吗(커이용신용카마 | kě yǐ yòng xìn yòng kǎ má)'라고 물어 보자. 현재 중국에서 국내 신용카드는 대부분 사용이 불가하다. 간혹 입구에 VISA, MASTER 등의 스티커가 붙어 있어도 외국계 카드는 사용이 안 되는 곳이 많으니 반드시 사전에 확인을 하자. 외국계 카드 중에서는 그나마 은련카드(UNLON PAY)만 사용 가능하다. 사전에 현금을 확인하지 않고 식사를 할 경우 큰 낭패를 볼 수 있다. 유의하자.

베이징 여행 전, 중국 문화 이해하기

여행 중에 문득 떠오르는 궁금증과 베이징 어디서나 볼 수 있는 중국의 생활과 문화를 알아보자. 지피지기면 백전백승이라고 하지 않았던가. 여행은 아는 만큼 즐거운 법이다.

01 중국의 선물 문화

중국에서 선물을 할 때는 몇 가지 주의할 점이 있다. 중국에서는 한자에서 음이 같거나 비슷한 것에 따라 기피하는 선물들이 있다. 예를 들어, 탁상시계나 괘종시계는 '종钟, zhōng'이라고 하는데 '시계를 선물하다'는 '쏭종送钟, sòng zhōng'이라고 한다. 하지만 이것은 세상을 떠나려고 하는 분 주위에 모여 마지막으로 그분의 임종을 지켜본다거나 장례를 치른다는 뜻인 '쏭종送终, sòng zhōng'과 단어와 발음이 같아서 시계 선물을 기피한다. 또한, 부채와 우산도 중국에서는 금기되는 선물인데, 중국어의 부채扇子, shànzi와 우산雨伞, yǔsǎn은 헤어진다는 의미의 '싼散, sǎn'과 발음이 비슷하기 때문이다.

그 외에도 과일 중에 배梨, lí도 이별을 뜻하는 '리离, lí'와 발음이 같으므로 보통 선물하지 않는다. 또 선물 포장지는 불행을 상징하는 흰색, 검은색은 피하고 중국인들이 좋아하는 금색이나 붉은색이 좋다.

02 중국의 화장실

중국에서 화장실은 위생간卫生间(웨이셩젠 | wèi shēng jiān), 선수간洗手间(시슈젠 | xǐ shǒu jiān), 측소厕所(처수오 | cè suǒ)라고 부른다. 과거보다 많이 줄었지만 지금도 중국에는 문이나 칸막이조차도 없는 화장실이 있다. 간혹 관광지에서도 화장실에 들어서면 뻥 뚫린 곳에서 용무를 보는 사람과 서로 눈이 마주치거나, 앞사람을 바라보며 앉아 있는 사람들을 보고 당황해 다시 화장실을 나가는 건 흔한 일이었다. 이런 중국의 화장실 풍경도 이제는 점차 찾아보기 어려워지고 있다. 그러나 유명 관광지가 많은 베이징에도 아직 재래식 화장실이 많은 것이 현실. 하지만 이는 문화적 차이일 뿐, 상대방의 문화를 인정하고 받아들여야지 비난할 만한 것은 아니다. 당당하게 후통 골목의 화장실에 들어가 보자. 단, 적응이 안 된다면 호텔에서 미리 들르자!

03 중국인들은 왜 붉은색을 좋아할까?

중국 사람들은 붉은색을 좋아한다. 아니 좋아하는 정도가 아니라 붉은색 자체가 중국 문화라 할 수 있다. 중국 국기인 오성홍기五星红旗를 포함하여 축의금이나 세뱃돈도 붉은색 봉투에 담아 주고, 각종 경축 행사는 붉은색 현수막과 커튼으로 장식한다. 특히 결혼식은 유독 붉은색으로 가득하다. 신부는 붉은색 드레스를 입고 신혼집도 구석구석 모두 붉은색으로 가득 채운다. 손님들에게 주는 선물 역시 붉은색으로 포장해서 준다. 그럼 중국인들이 이렇게 붉은색에 집착하는 이유는 무엇일까?

고대 중국인들은 피의 색인 붉은색이 생명과 연계되고, 붉은색 물질에는 진한 생명력이 숨어 있다는 의식을 가지고 있었다. 또한, 원시적 종교 관념에서는 붉은색이 귀신이나 나쁜 액을 막아주고 위험으로부터 안전하게 보호해준다는 의미가 있다. 이러한 붉은색의 가치와 상징적 의미가 오랫동안 축적되어 중국인은 대대로 붉은색을 상서로움과 경사의 상징으로 믿고 있다.

04 발 마사지

넓은 베이징을 여행하면 하루도 채 되지 않아 발에 피로가 온다. 피로에 효과적인 발 마사지의 매력에 한번 빠져보자. 요즘은 한국에도 발 마사지 전문점이 많이 생기고 있지만, 중국보다 비싸다.

중국에서 발 마사지는 일상처럼 보편적이고 흔한 일이다. 먼저 발을 10분 정도 약초 주머니가 담겨 있는 뜨거운 물에 담근다. 그동안 안마사가 어깨와 목을 마사지해준다. 본격적인 발 마사지로 들어가면 발에 크림을 바른 후 안마사가 손가락 관절 부위로 발바닥 곳곳을 강하게 때론 약하게 문지른다.

중국인은 발바닥에 인체의 오장육부가 다 모여 있다고 생각한다. 따라서 안마를 하는 동안 어느 특정 부위가 아프다면 그 부위가 건강하지 않다는 의미로 받아들인다. 참고로 발 마사지는 위생이 중요하니 시설이 깨끗한 곳을 이용할 것을 권한다. 외관과 달리 대부분의 이용 요금은 비슷하다. 베이징에는 대표적인 마사지 브랜드인 '양자良子'가 있으니 참고하자.

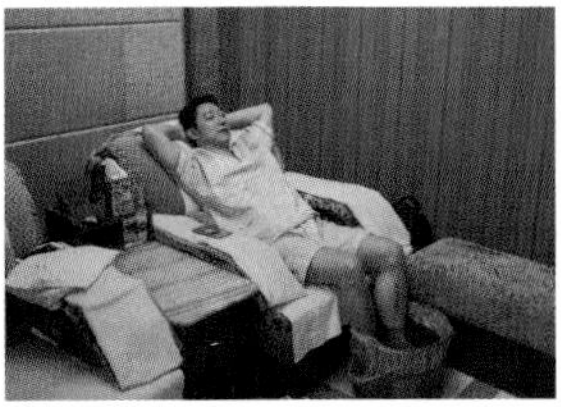

베이징 쇼핑 거리 베스트 6

여행의 백미는 먹거리와 쇼핑이다. 특히 해외 여행지에서의 쇼핑은 단순한 구매 행위라 할 수 없다. 쇼핑을 위한 시간 그 자체가 여행이 되기 때문. 베이징에서 쇼핑을 만끽할 수 있는 스폿들을 정리했다. 쇼핑에 흥미가 없더라도 이 거리를 둘러보는 것만으로 충분히 만족스러운 여행이 될 것이다.

01 왕부정대가 (p.118)

베이징의 천안문과 어깨를 나란히 할 정도로 유명한 관광지이다. 베이징 최고의 쇼핑거리로 동방신천지, 신동안시장을 비롯하여 대형백화점과 상점이 즐비하게 늘어서 있다. 화려한 네온사인 속에 자리한 옛 베이징 거리에는 백 년 이상의 전통을 이어온 상점들이 곳곳에 자리하고 있다. 또한 왕부정대가는 '음식의 천국'이라고도 불린다. 베이징 간식거리를 소개하는 왕부정 소흘가도 유명하지만, 대형 쇼핑몰 곳곳에 세계적인 음식점도 많으니 참고하자. 쇼핑, 관광, 맛집 탐방을 한 번에 끝낼 수 있는 왕부정대가는 베이징 제일의 거리라 할 만하다.

★왕부정 소흘가에서 중국 전통 간식이나 꼬치구이를 맛보자. '왕부정'이란 이름의 시작이 된 우물의 흔적도 찾아볼 것!★

02 전문대가 (p.78)

왕부정대가가 베이징 제일의 명품 거리라면 전통적인 재래시장은 어디일까? 전통성만을 고집한다면 전문대가를 추천한다. 이곳은 과거와 현재가 공존하는 베이징 제일의 상업지구이기 때문. 청대의 상가 모습을 그대로 재현하고 백 년 이상 된 상점들이 그 자리에 그대로 문을 열고 있으니 이곳을 찾은 여행자의 모습만 변할 뿐이다. 정양문에서 천단로까지 약 1km에 걸쳐 조성된 복고풍의 넓고 깨끗한 거리에는 차도 없고 길이 곧게 뻗어 있어 천천히 구경하기에 좋다. 쇼핑보다는 거리를 걸으며 당시에 유행하던 패션과 먹거리를 찾는 즐거움이 더 큰 곳이다. 트램도 운행하고 있으니 이용해 보자.

★전통 과자 및 특산물, 그리고 베이징만의 명물을 쇼핑할 수 있다. 다양한 먹거리가 있는 만큼 한 곳에서 배불리 먹는 것보다는 조금씩 여러 가지를 먹는 메뚜기 전략이 필요하다★

03 수수가 또는 홍교시장 (p.180, 74)

중국 여행의 필수 코스로 자리 잡은 짝퉁시장과 전통 시장 투어. 베이징에서 가장 역사가 오래된 시장은 천단공원 앞에 있는 홍교시장이었는데 최근에는 수수가가 대표적인 짝퉁시장으로 인기몰이를 하고 있다.

베이징의 동맥과도 같은 장안로 한복판에 버젓이 세워진 수수가는 외국인 관광객들의 필수 관광코스로 자리 잡았다. 홍교시장은 진주와 보석류 제품이 특화되어 있으며 이에 반해 수수가는 실크제품, 의류 및 가죽제품이 특화된 곳이다. 두 곳 모두 이미테이션 제품도 취급하지만 한국인 관광객이 가장 선호하는 제품군은 수수가가 더 높은 평가를 받고 있다.

★가전 및 가죽제품, 실크제품 등 이미테이션 제품을 쇼핑할 수 있으나 기념품 수준으로만 구매하도록 하자. 오전 10시부터 영업을 시작한다★

04 남라고항(p.134)

예쁘고 아기자기한 상점이 몰려 있는 곳이다. 카페와 바, 그리고 다양한 먹거리가 한 곳에 모여 있다. 베이징 여행 기념품이나 선물도 사고, 전통 음식도 맛볼 수 있는 곳. 밤에는 라이브 바에서 음악을 들으며 여행을 만끽할 수 있는 곳이 바로 남라고항이다.

베이징 전통 가옥 형태의 사합원을 개조한 식당과 카페, 호텔도 있으며 골목마다 베이징 후통의 멋스러움을 간직하고 있는 곳이다. 해가 지고 남라고항 거리의 조명이 켜지면 베이징의 과거 모습은 사라진다. 낭만의 거리 남라고항은 십찰해의 바 거리와 함께 둘러보면 여행의 즐거움이 두 배가 된다.

★최근 외국인 관광객들에게 인기가 높은 남라고항은 거리 전체가 카페와 레스토랑, 그리고 상점으로 구성되어 있다. 기념품 또는 아기자기한 소품을 쇼핑할 수 있다★

05 오도영 호동

차 문화가 대표적이던 중국에 커피문화가 정착되고 있다. 베이징에서 가장 핫한 카페 거리는 어디일까? 지하철 2호선을 용허궁 역과 안정문 역 사이에 있는 오도영 호동이다.

약 600m의 짧은 후통 골목길이지만 예쁜 카페와 레스토랑, 아기자기한 공방, 수제 맥주 전문점과 바Bar 등이 들어서 있다. 베이징의 전통적인 관광명소 옹화궁과 공묘, 국자감이 있는 옛 거리 한쪽에 새로운 트렌드가 생기고 있는 셈이다. 늦은 오후부터 수많은 젊은이와 외국인이 찾는다. 근처에 수제맥주 전문점과 민물가재 요리 '마라샤오롱샤'로 유명한 귀가簋街가 있다.

★카페나 레스토랑에 불이 밝혀지는 해가 질 무렵에 방문하자. 이국적인 느낌의 인증샷도 남기자★

06 서단상업가(p.153)

서단상업가는 베이징의 3대 상업지구 중 하나로 세련되고 실용적인 제품이 많아 현지 젊은이들이 가장 선호하는 쇼핑 스폿이다.

서단문화광장을 지나 육교에 올라서면 한광백화점, 서단쇼핑센터, 군태백화점, 서단대열성 등 거대한 쇼핑몰이 단지를 형성하고 있다. 한광백화점은 여성 패션을 중심으로 젊은 층이 주로 찾는 백화점 중 하나다. 군태백화점은 젊은이들의 패션에 걸맞은 유행과 고급 유명브랜드의 화장품, 액세서리 등을 주로 취급한다. '조이시티'로 알려진 서단대열성은 1층에서 5층까지 논스톱으로 올라갈 수 있는 에스컬레이터가 인상적이다. 층마다 각기 다른 콘셉트로 만들어져서 다양성과 개성을 추구하는 젊은이들의 취향을 만족시키는 곳이다.

또한, 음식점, 영화관, 카페 등 각종 즐길 거리를 갖추고 있는 복합쇼핑몰이다.

02

-

Enjoy Beijing

베이징을 즐기는 가장 완벽한 방법

Central Part of Beijing

베이징 중심부

人民大团结万岁

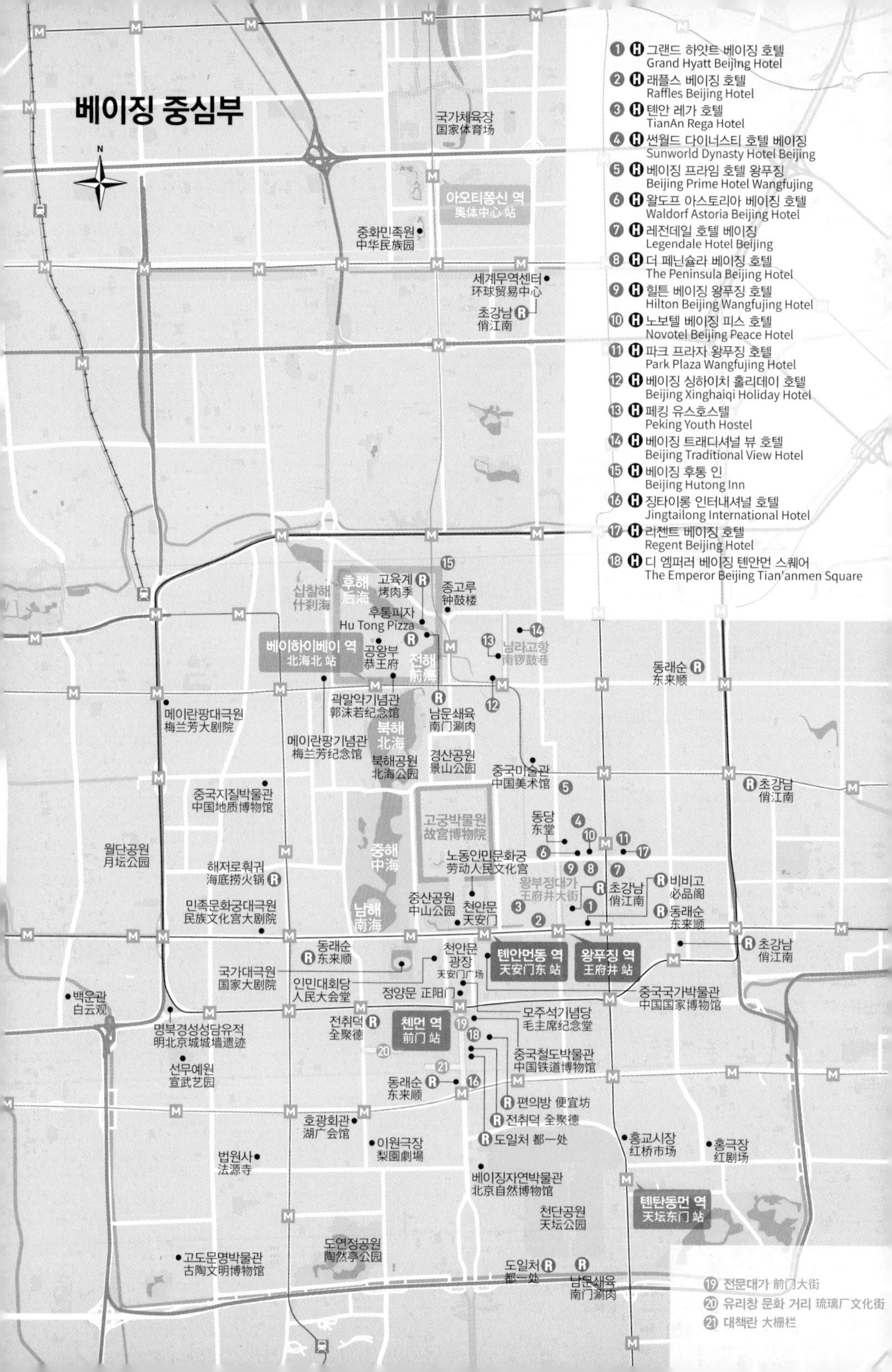

베이징 중심부
N
1 그랜드 하얏트 베이징 호텔 Grand Hyatt Beijing Hotel
2 래플스 베이징 호텔 Raffles Beijing Hotel
3 톈안 레가 호텔 TianAn Rega Hotel
4 썬월드 다이너스티 호텔 베이징 Sunworld Dynasty Hotel Beijing
5 베이징 프라임 호텔 왕푸징 Beijing Prime Hotel Wangfujing
6 왈도프 아스토리아 베이징 호텔 Waldorf Astoria Beijing Hotel
7 레전데일 호텔 베이징 Legendale Hotel Beijing
8 더 페닌슐라 베이징 호텔 The Peninsula Beijing Hotel
9 힐튼 베이징 왕푸징 호텔 Hilton Beijing Wangfujing Hotel
10 노보텔 베이징 피스 호텔 Novotel Beijing Peace Hotel
11 파크 프라자 왕푸징 호텔 Park Plaza Wangfujing Hotel
12 베이징 싱하이치 홀리데이 호텔 Beijing Xinghaiqi Holiday Hotel
13 페킹 유스호스텔 Peking Youth Hostel
14 베이징 트래디셔널 뷰 호텔 Beijing Traditional View Hotel
15 베이징 후통 인 Beijing Hutong Inn
16 징타이롱 인터내셔널 호텔 Jingtailong International Hotel
17 리젠트 베이징 호텔 Regent Beijing Hotel
18 디 엠퍼러 베이징 톈안먼 스퀘어 The Emperor Beijing Tian'anmen Square
국가체육장 国家体育场
아오티쭝신 역 奥体中心站
중화민족원 中华民族园
세계무역센터 环球贸易中心
초강남 俏江南
십찰해 什刹海
후해 后海
고육계 烤肉季
종고루 钟鼓楼
후통피자 Hu Tong Pizza
베이하이베이 역 北海北站
공왕부 恭王府
전해 前海
남라고항 南锣鼓巷
동래순 东来顺
메이란팡대극원 梅兰芳大剧院
곽말약기념관 郭沫若纪念馆
남문쇄육 南门涮肉
북해 北海
메이란팡기념관 梅兰芳纪念馆
북해공원 北海公园
경산공원 景山公园
중국미술관 中国美术馆
초강남 俏江南
중국지질박물관 中国地质博物馆
고궁박물원 故宫博物院
동당 东堂
월단공원 月坛公园
중해 中海
노동인민문화궁 劳动人民文化宫
해저로훠궈 海底捞火锅
왕부정대가 王府井大街
초강남 俏江南
비비고 必品阁
민족문화궁대극원 民族文化宫大剧院
중산공원 中山公园
천안문 天安门
남해 南海
동래순 东来顺
동래순 东来顺
천안문 광장 天安门广场
톈안먼동 역 天安门东站
왕푸징 역 王府井站
초강남 俏江南
국가대극원 国家大剧院
백운관 白云观
인민대회당 人民大会堂
정양문 正阳门
중국국가박물관 中国国家博物馆
명북경성성담유적 明北京城城墙遗迹
모주석기념당 毛主席纪念堂
전취덕 全聚德
첸먼 역 前门站
중국철도박물관 中国铁道博物馆
선무예원 宣武艺园
동래순 东来顺
편의방 便宜坊
전취덕 全聚德
호광회관 湖广会馆
이원극장 梨園劇場
도일처 都一处
홍교시장 红桥市场
홍극장 红剧场
법원사 法源寺
베이징자연박물관 北京自然博物馆
톈탄동먼 역 天坛东门站
천단공원 天坛公园
도연정공원 陶然亭公园
고도문명박물관 古陶文明博物馆
도일처 都一处
남문쇄육 南门涮肉
19 전문대가 前门大街
20 유리창 문화 거리 琉璃厂文化街
21 대책란 大栅栏

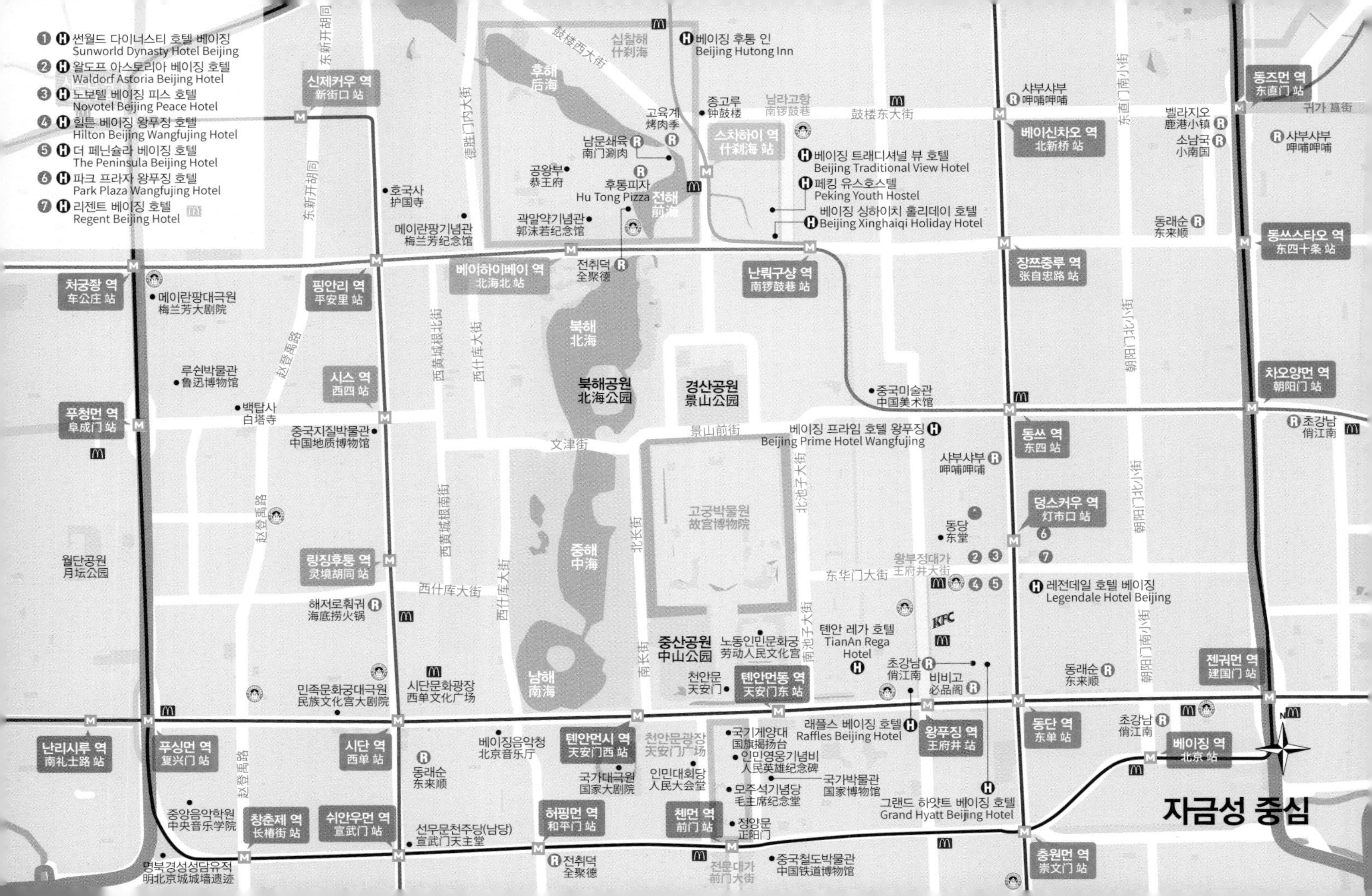
자금성 중심
1 H 썬월드 다이너스티 호텔 베이징 Sunworld Dynasty Hotel Beijing
2 H 왈도프 아스토리아 베이징 호텔 Waldorf Astoria Beijing Hotel
3 H 노보텔 베이징 피스 호텔 Novotel Beijing Peace Hotel
4 H 힐튼 베이징 왕푸징 호텔 Hilton Beijing Wangfujing Hotel
5 H 더 페닌슐라 베이징 호텔 The Peninsula Beijing Hotel
6 H 파크 프라자 왕푸징 호텔 Park Plaza Wangfujing Hotel
7 H 리젠트 베이징 호텔 Regent Beijing Hotel
신제커우 역 新街口 站
처궁좡 역 车公庄 站
핑안리 역 平安里 站
베이하이베이 역 北海北 站
난뤄구샹 역 南锣鼓巷 站
스차하이 역 什刹海 站
장쯔중루 역 张自忠路 站
베이신차오 역 北新桥 站
둥즈먼 역 东直门 站
둥쓰스타오 역 东四十条 站
차오양먼 역 朝阳门 站
둥쓰 역 东四 站
덩스커우 역 灯市口 站
젠궈먼 역 建国门 站
베이징 역 北京 站
둥단 역 东单 站
충원먼 역 崇文门 站
왕푸징 역 王府井 站
톈안먼둥 역 天安门东 站
톈안먼시 역 天安门西 站
첸먼 역 前门 站
허핑먼 역 和平门 站
시단 역 西单 站
쉬안우먼 역 宣武门 站
창춘제 역 长椿街 站
푸싱먼 역 复兴门 站
난리시루 역 南礼士路 站
링징후퉁 역 灵境胡同 站
시스 역 西四 站
푸청먼 역 阜成门 站
십찰해 什刹海
후해 后海
전해 前海
북해 北海
중해 中海
남해 南海
북해공원 北海公园
경산공원 景山公园
고궁박물원 故宫博物院
중산공원 中山公园
월단공원 月坛公园
鼓楼西大街
鼓楼东大街
东新开胡同
德胜门内大街
西黄城根北街
西黄城根南街
西什库大街
文津街
景山前街
北长街
南长街
北池子大街
南池子大街
东华门大街
赵登禹路
东直门南小街
朝阳门北小街
朝阳门南小街
귀가 簋街
H 베이징 후통 인 Beijing Hutong Inn
종고루 钟鼓楼
남라고항 南锣鼓巷
고육계 烤肉季
남문쇄육 南门涮肉
공왕부 恭王府
후퉁피자 Hu Tong Pizza
곽말약기념관 郭沫若纪念馆
호국사 护国寺
메이란팡기념관 梅兰芳纪念馆
전취덕 全聚德
H 베이징 트래디셔널 뷰 호텔 Beijing Traditional View Hotel
H 페킹 유스호스텔 Peking Youth Hostel
베이징 싱하이치 홀리데이 호텔 H Beijing Xinghaiqi Holiday Hotel
샤부샤부 呷哺呷哺
벨라지오 鹿港小镇
소남국 小南国
동래순 东来顺
메이란팡대극원 梅兰芳大剧院
루쉰박물관 鲁迅博物馆
백탑사 白塔寺
중국지질박물관 中国地质博物馆
중국미술관 中国美术馆
베이징 프라임 호텔 왕푸징 H Beijing Prime Hotel Wangfujing
초강남 俏江南
동당 东堂
왕부정대가 王府井大街
H 레전데일 호텔 베이징 Legendale Hotel Beijing
텐안 레가 호텔 TianAn Rega Hotel
노동인민문화궁 劳动人民文化宫
천안문 天安门
비비고 必品阁
해저로훠궈 海底捞火锅
민족문화궁대극원 民族文化宫大剧院
시단문화광장 西单文化广场
베이징음악청 北京音乐厅
천안문광장 天安门广场
국기게양대 国旗揭扬台
인민영웅기념비 人民英雄纪念碑
국가대극원 国家大剧院
인민대회당 人民大会堂
모주석기념당 毛主席纪念堂
국가박물관 国家博物馆
래플스 베이징 호텔 H Raffles Beijing Hotel
그랜드 하얏트 베이징 호텔 Grand Hyatt Beijing Hotel
정양문 正阳门
전문대가 前门大街
중국철도박물관 中国铁道博物馆
선무문천주당(남당) 宣武门天主堂
중앙음악학원 中央音乐学院
명북경성성담유적 明北京城城墙遗迹
KFC

01

하늘과 이어진 길, 천단공원 **텐탄동먼 역**

天坛东门站

전문대가 끝자락에 위치한 천단공원은 베이징의 중심부를 가로지르는 남북선의 시작이라 할 수 있다. 천단공원은 명 · 청시대에 황제들이 하늘에 제사를 지내던 곳으로, 천안문이 중국의 상징이라면 기년전과 원구단은 베이징의 영원함을 기원하는 역사적인 건축물이라 할 수 있다. 원형과 사각형의 건축물 속에 남아있는 구조와 배치를 숫자와 함께 풀어보는 것도 재미있다. 아울러 공원에서 여가를 즐기는 사람들을 통해 중국인들의 또 다른 생활모습을 볼 수 있다.

홍교시장은 각종 짝퉁 제품과 진주 및 보석제품을 파는 곳이며, 홍극장은 소림사 출신의 배우들이 공연 시간 내내 긴장감 넘치는 액션 무술을 펼치는 곳이다.

여행 Tip

- □ 홍교시장은 진주와 보석으로 유명한 곳이다. 홍콩의 보석 디자이너가 직접 고객이 원하는 디자인을 만들어주기도 한다.
- □ 홍극장 관람을 원한다면 오후 3~4시에 천단공원 남문에서 동문으로 이동하여 홍교시장을 둘러보고 홍극장으로 이동하는 동선을 추천한다.
- □ 1년 사계절과 12개월, 24절기, 하루 24시를 의미하는 기년전 기둥, 9의 배수로 이루어진 원구단, 황제를 뜻하는 3단 테라스, 길조를 희망하는 코끼리상, 고향을 그리워하는 칠성석 등을 찾아보자.

★ 추천 일정 체크

지하철 텐탄동먼 역(5호선) 하차 ▶ 천단공원(1시간 30분) ▶ 천단공원(남문) 출구 ▶ 버스 53번 또는 120번(3정류장/15분) ▶ 베이징자연박물관(선택, 1시간) ▶ 버스 35번 또는 72번(4정류장/30분) ▶ 법화사 하차 ▶ 육교 ▶ 홍교시장(1시간) ▶ 텐탄동먼 역 이용

천단공원과 전문
중산공원 中山公园
남해 南海
노동인민문화궁 劳动人民文化宫
천안문 天安门
천안문 광장 天安门 广场
정양문 正阳门
인민대회당 人民大会堂
국가대극원 国家大剧院
중국국가박물관 中国国家博物馆
민족문화궁대극원 民族文化宫大剧院
베이징음악청 北京音乐厅
동래순 东来顺
중앙음악학원 中央音乐学院
선무문천주당(남당) 宣武门天主堂
명북경성성담유적 明北京城城墙遗迹
전취덕 全聚德
노사차관 老舍茶馆
구불리 만두 狗不理包子
전문대가 前门大街
도일처 都一处
편의방 便宜坊
대책란 大栅栏
선어구 鲜鱼口
해저로훠궈 海底捞火锅
동인당박물관 同仁堂博物馆
선무예원 宣武艺园
장성광장 庄胜广场
유리창 문화 거리 琉璃厂文化街
동래순 东来顺
노북경자장면 老北京炸酱面
화련구물센터 华联购物中心
세기천정구물광장 世纪天鼎购物广场
삼전교가채시장 三转桥街菜市场
베이징통신전신박물관 北京通信电信博物馆
호광회관 湖广会馆
이원극장 利园剧场
뉴제예배사 牛街礼拜寺
법원사 法源寺
천교극장 天桥剧场
베이징자연사박물관 北京自然博物馆
천단공원 天坛公园
기년전 祈年殿
칠성석 七星石
동문 东门
단벽교 丹陛桥
황궁우 皇穹宇
원구단 圜丘壇
남문 南门
남문쇄육 南门涮肉
도일처 都一处
홍교시장 红桥市场
홍극장 红剧场
만수공원 万寿公园
배예극장 培艺剧场
북경고대건축박물관 北京古代建筑博物馆
선농단 先农坛
도연정공원 陶然亭公园
고도문명박물관 古陶文明博物馆
베이징대관원 北京大观园
용담공원 龙潭公园
난리시루 역 南礼士路 站
푸싱먼 역 复兴门 站
시단 역 西单 站
톈안먼시 역 天安门西 站
톈안먼동 역 天安门东 站
왕푸징 역 王府井 站
동단 역 东单 站
베이징 역 北京 站
창춘제 역 长椿街 站
쉬안우먼 역 宣武门 站
허핑먼 역 和平门 站
첸먼 역 前门 站
충원먼 역 崇文门 站
쓰치커우 역 磁器口 站
차오완 역 桥湾 站
주시커우 역 珠市口 站
후팡차오 역 虎坊桥 站
차이스커우 역 菜市口 站
광안먼네이 역 广安门内 站
광취먼네이 역 广渠门内 站
타오란팅 역 陶然亭 站
톈탄동먼 역 天坛东门 站
闹市口大街
长椿街
北新华街
南新华街
台基厂大街
崇文门东大街
祈年大街
天坛路
体育馆路
牛街
南横西街
南横东街
太平街
永定门内街
右安门内大街
白纸坊西街
N

Sightseeing ★★★

1

천단공원 天坛公园

텐탄궁위안 | tiān tán gōng yuán

고궁을 중심으로 동서남북으로 천단天坛, 지단地坛, 일단日坛, 월단月坛과 같은 공원이 있는데, 이들은 명 · 청시대에 황제가 하늘과 땅, 그리고 해와 달에게 제사를 지내던 곳이다. 이 중 천단공원은 황제가 하늘에 기우제나 다음 해의 풍년을 기원하는 의식을 치르던 곳이다. 고대 중국인들은 하늘은 둥글고, 땅은 네모난 모양이라 생각하여 하늘에 관련된 것은 원형으로 만들고 땅과 관련된 것은 모두 네모 형태로 만들었다. 하늘에 제사를 지내던 천단공원도 주된 건물은 모두 원형이다. 공원 안에 펼쳐진 푸른 숲에는 500년 넘는 고목이 즐비하여 베이징 사람들에게는 이곳이 마음 편히 쉬고 삶을 즐길 수 있는 휴식처로 통한다.

주소 北京市东城区天坛路甲1号

운영 08:00~17:30(4~11월)
08:00~17:00(12~3월)

요금 통표 34元
(자유 관람용 : 입장료+기년전+회음벽+원구단)

위치 **지하철** 5호선 톈탄둥먼 역天坛东门站 출구A2 오른쪽에 동문东门 매표소 직접 연결

♦
천단공원까지 지하철로 이동 시에는 동문에서 남문으로, 택시로 이동 시에는 남문에서 동문으로 관람하자.

Tip **택시로 찾아가기**
我想要去天坛公园,
请把我送到天坛南门附近。

천단공원

❶

공원 公园

궁위안 | gōng yuán

동문으로 들어가면 기년전으로 향하는 긴 복도가 있다. '장랑长廊'이라 불리는 이곳에는 주말이면 많은 사람이 모여든다. 즐겁게 춤을 추는 사람들, 태극권으로 체력을 단련하는 사람들, 화려한 동작으로 우리나라의 제기차기와 같은 게임을 즐기는 사람들, 아이들과 함께 푸른 잔디 위를 뛰어다니는 가족들과 연인들이 모여 공원은 언제나 시끌시끌하다.

각양각색의 사람들이 몰려들면 공원은 특유의 활기로 가득 찬다.

천단공원

❷

기년전 祈年殿

치녠뎬 | qí nián diàn

황제가 매년 정월마다 풍년을 기원하던 곳이다. 베이징의 대표적 건축물이자 천단공원의 상징으로 하늘 위에서 내려다보면 땅을 상징하는 반듯한 담장과 그 안에 하늘을 상징하는 원형의 기년전을 볼 수 있다. 지붕의 진한 남색 유리기와는 고궁의 황금색과는 또 다른 아름다움을 보인다. 기년전 끝부분의 황금 장식에는 무려 3톤의 황금이 사용되었다고 한다. 기년전에는 52개의 기둥이 있는데, 내부 중앙에 있는 4개는 사계절을, 가운데 12개 기둥은 12개월을 나타낸다. 36개의 기둥 중 12개는 자시子時부터 해시亥時까지 하루 24시를, 나머지 24개는 24절기를 나타낸다고 한다. 또한, 건축물 천장의 지름이 30m인 것은 한 달이 30일임을 뜻한다.

천단공원

❸

단폐교 丹陛桥

단비차오 | dān bì qiáo

원구단과 기년전을 이어주는 360m 정도의 흰 대리석이 단폐교이다. 길이 '360m'는 1년 365일을 의미한다. 4m 높이의 단 위에는 세 갈래의 길이 있는데 가운데의 길은 천제가 다니는 길로 '신도神道'라고 하며, 동쪽의 벽돌길은 '어로御路'로 황제가 하늘의 신께 제사를 지내러 기년전으로 걸어나가는 길이다. 기년전을 향해 갈수록 단이 조금씩 높아지는 것은 하늘에 가까워짐을 상징한다. 단폐교의 중간쯤 왼쪽 하단에는 큰 코끼리상이 있는데 이는 코끼리를 의미하는 '상像' 자의 발음이 길하다는 한자어인 '상祥'과 발음이 같기에 세워진 것이다.

천단공원

❹

황궁우 皇穹宇

황충위 | huáng qióng yǔ

황궁우❶는 제천의식을 준비하는 곳이자 하늘과 바람, 구름, 해와 달 등 자연신의 위패와 역대 8대 황제의 위패가 모셔져 있는 사당이다. 황궁우에는 회음벽과 삼음석이 있는데, 외곽을 둥글게 감싸고 있는 원형담이 **회음벽**回音壁❷이다. 둥근 벽 가운데 공간을 두어 소리가 그 벽을 타고 다시 되돌아오게끔 설계 되었다. 그로 인해 벽에 대고 이야기를 하면 그 소리가 벽을 타고 돌아 반대편까지 들리게 된다. 회음벽은 황제의 기원이 만백성을 휘돌아 하늘에 전달된다는 의미를 담아 만들었다고 한다. **삼음석**三音石❸은 황궁우 앞 바닥에 깔린 세 개의 돌을 말하는데, 돌을 두드리면 소리가 반사되어 울리기 때문에 사람들이 돌을 두드리고 있는 모습을 쉽게 찾아볼 수 있다. 회음벽 밖으로 나가면 수백 년 된 측백나무 고목들이 울창한데 그곳에는 '**구룡백**❹'이라는 측백나무가 있다. 수령은 대략 500년 이상으로, 나무줄기가 비비 꼬이고 서로 뒤엉켜 마치 아홉 마리 용이 앞다퉈 하늘로 올라가고 있는 것 같다고 하여 '구룡백'이라고 한다.

2

3

1

4

'구룡백'의 둥치는 마치 용이 꿈틀거리며 승천하는 것처럼 보인다.

천단공원

5

원구단 圓丘壇

위안추탄 | yuán qiū tán

원구단은 천단공원의 대표적인 건축물로 황제가 하늘에 기도를 올리던 곳이다. 하늘을 형상화한 커다란 원형과 황제만을 위한 공간이라는 뜻의 3단 기단으로 이루어져 있다. 기단의 각 계단은 하늘과 절대성과 영원함을 뜻하는 숫자 9의 배수로 이루어져 있고, 각 단에 있는 난간도 1단부터 108개, 72개, 36개로 되어 있다. 원구단의 3층 제단에 오르면 한가운데에 동그랗게 볼록 솟은 돌 하나가 있는데 이것이 바로 **천심석**天心石5이다. 천심석은 황제가 하늘에 고하는 제문을 읽던 자리인데 이 돌 위에 올라서서 작은 목소리로 이야기해도 그 소리가 크게 들릴 뿐만 아니라 메아리도 들을 수 있다고 한다. 천심석을 중심으로 방사형으로 뻗어 있는 석판들도 1열은 9개, 2열은 18개, 3열은 27개 순으로 모두 9의 배수로 이루어져 있다. 내벽과 외벽으로 둘러싸인 제단은 동서남북에 각각 3개의 대리석 문이 있어 합계 24개의 문이 있는데, 이는 농사에 필요한 24절기를 나타내는 것이다. 원구단은 천자와 천지, 즉 하늘의 신이 아무런 방해를 받지 않고 대화할 수 있도록 어떠한 형태의 벽도, 기둥도, 지붕도 없다.

천심석은 원구단의 베스트 포토존이다.

천단공원

6

칠성석 七星石

치싱스 | qī xīng shí

기년전으로 가는 장랑 왼쪽에는 북두칠성을 본떠 만든 칠성석이 있다. 명 영락제가 제천의식을 거행할 명당을 물색하고 있을 때 갑자기 하늘의 문이 열리면서 북두칠성이 떨어졌는데, 이곳을 찾아보니 일곱 개의 커다란 돌이 떨어져 있었다고 한다. 이를 천단을 세우라는 계시로 여겨 지금의 자리에 천단공원이 세워졌다는 이야기가 전해온다. 전설에 따라 칠성석은 7개여야 하지만, 세어 보면 8개인데, 이는 명나라 이후 베이징을 차지한 건륭제가 천단을 확장할 때 청나라 황실의 고향인 동북지방을 잊지 말자는 뜻에서 돌덩이 하나를 더 옮겨두었기 때문이라고 한다.

Sightseeing ★☆☆

❷

베이징자연박물관 北京自然博物馆

베이징쯔란보우관 | běijīng zì rán bó wù guǎn

중국 최초의 자연사박물관으로 고생물 진열실, 식물 진열실, 동물 진열실, 인류 진열실 등 4개의 테마파크로 구성되어 있다. 이 중 가장 많은 사랑을 받는 것은 실물과 비슷한 모양으로 재현한 공룡과 매머드, 시조새 등 고대 동물들에 관한 화석 자료들이다. 특히, 유인원에 관련된 인류 진열실에서는 20~70만 년 전 생존한 것으로 추정되는 화석인류化石人類에 대한 내용이 흥미로우니 한 번 들러보자. 예약은 전화나 홈페이지를 이용하자. 최소 하루 전에 예약해야 하고, 예약 후 10일 이내에 매표해야 한다.

주소 北京市崇文区天桥南大街126号
운영 09:00~17:00(월요일 휴관)
요금 무료
전화 010-6702-7702
홈피 www.bmnh.org.cn
위치 **지하철** 7호선 주시커우 역珠市口 站에서 전문대가 방향으로 나와 주시커우난珠市口南 승차장까지 도보로 이동, 17번 · 93번 버스 이용, 톈탄시먼 역天坛西门에서 하차
버스 ① 톈탄동먼 역天坛东门 站 출구 A2로 나와 길 건너 법화사法华寺 승차장까지 도보 이동, 35번 · 72번 버스 이용
② 톈탄시먼 역에서 하차 (4정류장/30분) 또는 톈탄난먼 역天坛南门 站에서 버스 53번 이용
③ 톈탄시먼 역 하차 후 도보 (3정류장/15분)

Tip **택시로 찾아가기**

我想要去北京自然博物馆,
请把我送到天桥南大街
(近天坛公园)附近。

Sightseeing ★☆☆

❸

홍교시장 红桥市场

홍차오스창 | hóng qiáo shì chǎng

수수가시장이 핫스폿으로 떠오르기 전까지 베이징의 대표적인 시장은 홍교시장이었다. 외국인 관광객들에게는 진주시장Pearl Market으로 더 유명하다. 처음에는 교외 지역의 농산물이 거래되던 교역시장이었는데, 이후 지금의 홍교 지역으로 이주하면서 홍교시장으로 불린다. 이곳을 찾는 고객은 크게 내국인과 외국인 두 부류로 나뉜다. 내국인은 주로 수산물을 사기 위해, 외국인은 주로 진주와 모조품을 사기 위해 이곳을 찾는다. 홍교시장이 갖는 경쟁력은 우수한 디자인과 가격 경쟁력으로 1층에서는 시계, 휴대용 전자제품, 실크제품, 화장품 등을 판매, 2층에서는 의류, 가방, 신발, 가죽제품 등을, 3층에서는 진주나 옥으로 만든 공예품과 장신구, 4층과 5층에서는 귀금속 및 보석 등을 판매 중이다.

주소 北京市东城区天坛东路46号
운영 09:30~19:00
요금 무료
전화 010-6711-9130
홈피 www.hongqiao-pearl-market.com
위치 **지하철** 5호선 톈탄동먼 역天坛东门 站 출구A2 맞은편, 도보 5분 이내

♦
홍교시장 지하 1층에 맥도날드와 스타벅스가 있고, 인근에는 KFC가 있으니 중국 음식이 입에 맞지 않는 사람들은 이곳을 찾아가자.

Sightseeing ★★★

④

홍극장 红剧场

홍쥐창 | hóng jù chăng

붉은빛의 철골조로 장식한 홍극장의 독특한 건축양식은 해가 지면 더욱 환상적인 모습으로 변한다. 입구에 들어서면 어린 수도승이 가부좌를 한 채 관람객들을 맞이한다. 뮤지컬 소림 무술극 〈쿵후전기功夫传奇〉는 일반적인 노래와 춤을 공연하는 기존의 뮤지컬에 쿵후, 발레, 중국 기예를 접목해 철없는 수도승이 쿵후를 통해 성장하는 모습을 재미나게 그려낸다. 특히, 〈쿵후전기〉는 수도승을 연기하는 배우들이 실제로 소림사에서 무술을 배운 사람들이라 액션에 사실감을 더한다. 주로 외국인 관광객들을 대상으로 영어 내레이션을 하고 중문 자막을 제공해 관람하기에 무리가 없다. 환상적인 조명과 음향, 그리고 화려한 액션이 어우러져 공연 시간이 무척이나 짧게 느껴진다. 사전에 홈페이지로 예약 시 저렴하게 관람할 수 있으며 실내 사진촬영이 가능하지만 플래시는 사용할 수 없다.

주소 北京市崇文区幸福大街44号 (崇文区工人文化宫内)
운영 19:00
요금 200, 280, 380, 480, 880元
전화 186-1235-9093
홈피 redtheatrekungfushow.com
위치 **지하철** 5호선 톈탄동먼 역天坛东门站 출구B에서 체육관로体育馆路 방향으로 도보 이동. 천단반점天坛饭店 사거리에서 좌회전. 충분구공인문화궁崇文区工人文化宫 안에 위치. 도보 15분 이내
버스 5호선 톈탄동먼 역 출구A2 하차 후 법화사 버스 정류장에서 6번, 35번을 타고 베이징체육관北京体育馆에서 하차

Tip 택시로 찾아가기

我想要去红剧场,
请把我送到幸福大街44号
崇文区工人文化宫。

More & More

소림 무술극 〈쿵후전기〉 내용 소개

1막 어린 수도승이 절에 도착하여 수련을 시작한 후 '순일纯一'이라는 이름을 얻었다.
2막 불문에 귀의한 어린 수도승은 매우 힘든 쿵후 수련을 한다. 몇 년이 지나 소년은 쿵후로 가장 유명한 청년이자 스님으로 성장하게 된다.
3막 힘든 수련을 거친 수도승 순일의 몸은 강철과도 같이 단단해진다.
4막 우연히 만난 아름다운 선녀를 따라간 순일은 선녀를 마음에 품게 되고, 더 이상 수행을 할 수 없게 된다.
5막 수도승 순일은 불자의 길을 잃고 엄청난 후회 속에서 방황을 하게 된다.
6막 순일은 다시 수도승이 되기 위해선 마지막 관문을 성공적으로 통과해야 한다는 것을 알게 된다.
7막 마침내 순일은 관문을 통과하고, 수도원장으로 거듭나게 된다.

100년 전통의 거리를 걷다 **첸먼 역**

02 前门站

베이징 최대의 상업지구인 전문대가는 청나라 때 가장 번영하던 곳이다. 전문대가를 중심으로 100년 이상의 역사를 가진 상점들이 빼곡한 대책란이 한쪽에 자리하고 있다. 그 뒤를 이어 황실의 유리기와를 제작하던 골동품과 문방사우 전문 거리인 유리창이 허핑먼 역으로 연결되어 있다. 수백 년 전통과 이야깃거리를 자랑하는 맛집이 지금도 이야기 보따리를 풀어 놓고 손님들을 기다리고 있다.

베이징 여행에 빼놓을 수 없는 베이징 오리고기 맛집인 전취덕과 편의방이 이곳에 있으니 꼭 먹어보자. 울긋불긋한 옷을 곱게 차려입은 상점 거리를 거닐며 옛 베이징 향취를 듬뿍 느껴보자. 땡그랑 소리와 함께 트램 열차를 타고 이곳을 즐기는 것도 좋은 방법이다.

여행 Tip

- □ 전문대가와 대책란, 유리창 문화 거리로 이어진 골목에 세월을 담고 서 있는 백 년 전통 상점들을 찾아보자. 청대의 먹거리와 쇼핑을 즐기며 전문대가의 숨은 가치를 느낄 수 있다.
- □ 노사차관에서 차 한 잔과 함께 중국 전통의 희극, 무용, 잡기, 그리고 전통 무술과 경극 등을 즐겨보자. 중국 문화와 베이징 전통 예술을 보다 쉽게 이해할 수 있다.
- □ 베이징 근교의 유명 관광지인 만리장성(팔달령 장성)과 원명원, 이화원 등에 가려면 전문 앞에 있는 관광버스 터미널에서 표를 예매하자. 이곳에서 전용 관광차를 이용할 수 있다.

★ 추천 일정 체크
쇼핑과 맛집 투어(3~6시간)

지하철 첸먼 역(2호선) 하차 ▶ 전문대가 투어[전취덕 ▷ 마담투소 밀랍인형박물관 관람 ▷ 도일처 ▷ 오유태찻집 ▷ 홍성이과두 ▷ 동래순 ▷ 트램 탑승(남문 ▷ 전문)] ▶ 대책란 투어[성석복 ▷ 서부상 ▷ 구불리 만두 ▷ 대관루 ▷ 내연승 ▷ 동의당 ▷ 장일원] ▶ 선어구 투어(2~4시간) ▶ 노사차관 ▶ 국가대극원 참관(30분~1시간) ▶ 중산공원(30분~1시간) ▶ 톈안먼시 역(1호선) 이동

선택 1 먹거리 탐방(전취덕 또는 편의방, 도일처, 구불리 만두 등)
선택 2 문화 탐방(노사차관 공연 또는 국가대극원 공연 관람)

전문대가

국가대극원
国家大剧院
정양문
正阳门
허핑먼 역
和平门 站
첸먼 역
前门 站
노사차관
老舍茶馆
전루
箭楼
중국철도박물관
中国铁道博物馆
崇文门西河沿
전취덕
全聚德
前门西河沿街
西打磨厂街
대천화랑미술관
大千画廊美术馆
베이징사대부중
北京师大附中
煤市街
전문대가
前门大街
前门东路
廊房头条
서부상
瑞蚨祥
北火扇胡同
延寿街
耀舞胡同
마담투소
밀랍인형박물관
디 엠퍼러 베이징 톈안먼 스퀘어
The Emperor Beijing Tian'anmen Square
小江胡同
천복찻집
天福茗茶
성석복
盛锡福
전취덕 全聚德
편의방
便宜坊
동래순
东来顺
도일처
都一处
구불리 만두
狗不理包子
선어구
鲜鱼口
대책란 大栅栏
고육계
烤肉季
대관루
大观楼
내연승
内联升
동인당
同仁堂
도향촌
稻香村
오유태찻집
吴裕泰
육필거
六必居
베이징서점
北京书店
유리창 문화 거리
琉璃厂文化街
급고각
汲古阁
췌문각
萃文阁
铁树斜街
장일원차장
张一元茶庄
前门东路
樱桃斜街
铁树斜街
흠융마트
鑫隆 Mart
石头胡同
전문대가
前门大街
煤市街
노북경자장면
老北京炸酱面
陕西巷
동래순
东来顺
징타이롱 인터내셔널 호텔
Jingtailong International Hotel
차오완 역
桥湾 站
石头胡同
N
주시커우 역
珠市口 站
1920미술관
1920美术馆
중국공상은행
中国工商银行
후팡차오 역
虎坊桥 站

Sightseeing ★★★

5

전문대가 前门大街

췐먼다제 | qián mén dà jiē

정양문은 황제가 천단으로 가기 위해 이용하는 길로 황제만이 드나들 수 있는 문이었다. 그러다 보니 황실에 물건을 납품하려는 공방과 상점들이 앞다투어 들어서면서 많은 사람이 모이기 시작했다. 이렇게 전문대가는 베이징 최대의 상업지구로서 청나라 때 번영기를 누리지만, 서양 세력이 들어오면서 근대화되기 시작했다. 서양식 가스등이 거리에 설치되고, 전철이 정양문 앞까지 가설되었으며, 베이징 역(현재 철도박물관)까지 건설되면서 과거의 모습을 점차 잃어갔다. 이러한 근대화 과정에서 전문대가는 아편과 매음굴의 본거지로 전락하고 말았는데, 2008년 베이징올림픽을 계기로 대대적인 보수 작업을 시작했다. 중국 정부는 반세기 전의 모습과 분위기를 최대한 살리기 위해 1920~1930년대의 건축물을 길게 세우고, 예전과 같이 시속 8km로 트램도 운행하고 있다.

주소 北京市前门大街
운영 24시간
요금 무료
위치 **지하철** 2호선 첸먼 역前门站
출구B 또는 C 하차, 도보 5분 이내

More & More
전문대가 즐기기

전문대가는 과거와 현재가 공존하는 베이징 제일의 상업지구다. 청나라 시기에는 늦은 밤 성문이 닫히면 지방에서 올라온 상인이나 외부인들은 성 밖에 머물러야 했는데 그들을 위한 숙박시설과 음식점이 모여 자연스럽게 상권이 형성되었고, 황실과 거래를 하는 부유한 상인들이 모이면서 지금의 모습이 되었다. 정양문에서 전단로까지 약 1km에 걸쳐 조성된 복고풍의 넓고 깨끗한 거리에는 차가 없어 천천히 구경하기에 좋다. 입구에 있는 중국풍의 스타벅스는 대표적인 쉼터와 만남의 장소다. 쇼핑에 관심이 없으면, 2층으로 올라가는 계단 옆 작은 공간에서 전문대가를 내려다보며 커피 한 잔의 여유를 느껴보자. 과거의 모습을 재현하기 위해 트램도 운행하고 있으니 이를 이용하거나 천천히 길을 따라 걸으며 둘러보는 것도 좋다. 만일 여유가 없거나 쇼핑에 흥미가 없다면 입구에서 간단한 인증샷만 남겨도 된다. 전문대가를 두고 양쪽 옆 골목골목마다 특별한 거리를 만들었지만 큰길만 둘러봐도 무방하다. 하지만 중간쯤에 있는 마담투소 밀랍인형박물관과 도일처 맞은편에 있는 대책란은 꼭 시간을 내서 둘러보도록 하자.

♦
트램은 800m 정도의 전문대가를 왕복 운행하고 있다. 승무원이 승차 시 매표하는데 편도 요금이 20元이다.

전문대가에서 즐기는

베이징 명물 Best 4

1. 베이징 오리고기 北京烤鸭

베이징 카오야 | běijīng kǎo yā

베이징에서 제일 유명한 음식은 단연 베이징 오리고기이다. 중국인들은 이를 '베이징 카오야'라고 부르는데 '베이징'은 북경의 중국식 발음이고, '카오야'는 '구운 오리고기'라는 뜻이다.

베이징 오리고기의 사육법과 요리법

요리에 쓰이는 오리는 그 사육법과 요리법이 독특하다. 오리구이를 더욱 맛있게 하기 위하여 먼저 잘 고른 오곡 곡식과 광물질이 풍부한 미네랄워터를 공급한다. 잡은 오리는 배를 가르지 않고 항문으로 내장을 빼낸 뒤 뜨거운 물에 잠깐 넣어 털을 뽑는다. 그다음에 뱃속에 공기를 집어넣어 팽팽하게 만든다. 그 이유는 오리 껍질과 살 사이에는 기름이 붙어 있는데, 바람을 불어넣으면 이 사이가 벌어지고, 이 상태로 구우면 살과 껍질 사이에 붙어 있던 기름이 모두 녹아 흘러내려 느끼한 맛이 줄어들기 때문이다.

베이징 오리고기의 원조

중국 사람들 대부분은 전취덕全聚德의 오리구이가 베이징 오리구이의 원조라고 알고 있지만, 사실은 그보다 훨씬 빠른 명나라 때부터 전해 내려오는 원조가 있다. 바로 편의방便宜坊이다. 전취덕은 화덕에서 과일나무 장작에 불을 지펴 타오르는 불꽃으로 굽지만, 편의방은 오리를 굽기 전에 먼저 수수 장작을 태워 화로의 온도를 알맞게 맞춘다. 온도가 어느 정도 맞춰지면 쇠꼬챙이에 끼운 오리를 화로에 넣고, 쇠로 된 뚜껑을 닫는다. 밖에서 땐 불의 온도가 쇠뚜껑으로 전해져 그 안에 있는 오리들이 화로 속에서 구워지는 것이다. 온도가 너무 높으면 오리가 타고, 너무 낮으면 익지 않아 고도로 훈련된 숙련공이 아니면 불의 온도를 조절하기가 어렵다.

베이징 오리고기를 맛있게 먹는 법

전취덕과 편의방의 요리법은 다르지만 먹는 법은 비슷하다. 요리가 준비되면 하얀 모자에 흰색 가운을 걸친 요리사가 기름이 흐르는 오리를 가지고 나온다. 손님 테이블 앞에서 네모난 큰 식칼로 한입에 먹기 좋게 오리고기를 발라준다. 앙상하게 남은 오리 뼈는 다시 주방으로 들어가 맛있는 탕으로 요리되어 나온다. 오리를 손질하는 요리사는 오리 목 뒷부분의 껍질을 먼저 썰어주는데 윤기가 흘러 느끼할 것만 같지만 먹으면 부드러워 입안에서 살살 녹는다. 설탕에 찍어 먹어도 고소함이 살아난다. 부드러운 오리구이는 파채와 함께 밀전병에 싸서 먹으면 쫄깃하고 담백하게 즐길 수 있다. 다른 음식을 주문할 때에는 오리고기의 느끼한 맛을 없애주는 오이피클, 양배추 절임, 샐러드 등과 같은 반찬 종류를 주문하는 것이 좋다.

└→ 전취덕 全聚德

취앤쥐더 | quán jù dé

양전인이 처음에 인수한 가게는 말린 과일을 팔던 가게로 원래 가게 이름이 덕취전德聚全이었다. 자신의 가게를 열고 야심만만하게 장사를 시작한 그는 개업 초기에는 장사가 시원찮았다. 이에 고민을 거듭하다 풍수전문가를 불러 물어보니, 가게의 이름을 '전취덕'으로 바꿔야 한다고 했다. 이유는 '전全'자를 맨 앞으로 빼내 가게의 덕이 이미 모두 모였음을 알려야만 장사가 잘 된다는 것이었다. 그는 바로 가게 이름을 전취덕으로 고쳤고, 이때부터 정말로 장사가 잘되기 시작했다.

전취덕의 '덕'

전취덕에 관한 또 다른 흥미로운 이야기가 있다. 바로 전취덕의 현판에 있는 '덕德' 자에 관한 것이다. 눈여겨보면 '덕德'자의 필획 중 하나가 빠져 있는 것을 알 수 있다. 여러 가지 이야기가 있지만 가장 널리 알려진 일화는 당대 유명 서예가였던 전자룡과 관련된 것이다. 가게 이름을 전취덕으로 바꾸고, 양전인이 전자룡을 초빙해 현판을 써 달라 부탁하였는데 감사의 표시로 술을 대접한다는 것이 너무 과해 그만 전자룡을 만취하게 만들었다. 다음 날 전자룡은 술이 덜 깬 상태에서 현판에 글씨를 썼는데, '덕' 자의 필획 하나를 실수로 그만 빠뜨리고 말았다고 한다.

전취덕 요리의 특징

베이징 오리고기에 쓰이는 오리는 '전압填鴨'이라는 특수한 사육 방식을 사용하기에 살이 많다. 전압은 오리를 45일 정도 좁은 암실에 가두고 사료를 입속으로 가득 밀어 넣어 강제로 살을 찌우는 방식이다. 전취덕에서는 오리를 쇠꼬챙이에 걸어 화덕에서 횃불에 굽는다. 땔감은 과일나무, 대추나무, 배나무, 복숭아나무 등으로 이루어진 장작을 사용하는데, 이는 과일나무가 화력이 세고, 향긋한 냄새가 나기 때문이다. 굽는 시간은 불의 온도(280~320℃)에 따라 다르겠지만 보통은 45분 정도가 소요된다. 이렇게 오리를 구우면 껍질은 붉은 대춧빛으로 윤기가 흐를 뿐 아니라 껍질은 바삭바삭하고 부드럽고, 고기에는 과일나무의 향이 배인다. 이것이 일단 한 번 맛을 보면 전취덕의 매력에 빠지지 않을 수 없는 비결인 셈이다.

전취덕 지점 찾기

전취덕 전문 본점은 크게 세 곳으로 운영되고 있다. 첫 번째는 패스트푸드 세트메뉴 중심으로 오리구이를 보다 빠르고 간편하게 먹을 수 있는 곳이다. 건물 두 번째 부분은 포장 판매점으로, 항상 많은 사람이 포장용 오리구이를 사기 위하여 길게 줄을 선다. 마지막 세 번째는 식당으로, 건물 안쪽에 자리하고 있다. 입구 왼쪽 기둥에는 '중국 최고의 먹거리'라는 의미의 '中国第一吃(중국제일흘)', 오른쪽 기둥에는 천하제일의 가게라는 의미의 '天下第一楼(천하제일루)'가 쓰인 현판이 걸려 있다.
붉은 등이 걸린 복도를 따라 들어가면 오리지널 전취덕의 모습이 보인다. 입구 한쪽에 전취덕의 역사를 소개한 작은 현판과 1930년대의 메뉴판을 비롯해 오리 굽는 모습, 1950년대의 전취덕 모습과 장부 등을 정리해 놓았다. 창문 너머로 요리사들이 직접 오리를 화로에 굽는 모습까지 구경할 수 있다. 2층에는 그동안 이곳을 방문한 전 세계 유명 인사들의 사진이 걸려 있다.

① 전문 본점 前门 本店 추천

주소 北京市东城区东城区前门大街30号

전화 010-6701-1379

위치 지하철 2호선 첸먼 역前门 站 출구B 또는 C 하차.
전문대가前门大街 남쪽으로 도보 10분 거리 왼쪽에 위치

② 화평문 점 和平门 店 추천

주소 北京市西城区前门西大街14号楼

전화 010-8319-3100

위치 지하철 2호선 허핑먼 역和平门 站 출구C 앞에 위치

③ 쌍정 점 双井 店

주소 北京市朝阳区广渠门外大街8号 优士阁C座4-5

전화 010-5871-2288

위치 지하철 10호선 솽징 역双井 站 출구D에서
도보 5분 거리

④ 망경 점 望京 店

주소 北京市望京广顺北大街33号 福码大厦B座2层

전화 010-6473-6466

위치 지하철 15호선 왕징 역望京 站 출구C에서
도보 5분 거리

⑤ 왕부정 점 王府井 店

주소 北京市东城区帅府园9号 王府井步行街

전화 010-6525-3310

위치 지하철 1호선 왕푸징 역王府井 站 출구B 하차.
보행로를 따라 걷다 보면 중국사진관中国照相馆을 끼고
오른쪽 골목 안쪽에 위치

⑥ 십찰해 점 十刹海 店

주소 北京市西城区地安门西大街57号

전화 010-6617-2127

위치 지하철 6호선 베이하이베이 역北海北 站 출구B에서
도보 5분 거리(화하시장 입구 방향)

⑦ 삼원교 점 三元桥 店

주소 北京市朝阳区东三环北路甲2号 京信大厦一层

전화 010-8449-2759

위치 지하철 10호선 량마차오 역亮马桥 站 출구B에서
도보 10분 거리

↳ 편의방 便宜坊

피엔이팡 | pián yi fāng

베이징 오리고기는 오리를 소금에 절인 후 납작하게 말리는 조리법에서 유래되었다. 특히 명나라 태조 주원장이 판압식 오리고기를 너무 즐기다 보니 오리고기 조리법이 더욱 발전하게 되었다. 전취덕보다 더 오랜 기간 사랑을 받아온 편의방便宜坊은 '사람들의 마음에 드는 오리구이를 편리하게 맛볼 수 있는 곳'이라는 의미다. 편의방은 1416년에 문을 열어 거의 600여 년 동안이나 명맥을 이어왔다. 사실 편의방이 유명하게 된 데에는 명대의 관리였던 양계성楊繼盛의 공이 컸다. 1552년, 당시 양계성은 조정에서 모함을 받아 울적한 마음을 달래기 위해 거리를 배회하던 중, 조그만 가게에서 오리구이를 먹게 되었다. 양계성은 오리구이가 어찌나 맛있었는지 그새 마음의 답답함을 잊어버렸다며 "이 가게의 오리구이는 편리하면서도 마음에 든다."고 극찬을 하곤 많은 조정 대신들을 데리고 와서 함께 먹었다. 이때부터 편의방의 명성이 중국 온 천하에 알려지게 되었다.

편의방의 오리고기

편의방은 화덕에 불을 붙여 화덕의 벽을 뜨겁게 달군 다음, 오리를 넣고 화덕 벽의 열과 장작재로 오리를 굽는 민노焖炉 방식을 취하고 있다. 편의방의 오리고기는 전취덕과는 확연한 차이가 있다. 전반적으로 전취덕의 고기에 비해 단단하며 탄력이 있고 보다 더 쫀득쫀득하다. 가슴 부위는 육질도 부드럽고 느끼함이 없어 담백하다.

편의방 지점 찾기

가장 유명한 편의방 지점은 선어구 점이다. 첸먼 역에서 전문대가로 들어서면 오른쪽에 대책란 입구가 있고, 왼쪽으로는 선어구 거리가 있다. 편의방은 선어구 거리 맨 끝에 위치하고 있어 찾기가 쉽지 않다. 본관 입구에는 편의방이 1416년 명대 영락 14년에 세워져 현재 600년이나 되었다는 대형 전광판이 걸려 있다.

❶ 선어구 점 鲜鱼口店 추천

주소 北京市东城区鲜鱼口街 5-77号

전화 010-6713-2535

위치 지하철 2호선 첸먼 역前门站 출구 B 또는 C 하차. 전문대가안의 선어구가鲜鱼口街 맨 끝자락에 위치. 도보 20분 거리

❷ 합덕문 점 合德门店

주소 北京市东城区崇外大街 16号 便宜坊大厦

전화 010-6711-2244

위치 지하철 2호선 충원먼 역崇文门站 출구C에서 도보 5분 거리

❸ 안화 점 安华店

주소 北京市西城区北三环中路 6-6号

전화 010-8208-1019

위치 지하철 8호선 안화챠오 역安华站 출구E에서 도보 10분 거리

❹ 행복 점 幸福店

주소 北京市东城区幸福大街36号

전화 010-6711-6545

위치 지하철 5호선 톈탄동먼 역 天坛东门站 출구B에서 도보 15분 거리(홍극장 근처)

❺ 옥연교 점 玉蜓桥店

주소 北京市东城区天坛东路73号

전화 010-6702-0904

위치 천단공원 동남쪽에 위치 (남문에서 이동이 용이함)

2. 도일처 都一处

두이추 | dū yí chù

스타벅스에서 전문대가를 따라 남쪽으로 가면 지위가 높아 보이는 사람이 '도일처都一处'라는 현판을 써주는 청동상을 만나게 된다. 도일처는 1738년에 왕서복이 세운 소맥 전문점이다. 소맥烧麦은 고기와 해물, 야채 등을 갈아 얇은 밀가루 피로 빚어 만든 만두와 비슷한 음식이다. 얼핏 보기에는 만두 같지만, 만두보다 피가 얇고, 특히 꼭지가 마치 꽃이 핀 형상을 하고 있어 '귀봉두鬼蓬頭'라고 한다. 귀신의 흐트러진 머리와 같이 화려하다는 뜻이다. 2층에는 건륭제를 모신 작은 사당과 그 안쪽으로 건륭제가 신하 두 명과 함께 소맥을 먹는 모습의 청동상이 있다. 대표 메뉴는 '삼선 소맥', '야채 소맥', '돼지고기 소맥'이다.

<u>도일처의 시작</u>

왕서복이라는 사람은 전문 밖의 술집에서 일하다가 나중에 본인 술집을 열었는데, 가게 현판을 달지 않았다. 그래서 사람들은 이 가게를 '술집'이라는 의미의 '주포'를 붙여 '왕기주포'라 불렀다. 1752년 섣달 그믐날, 당시 건륭제는 평상복 차림으로 몰래 순시를 나갔다가 저녁 늦게야 전문에 돌아왔다. 마침 배가 고파서 음식점을 찾았으나 다음날이 정월 초하루라 유일하게 왕기주포만이 문을 열고 장사를 계속하고 있었다. 어쩔 수 없이 이 허름한 술집에서 술과 소맥, 배추요리를 시켜 음식을 맛본 건륭제는 크게 감동을 하여 궁으로 돌아가 관원들을 시켜 친필로 '도일처都一处'라고 쓴 현판을 왕서복에게 보냈다. 그때 비로소 그 손님이 건륭제란 것을 알게 된 왕서복은 황제가 하사한 현판을 달고 전문적으로 소맥을 팔기 시작했고, 지금까지 그 유명세를 이어오고 있다. 지금도 건륭제에 대한 고마움에 작은 사당을 지어 제사를 올리고 있다.

주소 北京市 东城区 前门大街38号(大栅栏东口)

운영 10:00~21:00

요금 42元/8개~

3. 동래순 东来顺

동라이순 | dōng lái shùn

양고기 샤부샤부인 '쇄양육(涮羊肉, 쏸양러우)'은 베이징 오리구이와 더불어 베이징을 대표하는 음식이라고 할 수 있다. 동래순은 부드러운 양고기 샤부샤부로 중국에서 가장 유명한 쇄양육 전문점이다.

쇄양육의 시초

칭기즈 칸의 손자인 쿠빌라이 칸(원나라 태조)의 요리사가 만든 음식이다. 어느 날 전장에 나갔던 쿠빌라이가 고향 생각에 평상시 즐겨 먹던 양고기인 청순양육清炖羊肉을 주방장에게 주문했다. 쿠빌라이가 배고픔을 참지 못한다는 것을 잘 아는 주방장은 급한 김에 양고기를 얇게 썰어 끓는 물에 담갔다 꺼내 소금과 양념을 곁들여 바쳤다. 이것이 바로 쇄양육의 시초가 된 것이다.

동래순에서의 식사법

양고기는 소고기, 돼지고기보다 고단백, 저지방이라 맛이 담백하고 깔끔하며 부드럽다. 양고기 특유의 비린내를 제거하기 위해 양송이버섯 육수에 생강과 파를 신선로에 넣고 끓인다. 동래순의 신선로는 자체적으로 개발한 것으로, 화로의 높이가 높고 화력이 강하다. 양고기는 넣자마자 5초 정도만 익힌 뒤 꺼내 먹어야만 한다. 육수에는 별다른 양념을 하지 않으므로 고기를 찍어 먹는 소스에 의해 맛이 좌우된다. 이렇게 데쳐 먹은 양고기는 입에서 살살 녹으며, 양고기 특유의 비린내가 없다. 육수는 매운맛과 순한맛, 두 가지가 있으며 두 가지 육수를 한번에 맛볼 수도 있는 용기도 있다.

4. 노사차관 老舍茶館

라오서차관 | lǎo shè chá guǎn

노사차관은 빠른 속도로 밀려오는 서양 문화에 의해 중국의 전통문화가 사라짐을 안타까워한 어느 기업가가 설립한 곳이다. 노사차관에서는 각종 차를 음미할 수 있을 뿐 아니라, 베이징의 토속 음식도 맛볼 수 있다. 3층은 300명가량을 수용할 수 있는 극장으로 매일 저녁 공연이 열리는데 희극, 전통 무용, 잡기, 전통 무술과 전통 악기 연주, 그리고 사천경극인 변검 공연 등 베이징의 문화를 한자리에서 감상할 수 있다. 노사차관은 베이징 문화의 향기를 머금은 종합문화박물관이다. 향긋한 차 한 잔과 함께 베이징 문화 속으로 들어가 보자.

♦
1층 Tea House 이용시간
10:00~14:00, 17:00~22:00
3층 연출대청 이용시간
19:50~21:20(요금 180元, 280元, 380元, 480元, 580元)

Sightseeing ★★☆

6

대책란 大栅栏

따스란 | dà shí lànr

전취덕 맞은편에는 성석복 모자가게가 있는데 그 옆 골목길이 바로 대책란 거리다. 500년 역사를 자랑하는 상업 거리로 전문대가의 일부분으로 보인다. 비좁은 골목에 수백 년의 역사를 자랑하는 상점들이 아직도 그 건물에서 장사를 하고 있으니 마치 시간 여행을 온 것과도 같다. 100년이 넘은 한약방인 동인당同人堂, 찻잎을 파는 장일원차장张一元茶庄, 비단가게 서부상瑞蚨祥, 서태후가 반한 구불리狗不里 만두도 있고, 중국 최초의 영화관인 대관루大观楼에서는 아직도 영화를 상영하고 있다. 이 대책란 거리를 따라 쭉 올라가다 보면 바로 유리창 문화 거리를 만나게 된다. 이렇게 전문대가에서부터 대책란 거리를 걸쳐 유리창 문화 거리까지 걷다 보면 과거 베이징의 모습을 조금이나마 상상해 볼 수 있다.

주소 北京市西城区(宣武区) 大栅栏商业街
운영 24시간
요금 무료
위치 **지하철** 2호선 첸먼 역前门站 출구C에서 전문대가 남쪽 방향으로 도보 10분 이내(우측 방향)

More & More
대책란(大栅栏)의 의미

1420년, 명나라 영락제 18년에 정양문 밖으로 시장을 하나 건립하였다. 청나라 건륭제에 이르러 강도들의 침입을 막기 위해 쇠로 만든 울타리를 설치하였는데, 이후부터 '울타리'라는 의미를 품고 있는 '다스란'이라고 불렸다. 이는 명나라 백만장자인 왕민이 황제에게 치안을 유지하기 위해 밤에는 닫고, 낮에는 열 수 있는 울타리를 세워 달라는 상소를 올렸다는 데서 비롯됐다고 한다.

대책란에서 만나는

베이징 명물 Best 5

1. 성석복 盛锡福

성시푸 | Shèng xī fú

성석복 모자가게는 베이징에서 가장 유명한 중절모 전문점이다. 원자재에 정성을 들이고, 수제작 및 가공이 꼼꼼하고, 품질이 우수한 성석복의 모자는 장쩌민, 마오쩌둥, 저우언라이 등 중국 최고 지도자들이 애용하는 것으로 유명하다. 대표적인 모자는 짚으로 만든 초모, 모직으로 만든 중절모와 가죽모자다. 밍크모자도 유명한데 부드러우면서도 방한 효과가 뛰어나고 아름다워 인기가 좋다. 디자인은 요즘 트렌드에 맞지 않지만 패션은 돌고 도는 것. 복고풍의 디자인을 선호한다면 한번 둘러보자. 성석복은 왕부정대가와 전문대가(대책란 입구)에 있다.

주소 北京市东城区王府井大街196号

운영 09:00~21:00

2. 도향촌 稻香村

다오샹춘 | dào xiāng cūn

베이징 시내를 곳곳에서 볼 수 있는 도향촌은 중국 전통 과자 전문점이다. '도향촌'과 '베이징도향촌' 두 가지 현판을 볼 수 있는데 이 둘은 서로 다른 브랜드이니 주의하자. '베이징도향촌'은 남경 출신의 곽보생이 1895년 전문대가에 처음으로 문을 연 곳이다. '도향촌'이라는 이름은 '벼 향기 풍기는 마을'이라는 뜻이며 중국 고전소설 『홍루몽』에서 주인공 보옥이 형수의 거처를 '도향촌'이라 불렀던 것에서 유래했다고 한다.

주소 北京市东城区东城区鲜鱼口

운영 09:00~21:00

3. 내연승 内联再

네이롄성 | nèi lián shēng

내연승은 160년간 베이징 시민들의 사랑을 받은 신발가게다. 중국 왕족과 대신들이 이곳의 단골이었으며 내연승内联再의 '내内'는 황궁을 뜻하며, '연승联再'은 '고객이 이 가게의 신발을 신으면, 관운이 형통하며 3급까지 승진한다.'라는 의미이다. 1층에서는 전통 방식으로 신발을 제작하는 모습을 볼 수 있으며 3층에서는 내연승의 역사를 한눈에 볼 수 있는 신발박물관이 있는데, 내연승의 신발을 애용했던 중국 지도부 인사뿐만 아니라 유명 인사들의 사진이 함께 걸려 있다. 특히 마오쩌둥과 덩샤오핑이 직접 신었던 신발은 증명서와 함께 전시되어 있다.

주소 北京市西城区前门大栅栏34号

운영 09:00~21:00

♦
성룡의 고전영화 〈취권〉에 나온 전통 신발도 있다. 수작업임에도 합리적인 가격의 제품들도 많다. 고가의 제품들도 많지만 독특한 디자인의 신발을 득템할 수도 있다.

4. 대관루 大观楼

다관러우 | dà guān lóu

중국 최초의 극장이자 영화 제작사이다. 1905년에 삼국지의 한 대목을 영화화한 최초의 중국영화 〈정군산定军山〉이 상영된 곳이다. 프랑스의 뤼미에르 형제에 의해 파리에서 영화가 상영된 지 불과 10년 만에 중국에서도 영화가 만들어진 것이다. 원래 차를 팔면서 희곡을 보여주는 소극장이었던 대형헌 찻집大亨轩茶楼을 대관루 영화관大观楼影戏园으로 개명한 것이다. 과거, 중국영화의 산실이던 대관루가 최첨단 영화관에 밀려 동네 영화관과 같은 모습으로 전락했으나 지금도 영화를 상영하고 있다. 1층에는 중국 영화의 아버지라 불리는 임경태 감독이 배우 담흡배와 〈정군산〉을 찍는 장면을 묘사한 청동상 및 대관루의 역사를 담은 작은 박물관과 카페가 자리하고 있다.

주소 北京市西城区西城区前门大栅栏街36号

운영 09:30~23:00

5. 구불리 만두 狗不理包子

거우부리빠오즈 | gǒu bù lǐ bāo zi

대책란의 끝자락, 대관루大观楼 맞은편에 있는 가게 앞에는 대신처럼 보이는 사람이 노파에게 굽실대며 만두를 바치는 모습의 청동상이 있다. 그 유명한 '구불리 만두狗不理包子'다. 당시 지방 총독이었던 위안스카이가 만두를 먹어 보고 그 맛에 너무 감탄한 나머지 서태후에게 바치는 장면이다. 구불리 만두를 먹은 서태후는 이 만두와 함께라면 장수할 것 같다며 극찬을 했고, 이후 구불리 만두는 중국 천하에 그 명성을 떨치게 되었다. 메뉴로는 장육만두百年酱肉包, 채소만두什锦素包, 새우만두对虾青韭包, 게살만두全蟹包 등이 있고, 각 메뉴를 모두 맛볼 수 있는 모둠 세트도 있다. 혼히 맛볼 수 없는 달콤한 구불리 맥주도 함께 음미해 보자.

주소 前门大街大栅栏 29-31号
운영 09:00~23:00

◆
왕부정 점은 전취덕 맞은편에 있다. 가게 앞에는 구불리 만두의 역사를 설명한 커다란 동판과 구불리 만두를 들고 인사를 하는 청동상이 세워져 있다.

구불리 만두의 유래

구불리 만두는 원래 1885년에 천진에서 구자狗子에 의해 시작되었다. 그는 몇 년간의 연구로 자신만의 만두를 개발해 '덕취호德聚号'라는 가게를 열었다. 구자가 만든 만두는 사람들 사이에서 입소문이 나기 시작해 여기저기에서 손님들이 몰려들었다. 만두를 빚느라 사람들을 상대할 시간조차 없었던 구자를 두고 사람들은 "구자는 만두만 팔고 사람들을 상대하지 않는다."라고 쑥덕거리기 시작했고, 사람들은 구자를 '구불리狗不理'라고 불렀다고 한다.

Sightseeing ★☆☆

7

유리창 문화 거리 琉璃厂文化街

류리창웬후아지에 | liú lí chǎng wén huà jiē

유리창 문화 거리는 원 · 명시대 때 국영 가마터를 건설해 황궁에서 사용하는 유리기와를 만드는 곳이었다. 자금성의 지붕을 덮고 있는 황금색의 기와가 바로 '유리기와'인데, 청대에 들어서는 황궁의 증축이 줄어들면서 불황이 닥쳤다. 이후 청 강희제부터 건륭제 동안에는 점차 골동품을 판매하는 거리로 변모하기 시작했다. 비록 황실을 위한 유리기와 제작은 중단되었지만 '유리창'이란 명칭은 지금까지 이어오고 있다. 당시 베이징 성곽에서 가장 큰 책 시장이던 이곳은 조선 사신들이 베이징에 도착하면 제일 먼저 찾는 곳이기도 했다. 지금은 도서, 옥석, 도자기, 조각, 청동기와 그림, 문방사우 등 고품격 예술품들이 모인 곳이 되었다. 시간적인 여유가 있다면 둘러보자.

주소 北京市西城区南新华街

운영 08:00~22:00

요금 무료

위치 **지하철** 2호선 허핑먼 역和平门站 출구 C2, D2에서 남신화가南新华街 방향으로 도보 10분 이내 육교가 나오며, 베이징서점부터 유리창 문화 거리가 시작

◆

전문대가에서 대책란을 둘러보고 유리창 문화 거리로 넘어간다면 2호선 허핑먼 역과 연계 가능하니 동선을 짤 때 참고하도록 하자.

Tip 택시로 찾아가기

我想要去天坛公园,
请把我送到天坛南门附近。

Sightseeing ★☆☆

8

중산공원 中山公园

중산궁위안 | zhōng shān gōng yuán

중산공원은 명 · 청시대의 사직단으로 자금성의 부속 건물이다. 1420년에 자금성과 사직단을 이곳에 함께 지었는데 사직단은 토지와 농사의 신을 모신 사당으로 매년 음력 2월과 8월에 황제가 제사를 지내던 곳이다. 중국 내에 남아 있는 유일한 사직단으로 내단과 외단으로 나누어지며 내단의 정중앙에 중산공원이 있다. 1913년, 고대 제단과 사당을 개조하여 이듬해 10월 10일 '중앙공원中央公园'이란 이름으로 개방했는데 1925년 손중산孙中山이 서거하고 그의 유해를 공원 내에 잠시 안치했던 것을 기념하기 위해 '중산공원中山公园'으로 이름을 바꾸었다. 꽃과 나무가 우거진 중산공원 안쪽에서는 사시사철 희귀한 꽃들을 감상할 수 있다. 또한, 공원 내부에 무성하게 심은 측백나무 중 7그루는 요나라 때부터 자란 것으로 수명이 1,000년이 넘는다고 전해진다.

주소 北京市东城区中华路4号

운영 4~5월 06:00~21:00
6~8월 06:00~22:00
9~10월 06:00~21:00
11~3월 06:00~20:00

요금 3元(3~5월 10元)

위치 **지하철** 1호선 톈안먼시 역天安门西站 출구B에서 도보 5분

◆

경산공원을 둘러보고 남문으로 나와 자금성의 해자를 따라 오른쪽으로 이동하거나 서문으로 나올 시에는 북해공원 동문을 지나 남문으로 나오는 것을 추천한다. 이후에 도보로 이동하여 중산공원 서문으로 들어와 남문으로 나가면 국가대극원과 지하철 1호선 톈안먼시 역으로 연결된다.

Sightseeing ★★☆

9

국가대극원 国家大剧院

궈자다쥐위안 | guó jiā dà jù yuàn

베이징올림픽을 앞두고 중국은 '중국 문화라는 알을 낳아, 새집에서 부화시킨 후, 세상을 향해 날리자!'라는 의미로 새알 형태의 국가대극원을, 둥지 형태의 올림픽 주 경기장을, 그리고 용의 형태를 한 수도 국제공항 제3터미널을 건축하였다. 이 중 흔히 우주선, 새알 등으로 불리는 국가대극원은 오페라하우스의 역할을 하고 있다.

돔 형태를 하고 있는 국가대극원은 독특한 셸Shell 구조를 갖추고 있는데, 건물 표면은 티타늄 소재의 금속판과 하얀 유리로 절묘하게 연결되어 있다. 이곳에 입장하면 먼저 해저 터널을 지나게 되는데 물이 빛을 산란시키는 현상으로 인해 천장에 아름다운 물빛이 비치게 된다.

입구의 좌우에서는 다양한 장르의 예술 작품들을 전시하고 있으며 둥근 지붕 아래로 울려 퍼지는 부드럽고 아름다운 음악과 함께 돔 유리창 밖에 있는 천안문의 붉은 담장을 보는 것도 색다른 느낌이다. 국가대극원에는 오페라하우스, 콘서트홀, 그리고 드라마센터 등 3개의 공연장이 있는데 특히 6,500개 이상의 발성관을 가진 콘서트홀의 파이프오르간은 독일 최고의 파이프오르간 제작사인 크라이스KLAIS에서 만든 것으로 독일 쾰른대성당의 파이프오르간과 같은 계열의 제품이다.

주소	北京市西城区西长安街2号
운영	09:00~16:30(월요일 휴관)
요금	입장료 40元 (관람료는 공연마다 각각 다르며 홈페이지에서 사전 확인 필요)
홈피	www.chncpa.org(예약 가능)
위치	**지하철** 1호선 톈안먼시 역天安门西站 직접 연결

♦
국가대극원의 가장 아름다운 모습을 보고 싶다면 해가 질 무렵이 좋다. 인공호수를 통해 완벽한 국가대극원의 모습을 볼 수 있기 때문이다.

03

동병상련의 아픔을 담아 헌화를 하다 **톈안먼동 역**

天安门东站

베이징을 상징하는 천안문과 중국인들의 아픔을 간직하고 있는 천안문광장, 그리고 중국 문화의 정수를 보여주는 자금성이 있는 곳이다. 천안문광장 주변에는 인민대회당, 중국국가박물관, 모주석기념당 등 웅장한 규모의 중국 10대 건축물들이 배치되어 있다. 일반인들은 접근할 수 없어 자금성이라 불리던 고궁박물원은 청나라를 배경으로 하는 수많은 영화와 드라마의 촬영 장소로 유명하다. 특히, 영화 〈마지막 황제〉를 통해 전 세계에 알려지게 되었다. 명나라의 마지막 국운을 품은 경산공원은 자금성과 북해공원을 한눈에 내려다볼 수 있는 곳이다. 끝없이 펼쳐진 황궁과 후통이 어울려 하나의 지평선을 만들고 있다. 중국인들에게 자존심과 함께 수치심 또한 주는 이곳은 베이징 여행의 필수 코스이며 많은 이들이 베이징 여행 시 가장 먼저 찾는 곳이다.

여행 Tip

- □ 쳰먼 역 출구C에서 인민대회당 방향으로 지하도를 건너면 왼쪽에 인민대회당 참관 매표소가 있다.
- □ 해가 지고 국기 하강식이 끝나면 천안문광장에 머물 수가 없다. 톈안먼동 역으로 이어진 지하도까지 폐쇄된다. 참조하자.
- □ 천안문과 천안문광장 주변에는 정복을 입은 공안과 군인이 많지만 사복을 입은 공안도 곳곳에 있다. 불필요한 행동은 삼가자.

★ 추천 일정 체크

베이징 핵심 투어(7~10시간)

지하철 톈안먼동 역(1호선) 하차 ▶ 중국국가박물관 관람(1~2시간) ▶ 천안문광장(30분) ▶ 모주석기념당(선택) ▶ 정양문 관람(30분~1시간) ▶ 인민대회당 참관(30분~1시간/선택) ▶ 천안문 인증샷(30분) ▶ 천안문 성루 관람(30분/선택) ▶ 자금성 투어(2~4시간) ▶ 경산공원(1시간) ▶ 관광순환버스 이용(30분) ▶ 톈안먼동 역 하차

자금성 주변

1 H 왈도프 아스토리아 베이징 호텔 Waldorf Astoria Beijing Hotel
2 H 힐튼 베이징 왕푸징 호텔 Hilton Beijing Wangfujing Hotel
3 H 노보텔 베이징 피스 호텔 Novotel Beijing Peace Hotel
4 H 더 페닌슐라 베이징 호텔 Peninsula Beijing Hotel
5 H 파크 프라자 왕푸징 호텔 Park Plaza Wangfujing Hotel
6 H 리젠트 베이징 호텔 Regent Beijing Hotel
7 H 레전데일 호텔 베이징 Legendale Hotel Beijing

Sightseeing ★★☆

⑩

천안문광장 天安门广场

톈안먼광창 | tiān ān mén guǎng chǎng

천안문광장은 남북으로는 800m, 동서로는 500m에 이르는 세계 최대 규모의 도심 광장이다. 황제가 기거하던 자금성과 천안문을 지나 정양문까지 연결된 거대한 광장으로, 자금성의 한 부분이었다. 천안문을 마주 보고 광장 끝에 있는 건물이 모주석기념당이며 정양문, 전문대가와 수직으로 서 있다. 그리고 왼쪽에 인민대회당, 오른쪽에 중국국가박물관을 두고 있다. 광장 한가운데 우뚝 솟은 인민영웅기념비와 국기게양대에서 휘날리는 오성기의 붉은색이 색다르게 다가온다.

천안문광장은 중국민족주의운동의 도화선이 된 5 · 4운동과 문화혁명 당시 100만 홍위병의 행진, 그리고 1 · 2차 천안문 사건이 벌어진 곳이다. 이 중에 우리가 기억하는 천안문 사태는 2차 천안문 사건으로 '죽竹의 장벽'이라 알려진 중국과 천안문광장을 전 세계에 널리 알린 사건이었다. 또한, 이곳은 1949년, 중화인민공화국의 건국을 알린 곳이기도 하다.

주소 北京市东城区天安门广场

운영 일출~일몰

요금 무료(여권 필수 지참)

위치 **지하철** 1호선 톈안먼둥 역天安门东站 출구C, D 또는 톈안먼시 역天安门西站 출구C, 2호선 첸먼 역前门站 출구A 하차

♦

해가 지면 낮과는 또 다른 모습의 천안문광장이 나타나지만 아쉽게도 오성기가 내려진 이후에는 천안문광장에 머물 수가 없다. 천안문으로 건너가는 톈안먼동 역 지하도 역시 폐쇄된다. 그러나 광장 옆 도로에서 천안문을 바라볼 수 있으니 밤에는 지하철 2호선 첸먼 역 출구C로 나와 인민대회당을 따라 천안문광장과 천안문의 야경을 즐겨보자. 장안대로에서 왼쪽으로 가면 국가대극원의 멋진 야경도 함께 즐길 수 있다. 톈안먼시 역과 직접 연결되니 역방향도 가능하다. 천안문광장에는 여권(신분증)이 있어야만 들어갈 수 있다.

중국을 뒤흔든
두 차례의 천안문 사건

농민과 노동자를 괴롭히는 세력에 대항하면서 생겨난 공산당은 '인민을 위한 나라'라는 뜻의 중화인민공화국을 수립하였다. 이후 긴밀했던 공산당 정부와 인민 사이에 틈이 생기자 천안문에서 공산당과 인민들 사이의 무력 충돌이 발생했다.

첫 번째 천안문 사건

1976년 중국 국민이 가장 사랑하는 저우언라이의 사망 후 그해 4월 4일, 수많은 베이징 시민들이 인민영웅기념비에 그를 추모하며 기념 플래카드를 걸고 헌화를 했는데 이 플래카드에 쓰인 내용을 당국이 반역으로 규정하여 철거했다. 다음 날인 4월 5일, 이에 분노한 시민들이 도심 곳곳에 방화를 일으키며 일대 소요사태가 발생했고, 이 소요사태를 무력으로 진압하는 과정에서 수많은 시민이 사망하거나 다쳤다. 또한, 4인방의 극좌파는 당시 부주석이었던 덩샤오핑에게 책임을 물어 그의 모든 직무를 박탈하고 실각시켰다. 단 3일 만에 일어난 엄청난 사건이었다. 이 첫 번째 천안문 사건을 '4 · 5운동'이라 한다.

두 번째 천안문 사건

1989년 6월 4일, 덩샤오핑의 오른팔이었던 후야오방의 사망을 계기로 일어났다. 당시 실권자였던 덩샤오핑의 후광으로 공산당 총서기에 취임한 후야오방은 사상 해방, 언론 자유, 개인 자유의 신장, 법치주의, 당내 민주화 등을 주요 골자로 하는 과감한 정치 개혁을 추진했는데 이러한 개혁은 당내 보수파들의 반발을 불러일으켜 결국 그는 공산당 총서기직에서 쫓겨나 1989년 4월 15일에 사망하고 말았다. 후야오방이 죽자 수많은 지식인과 학생들, 그리고 일반 시민들까지 그를 추모했으며 그의 명예 회복과 민주화를 요구하는 시위가 이어졌다. 5월 13일부터는 베이징대학교와 베이징사범대학교를 중심으로 천안문광장에서 단식연좌시위가 열렸는데 이 때문에 5월 15일에 예정되어 있던 고르바초프 방중 행사가 지연되고 말았다. 이에 당국은 이 시위를 난동으로 규정하고, 계엄을 선포했으며 이 과정에서 후야오방의 후임인 자오쯔양 총서기의 행방이 묘연해지고, 보수파인 리펑이 권력을 장악하면서 시위는 더욱 격렬해졌다.

결국, 6월 3일, 당국은 천안문광장에 집결해 있던 시위대를 향해 무차별 발포를 하여 수많은 시민들을 살상하고 시위대를 강제 해산시켰다. 그러나 당시 고르바초프의 방중 취재를 위해 베이징에 머물고 있던 수많은 외신기자를 통해 이런 폭력 진압이 전 세계에 생중계되었다. 서방 언론에서는 '베이징 대학살', '천안문 학살' 등으로 부를 정도로 민간인들의 피해가 컸는데 이 두 번째 사건은 지금까지도 중국인들에겐 언급해서도 안 되고, 기억해서도 안 되는 금기사항으로 통한다. 지금도 공산당은 이 사건을 반란으로 규정하고 있으며, 이와 관련된 인사들을 구금 또는 추방하고 있고 6월 4일을 전후로 천안문광장에 대규모 공안을 배치해 만일의 사태에 대비한다.

♦
천안문 사건의 도화선이 되었던 후야오방의 사망 이후 오랜 시간 동안 그의 복권이 거론되었다. 2015년 11월 20일, '후야오방 탄신 100주년 좌담회'를 통해 시진핑 주석이 그를 '역사에 길이 빛날 총서기'로 규정하며 복권되었다. 하지만 천안문 사건은 지금도 금기시되고 있으니, 어떠한 질문도 삼가자.

More & More
파란만장했던 천안문광장의 역사

1911년 신해혁명이 일어나 봉건제도의 종식이 선언되면서 근대 중국이 시작
1919년 조선의 3 · 1운동에 자극받은 베이징의 대학생들이 반봉건 · 항일을 주창하며 5 · 4운동을 벌임
1926년 군벌에 반대하는 학생들과 시민들을 강제로 진압한 참사가 일어남
1935년 만주국을 세우고 중국 침략을 계획하던 일본에 저항할 것을 주장하며 항일전쟁에 가속도를 붙였던 12 · 9운동이 일어남
1949년 10월 1일, 마오쩌둥의 중화인민공화국 개국 선언
1966년 중국의 암흑기로 평가받는 문화대혁명, 그 중심에 있었던 100만이 넘는 홍위병이 이곳에 운집하여 그 위세를 떨침
1989년 6월, 전 세계를 경악시켰던 2차 천안문 사건 발생

Sightseeing ★★☆

⓫

국기게양대 国旗揭扬台

궈치제양타이 | guó qí jiē yáng tái

천안문광장에는 해가 질 무렵 국기 하강식을 보기 위해 엄청난 관광객들이 찾아온다. 특히 군인들이 절도 있는 동작으로 보폭 75cm, 1분당 108걸음을 정확하게 이동하는 모습이 인상적이다. 아침에 거행되는 국기 게양식을 보기 위해 천안문광장 근처에서 밤을 지새우는 사람도 있다고 한다. 특히 5월 1일 노동절과 10월 1일 국경절의 국기 게양 및 하강식을 보기 위해 중국 전역에서 이곳을 찾아온다고 한다.

주소 北京市东城区天安门广场
운영 일출~일몰
요금 무료
위치 **지하철** 1호선 톈안먼동 역天安门东 站 출구C, D 또는 톈안먼시 역天安门西 站 출구C, 2호선 쳰먼 역前门 站 출구A에서 하차

짧디 짧은 국기 게양식을 화려하게 빛내주는 것은 절도 있는 군인들의 동작이다.

Sightseeing ★☆☆

⓬

인민영웅기념비 人民英雄纪念碑

런민인슝지녠베이 | rén mín yīng xióng jì niàn bē

인민영웅기념비는 19~20세기의 혁명 과정에서 희생된 인민을 추모하기 위한 것이다. 기념비의 높이는 약 38m, 무게는 약 1만 톤이다. 기념탑을 받치고 있는 기석에 8개의 부조가 새겨져 있는데, 5 · 4운동, 난창봉기, 항일유격전쟁, 진텐봉기, 우칭봉기 등 중국의 중대한 역사적 사건들을 새겨 놓았다. 정면에 새겨진 '인민의 영웅은 영원하다人民英雄永垂不朽'라는 문구는 마오쩌둥의 친필이다. 또한, 반대편의 깨알 같은 글자는 저우언라이가 쓴 글이다. 하지만 2차 천안문 사건 이후 이를 가까이서 관람할 순 없게 되었다.

주소 北京市东城区天安门广场
요금 무료
위치 **지하철** 1호선 톈안먼동 역天安门东 站 출구C, D 또는 톈안먼시 역天安门西 站 출구C, 2호선 쳰먼 역前门 站 출구A

Sightseeing ★☆☆

13

모주석기념당 毛主席纪念堂

마오주시지녠탕 | máo zhǔ xí jì niàn táng

모주석기념당은 중화인민공화국의 실질적인 창립자이자 중국을 이끌어온 국민 영웅 마오쩌둥의 유해가 안치된 곳이다. 기념당은 크게 북전시실北大厅, 추앙전시실瞻仰厅, 남전시실南大厅로 구성되어 있다. 북전시실 중앙에는 3m가 넘는 마오쩌둥 좌상이 있으며, 기념당의 핵심인 추앙전시실 정면 백색 대리석에는 '위대한 수령이자 지도자였던 마오쩌둥 주석이 영원히 잠들다伟大的领袖和导师毛泽东主席永垂不朽'란 글귀가 벽에 새겨져 있다. 전시실 중앙에는 아름다운 꽃들로 장식된 수정관이 있으며, 그 안에 중국 공산당 당기로 덮인 마오쩌둥의 유체가 있다. 또한, 그와 함께 혁명에 참여하고 중국공산당 창당에 업적을 이룩한 저우언라이, 류사오치, 주더, 덩샤오핑 등의 업적기념관이 함께 있다.

주소 北京市东城区前门东大街11号
운영 08:00~12:00(화~일요일)
08:00~11:30, 14:00~16:00
(9월 9일 모택동 추모기념일,
12월 26일 모택동 탄생기념일)
요금 무료(여권 필수 지참)
위치 **지하철** 1호선 톈안먼동 역天安门东 站 출구C, D 또는 톈안먼시 역天安门西 站 출구C, 2호선 첸먼 역前门 站 출구A에서 직접 연결

◆
하루 입장객을 제한하기 때문에 개방시간을 미리 알고 가는 것이 좋다. 어떤 물품도 휴대할 수가 없다. 카메라 및 기본적인 짐은 광장 옆 관광안내소 보관함에 맡기는 것을 추천한다.

More & More
모주석기념당 부지 선정 비하인드 스토리

인민들의 영원한 영웅이자 리더인 마오쩌둥이 서거하자 중국 전역은 슬픔에 잠겼다. 이를 달래기 위해 기념당을 건설하여 마오쩌둥 주석의 유체를 담은 수정관을 기념당 안에 두고, 인민들이 그를 언제나 바라볼 수 있게 하기로 하였다.
중국 정부는 기념당 부지 선정에 대해 많은 논의를 하였는데 마오쩌둥이 평생 혁명 주도하며 힘들게 살았으니 편안하게 휴식을 취하게 하자는 의미로 베이징에서도 가장 아름다운 풍경을 자랑하는 중남해, 북해, 이화원, 향산공원이 후보지로 올랐다. 마오쩌둥이 가장 오랜 시간을 보낸 중남해(중국 지도자들의 거처와 핵심 권력 기관들이 몰려 있는 곳)는 참배객들이 몰려들어 정부 업무에 방해가 될 것을 염려, 이화원이나 북해는 시민들이 놀러 오는 곳이다 보니 참배 분위기와 적합하지 않다고 판단, 향산공원은 경치가 수려해서 참배 분위기에는 적합하나 멀리 떨어져 있어 시민들의 참배가 어렵다고 반려되었다. 마지막 후보지가 바로 천안문광장이었다. 천안문광장은 5 · 4운동이 일어난 인민 봉기의 장소이며, 1949년 10월 1일 마오쩌둥이 신(新)중국 성립을 선포한 상징적 장소이니 이보다 더 의미 있는 장소는 없었다. 또한 기념당을 이곳에 건립하면 천안문과 인민영웅기념비, 인민대회당, 중국국가박물관과 함께 완벽한 조화를 갖추게 되고, 천안문광장의 정치적 성격이 더욱 뚜렷해지리라 판단해 이곳을 최종 부지로 선정하였다.

Sightseeing ★★☆

14

정양문 正阳门

정양먼 | zhèng yáng mén

정양문은 일반적으로 '전문前门'이라고 부른다. 구 베이징 시는 내성과 외성으로 이루어졌는데, 정양문은 내성의 출입문이다. 정양문은 다시 성루와 전루로 구성되며, 북쪽에 위치한 성루를 정양문, 남쪽에 있는 전루를 전문이라 한다. 또한, 황궁을 지키는 제1방어망인 전루는 아래위 총 4개 층으로 동 · 서 · 남 삼면에 화살을 쏘기 위한 94개의 창문이 설치되어 있다. 정양문은 중국 역사상 내 · 외란의 아픈 흔적을 고스란히 담고 있다. 특히, 20세기 초 의화단의 난을 진압한다는 명분으로 8국 연합군이 베이징을 침공할 당시 전루는 화염에 휩싸였었다. 1949년 공산화 이후에는 천안문광장 인근에 주둔하는 병력의 사령부로 사용되었으나, 지금은 역사 속으로 사라지고 베이징의 유물로 자리매김하였다.

성루에 오르면 남쪽으로는 전문대가를, 북으로는 모주석기념당과 천안문광장을 한눈에 볼 수 있다. 전시장에는 구 베이징 시가지의 변천사가 담긴 사진과 그림들이 전시되어 있다. 특히 구 베이징 도시 구역의 변화와 당시의 생활상을 묘사한 그림들은 베이징의 과거와 현재를 한눈에 알아볼 수 있게 정리되어 있으니 꼭 관람하도록 하자.

주소 北京市东城区前门大街北端

운영 08:30~16:30(4~10월)
09:00~16:30(11~3월)

요금 20元(4~10월), 10元(11~3월)

위치 **지하철** 2호선 첸먼 역前门站 출구A 하차, 도보 3분 이내

Sightseeing ★★☆

15

중국국가박물관 中国国家博物馆

중궈궈자보우관 | zhōng guó guó jiā bó wù guǎn

중국국가박물관은 당대 역사를 대표하는 진귀한 문물들을 통해 중화 문명의 발달을 보여주는 곳이다. 그러나 입구의 거대하고 웅장한 규모와는 달리 전시된 유물은 고대 청동기로 만들어진 유물과 청대 이후의 것이 대부분이다. 이는 기존의 중국역사박물관이 중국 고대와 근대 문물만을 소장하는 박물관이었기 때문. 5,000년 역사의 희귀한 중국 보물은 이곳에 없다. 황궁의 보물은 자금성 안에, 중국 보물 중 일부는 대만의 고궁박물관과 난징의 고궁박물관에 흩어져 소장되어 있는데 그중에서도 중국의 보물다운 보물들은 대부분 대만에 있는 고궁박물관에 소장되어 있다고 보면 된다.

주소 北京市东城区天安门广场东侧
운영 09:00~17:00
(15:30 입장권 판매 마감,
16:00 입장 마감,
월요일과 공휴일 휴관)
요금 무료(여권 필수 지참)
홈피 www.chnmuseum.cn
위치 **지하철** 1호선 톈안먼동 역天安门东 站
출구C, D에서 도보 5분

Sightseeing ★☆☆

16

중국철도박물관 中国铁道博物馆

중궈톄다오보우관 | zhōng guó tiě dào bó wù guǎn

정양문에서 전문대가로 이어지는 인근에 시계탑을 지닌 유럽풍의 아름다운 건축물이 있는데 이곳이 바로 중국철도박물관이다. 외관이 우아하고, 산뜻하며 현대 건축의 아름다움과 중국 전통 건축의 특색이 어우러져 엄격한 천안문광장 분위기와는 다소 동떨어진 느낌이다. 박물관 내에는 중국에 현존하는 가장 오래된 차량인 0호 증기기관차를 포함하여 마오쩌둥호 등 약 60여 대에 달하는 기관차와 차량, 그리고 그에 관련된 자료가 전시되어 있다. 또한 3D시네마에 탑승하여 가상으로 열차를 시뮬레이션할 수도 있다. 중국 열차의 역사와 자기 부상 열차에 관해 관심이 있다면 방문해 볼 만하다.

주소 北京市朝阳区酒仙桥北路
1号院北侧
운영 09:00~17:00(월요일과 공휴일 휴관)
3D시네마 9:30~11:30(30분 간격)
13:10~15:50(40분 간격)
요금 박물관 20元, 3D Cinema 20元
Simulation Chamber 10元
통표 40元
위치 **지하철** 2호선 첸먼 역前门 站 출구B에서
도보 3분

Sightseeing ★★★

17

천안문 天安门

텐안먼 | tiān ān mén

베이징을 대표하는 것을 꼽으라고 하면 단연 천안문이다. 커다란 마오쩌둥의 초상화가 걸린 붉은 벽돌의 건축물이 천안문이라는 것은 기본 상식. 그만큼 각종 매스컴에서 베이징에 관련된 소식을 전할 때마다 나오는 대표적 상징물이며, 중국인들의 자존심과도 같은 곳이다. 사실 천안문은 중국 절대 권력의 상징인 자금성의 정문이었다.

천안문은 1417년 수도를 남경에서 베이징으로 옮긴 명 영락제 때 건설되었다. 당시에는 승천문承天门이라 불렸으나, 벼락과 전쟁으로 인해 2번 훼손되었다가 1651년에 재건된 다음 지금의 천안문으로 이름을 바꾸었다. 하늘의 뜻을 받들어 나라와 국민을 모두 편안하게 하고 싶다는 황제의 바람과 달리 천안문 앞에 쓰인 역사는 순탄치 않았다.

천안문은 13m 높이의 성대城台와 성루城楼로 구성되어 있다. 성대에는 5개의 문이 있으며 중간 문이 가장 높고 크다. 이 문은 황제가 출입할 때 사용하는 전용문이며 양쪽 문들은 대신들의 벼슬 등급에 따라 출입할 수 있었다. 천안문 앞에 흐르는 금수하金水河 위에는 한백옥汉白玉으로 만들어져 정교하게 조각된 7개의 다리가 있다. 관광객들이 지나다니는 중간 다리는 비교적 넓어 '어로교'라 불렀으며, 황제가 전용으로 이용하는 다리였다.

주소 北京市 东城区 天安门

운영 08:30~16:30

요금 무료(성루 입장 15元)

위치 **지하철** 1호선 톈안먼동 역天安门东 站 출구A 또는 톈안먼시 역天安门西 站 출구B에서 도보 5분
택시 왕푸징 역에서 하차하여 도보 또는 지하철로 이동해야 함 (승하차 불가능 구역)

More & More
천안문 관광 포인트

마오쩌둥의 초대형 초상화

천안문에 마오쩌둥의 대형 초상화가 걸린 이유는 1949년 마오쩌둥이 중화인민공화국을 선포하고 직접 오성기를 게양했기 때문이다. 그의 초상화 좌우에 쓰인 '중화인민공화국만세中花人民共和国万岁'와 '세계인민대단결만세世界人民大团结万岁'라는 글자는 마오찌뚱이 세상을 떠난 9월 9일을 기려 각각 아홉 글자씩 작성했다. 그리고 마오쩌둥의 초상화는 매년 10월 1일 국경절마다 중국을 대표하는 화가들의 그림으로 제작 및 교체되고 있다. 입구에는 정복을 입은 공안도 있지만, 사복 공안도 많으니 불필요한 행동은 삼가자.

화표

천안문의 안과 밖에는 높이 10m에 달하는 4개의 돌기둥, 두 쌍의 화표华表가 500년 역사의 현장을 지켜보고 있다. 화표 밑에는 구름 형상의 운판云板이 건너지르고, 돌기둥 상에는 구름과 용이 조각되어 있다. 이 돌기둥 위에는 전설의 동물인 망천후望天吼가 하늘을 올려다보고 있다. 자세히 보면, 천안문 안과 밖의 '후'가 바라보는 방향이 다른 것을 알 수 있다. 천안문광장을 바라보고 있는 화표는 '궁을 나간 황제에게 빨리 돌아와서 정사를 돌보라'는 의미의 '망군귀望君歸'라 부르고, 자금성을 향하는 화표는 궁에만 머물지 말고 밖에 나가 백성을 살피라는 '망군출望君出'이라 부른다. 수많은 인파로 인해 미처 이를 보지 못하고 천안문으로 들어서는 경우가 많다. 망군귀가 사진 찍기 가장 좋으니 천안문의 마오쩌둥 초상화와 붉은 오성기를 배경으로 인증샷을 남겨 보자.

천안문 성루

천안문은 명 · 청시대에 중요한 국가 의식을 거행하는 장소였다. 황제 즉위 및 황후 책봉 등 중요한 행사를 할 때, 성루에 올라 조서诏书를 공포하는 의식을 했다. 천안문이 생긴 이후 600여 년간 공개되지 않았던 천안문 성루에서 천안문광장을 내려다보며 황제의 기분을 느껴보자. 물론 수많은 인파가 흘러가는 모습만을 볼 수 있을 뿐이지만(입장료 15元/가방 보관 필수).

Sightseeing ★☆☆

⑱

노동인민문화궁 劳动人民文化宫

라우둥런민원화궁 | láo dòng rén mín wén huà gōng

천안문 동쪽에 있는 노동인민문화궁은 명 영락 18년에 세워진 명청태묘明清太庙 건물을 사용하고 있다. 태묘는 명 · 청 황제가 선조에게 제사를 지내던 곳이다. 극문은 예의지문이며, 향전은 성전을 행하는 장소이고, 침전은 역대 황제와 황후의 위패를 모시는 곳, 대묘는 원조를 공양하는 전당이다. 저우언라이 총리의 제의로 근로자들을 위한 문화 장소로 전락하게 되었다. 휴식공간이 되어버린 중산공원에 비해 태묘를 비롯하여 다른 건축물들의 보존 상태가 나쁘지 않다.

주소 北京市东城区东城区东华门 (天安门东侧)
운영 07:00~17:30(태묘 09:00~16:00) (월요일과 공휴일 휴관)
요금 2元 (태묘 11~3월 10元, 4~10월 15元)
위치 **지하철** 1호선 톈안먼동 역天安门东 站 출구A, B 또는 톈안먼시 역天安门西 站 출구B에서 도보 5분

Sightseeing ★☆☆

⑲

인민대회당 人民大会堂

런민다후이탕 | rén mín dà huì táng

인민대회당은 매년마다 중요한 국가 회의가 열리는 국가기관이다. 건물 정면에는 국가 휘장이 달려 있어 이곳이 국가의 중요 기관이라는 것을 한눈에 알 수 있다. 인민대회당은 중화인민공화국 건국 10주년을 기념으로 지어진 10대 건축물 가운데 하나로, 인민들의 적극적인 자원봉사 덕분에 불과 10개월 만에 완공되어 중국인의 애정이 가득 담긴 건축물이라 할 수 있다.

주소 北京市东城区西长安街
운영 09:00~14:00(1~3월, 12월) 08:15~15:00(4~6월) 07:30~16:00(7~8월) 08:30~15:00(9~11월)
요금 30元(동문 입구에서 입장권 판매)
위치 **지하철** 1호선 톈안먼시 역天安门西 站 출구C에서 도보 5분 또는 2호선 첸먼 역 출구A 하차, 도보 3분 이내

♦
인민대회당은 건물 안에 표기된 화살표 또는 안내판을 따라 제한된 구역만 관람할 수 있다. 호남청, 베이징청, 상하이청 등 중국의 주요 지명을 딴 홀과 약 만 명을 수용할 수 있는 만인대회당 등에서 기념촬영 사진을 찍을 수 있다.

Sightseeing ★★★

⑳

고궁박물원 故宫博物院

꾸궁보우위안 | gù gōng bó wù yuàn

'자금성紫禁城'이라 불리는 고궁박물원은 명나라의 3대 황제 영락제가 수도를 남경에서 연경(지금의 베이징)으로 천도하던 1407년부터 건립하여 1420년에 완성했다. 이후 500여 년에 걸쳐 24명의 황제가 거주하던 황궁으로 전 세계에서 현존하는 왕궁 건축물 가운데 가장 큰 규모의 세계문화유산이다. 자금성은 '옛날 궁'이란 뜻의 '고궁(故宫, 꾸궁)'이라고 부른다.

주소 北京市东城区景山前街4号故宫

운영 08:30~16:30(4월 1일~10월 31일)
08:30~17:00(11월 1일~3월 31일)

요금 **성수기**(4월 1일~10월 31일)
통표 60元, 진보관 10元, 중표관 10元
비수기(11월 1일~다음해 3월 1일)
통표 40元, 진보관 10元, 중표관 10元
(120cm 이하의 어린이는 무료 관람, 장애인은 입장료 없이 참관 가능)

위치 **지하철** 1호선 톈안먼농 역天安门东站 출구A에서 하차하여 천안문 통해 입장

♦
한국어로 된 오디오가이드가 있다. 중국어는 20元이고, 한국어는 40元이니 자금성을 더욱 풍부하게 즐기고 싶은 이들에게 추천한다.
입장권을 구입하기 위해서는 여권이 필요하다(여권 사본도 가능).

고궁박물원

❶

오문 午門

우먼 | wǔ mén

오문午門은 높이 38m, 두께 36m라는 엄청난 규모의 문으로 기네스북에 올라 있다. 1420년, 명 영락제에 의해 만들어졌다가 두 차례의 화재로 전소하였고, 지금의 오문은 순치제가 다시 세운 것이다. 마치 커다란 새가 날개를 펼친 것 같은 모습으로 날개 끝에 5개의 누각이 있다고 해서 '오봉루五鳳樓'라고 한다. 중앙의 커다란 누각은 군대 사열식이나 출병식, 그리고 매해 달력을 배포하는 의식 등 국가의 중요 행사 때만 사용한다. 양옆의 '종루'와 '고루'는 황제의 출타 및 궁정의 행사를 알릴 때 사용한다.

♦
영화 〈마지막 황제〉에서 신해혁명으로 황제의 존호와 사유재산만 인정받은 채 퇴위하여 고궁에 연금되어 있던 푸이가 바깥세상을 보고 싶어 자전거를 타고 나가려다 제지를 당한 문이다. 결국, 오봉루 위에 올라 고궁 밖 중국의 현실을 직시하게 된다.

자금성 내부

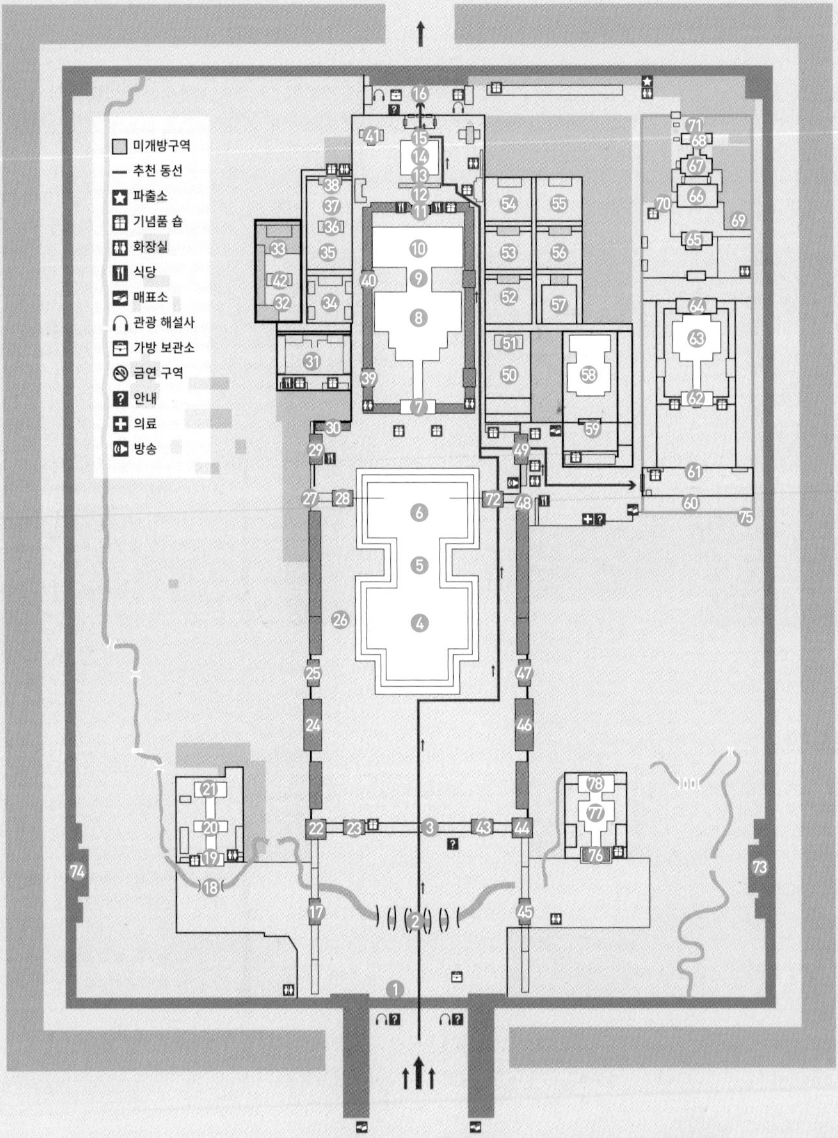

1 오문 午门
2 금수교 金水桥
3 태화문 太和门
4 태화전 太和殿
5 중화전 中和殿
6 보화전 保和殿
7 건청문 乾请门
8 건청궁 乾请宫
9 교태전 交泰殿
10 곤녕궁 坤宁宫
11 곤녕문 坤宁门
12 어화원 御花园
13 천일문 天一门
14 흠안전 钦安殿
15 순정문 顺贞门
16 신무문 神武门
17 희화문 熙和门
18 서화관 书画馆
19 무영문 武英门
20 무영전 武英殿
21 경사전 敬思殿
22 숭루 崇楼
23 정도문 贞度门
24 홍의각 弘义阁
25 우익문 右翼门
26 중우문 中右门
27 숭루 崇楼
28 후우문 后右门
29 융숭문 隆崇门
30 군기처 军机处
31 양심전 养心殿
32 태극전 太极殿
33 장춘궁 长春宫
34 영수궁 永寿宫
35 익곤궁 翊坤宫
36 체화전 体和殿
37 저수궁 储秀宫
38 여경헌 丽景轩
39 월화문 月华门
40 융복문 隆福门
41 등단정 澄瑞享
42 체원전 体元殿
43 소덕문 昭德门
44 숭루 崇楼
45 협화문 协和门
46 체인각 体仁阁
47 좌익문 左翼门
48 숭루 崇楼
49 경운문 景运门
50 재궁 斋宫
51 성숙전 诚肃殿
52 경인궁 景仁宫
53 승건궁 承乾宫
54 종수궁 钟粹宫
55 경양궁 景阳宫
56 영화궁 永和宫
57 연희궁 延禧宫
58 봉선전 奉先殿
59 종표관 钟表馆
60 구룡벽 九龙壁
61 황극문 皇极门
62 영수문 宁寿门
63 황극전 皇极殿
64 영수궁 宁寿宫
65 양성전 养性殿
66 낙수당 乐寿堂
67 이화헌 颐和轩
68 경기각 景棋阁
69 창음각 畅音阁
70 건륭화원 乾隆花园
71 진비정 珍妃井
72 후좌문 后左门
73 동화문 东华门
74 서화문 西华门
75 진옥관 珍宝馆
76 문화문 文华门
77 문화전 文华殿
78 주경전 主敬殿

고궁박물원

❷

금수교 金水桥

진수이차오 | jīn shuǐ qiáo

오문을 지나면 가장 먼저 눈에 들어오는 것이 희고 아름다운 아치형 다리, 금수교金水桥다. 이 다리는 중국에 현존하는 다리 중에서 가장 아름다운 다리로 평가된다. 황금빛 궁궐과 흰 대리석 위에 활처럼 아름다운 곡선을 그리는 인공 하천 금수하金水河가 멋진 조화를 이룬다. 정중앙의 다리는 황제 전용의 어로교御路桥로 난간 위에 운룡이 새겨진 기둥이 세워져 있다. 양옆의 네 다리에는 24절기 장식 기둥이 있다.

고궁박물원

❸

외조 外朝

와이차오 | wài cháo

고궁은 크게 내조内朝와 외조外朝로 구분된다. 오문에서부터 **태화전**太和殿❶, **중화전**中和殿❷ 그리고 **보화전**保和殿❸까지를 '외조'라 부르는데 이곳은 황제가 신하들과 함께 공식적인 업무를 보는 집무실이다. 또한, 고궁 관람의 가장 기본적인 동선이다.

고궁박물원

4

태화문 太和門

타이허먼 | tài hé mén

현존하는 중국 최대의 목조문이며, 외조의 실질적인 입구다. 1420년 명 영락제 시절에 처음 지어진 것으로 '봉천문奉天門'이라 부르다가 '대조문大朝門', '황극문皇極門'으로 바뀌었다. 이후 청나라 때 지금의 '태화문太和門'으로 불리게 되었다. 외조의 중심선에는 정권을 상징하는 태화전, 중화전, 보화전 세 건축물이 있다. 이곳에서 황제들이 중국 역사에 큰 영향을 끼친 결정을 내렸다.

♦
태화문 앞에는 한 쌍의 청동 사자상이 있는데, 발아래 여의주를 움켜쥐고 있는 것이 수컷이고, 새끼 사자를 누르고 있는 것이 암컷이다. 중국에서 사자는 황제의 권력을 상징한다.

고궁박물원

5

태화전 太和殿

타이허뎬 | tài hé diàn

'금란전金銮殿'이라고도 부르던 태화전은 황제의 공식 행사를 치르던 곳이다. 황제의 즉위식뿐만 아니라 10년마다 거행되는 황제의 탄생 축하 행사나 황제가 직접 발표하는 조서 반포, 과거 급제자 발표, 원단 의식, 사신 접대 등 국가 주요 행사가 열리던 곳이다. 태화전에는 꼭 봐야 할 관람 포인트가 있다. 첫 번째는 태화전 아래 3단 대리석 테라스 주위를 가득 채우고 있는 1,488개의 기둥과 1,142개의 용머리 배수구의 모습이다. 두 번째는 태화전 안에 있는 72개의 초대형 나무 기둥이다. 고대 중국은 9가 가장 완전한 숫자이며, 9의 배수인 72는 영원을 상징하는 숫자라고 믿었다. 아마도 왕조가 태평영원하길 기원한 것일 테다. 황제의 보좌 앞에 있는 황금빛의 6개 기둥은 '반룡금칠대주蟠龙金漆大柱'로도 유명하다. 태화전 안에는 총 12,654마리의 용이 곳곳에 그려져 있다. 마지막 포인트는 천장의 부조이다. 용 두 마리가 천장 가운데에 여의주를 놓고 희롱하는 조각이 새겨져 있는데, 이 여의주를 '헌원경'이라 부른다. 만일 황제의 자격이 없는 이가 보좌에 앉을 경우, 이 여의주가 떨어진다는 설이 있다.

♦
고궁박물원 관람이 아무리 힘들어도 태화전까지는 둘러보아야 한다. 이곳은 영화 〈마지막 황제〉에서 어린 푸이가 서태후에게 광서제의 후계자로 지명받아 네 살이란 어린 나이에 황제 즉위식을 장엄하고 화려하게 치른 곳이다. 작고 철없는 아이의 모습으로 황제의 자리에 앉아 놀던 모습이 아련하게 스친다.

고궁박물원

❻

동철항 銅鐵缸

통티에강 | tóng tiě gāng

고궁의 곳곳에 '태평항太平缸' 또는 '태평수항太平水缸'이라 부르는 커다란 항아리들이 있다. 마치 화로와 같이 생긴 이 큰 구리 물통은 고궁 안에만 308개가 있으며, 사진처럼 금을 칠한 물통은 태화전, 보화전, 건청궁 등에 18개가 있다. 본래는 물을 담아 두었다가 화재가 발생하면 소방용수로 사용하기 위해서였다. 일본군이 금은보화를 약탈해 갈 때, 동철항에 칠해져 있는 금까지 긁어 갔다고 한다.

고궁박물원

❼

중화전 中和殿

중허뎬 | zhōng hé diàn

외조의 태화전과 보화전 사이에 위치하면서 주로 황제의 휴식처로 사용되었다. '중화中和'라는 말은 『중용』에서 인용한 것으로 외조에 있는 3개 궁전 중 가장 작고 중요도가 낮다. 명나라 때에는 태화전에서 이루어지는 주요 의식 이전에 황제가 잠시 머물며 준비를 하는 곳이었다. 이후 청나라 때에는 황제의 개인 접견실로 자주 이용됐다. 건륭제 어필로 '윤집궐중允執厥中'이라 쓰인 편액이 걸려 있는데, 이는 '진실로 중심을 잡으라'는 의미다. 요나라 임금이 순나라 임금에게 왕위를 물려줄 때 '하늘이 내린 차례가 그대에게 있으니, 진실로 그 중심을 잡도록 하라'라고 당부한 데에서 유래했다고 한다.

고궁박물원

❽

보화전 保和殿

바오허뎬 | bǎo hé diàn

명나라 땐 황제의 즉위식을 청나라 때에는 연회장 겸 과거 시험의 최고 등급인 '전시殿试'를 치르는 시험장이었다. 원래 내부에 기둥이 있었으나 과거 시험 응시자의 부정을 막기 위해 모두 없앴다고 한다. 보좌 위에 걸린 '황건유극皇建有極'이라고 쓴 편액은 건륭제의 어필이다. 황제가 천하의 최고 원칙을 세운다는 뜻이다. 원본은 위안스카이가 황제를 자처할 시절에 교체된 후 지금까지 행방불명이다.

고궁박물원

9

운룡대석조 云龙大石雕

운롱따시땨오 | yún lóng dà shí diāo

보화전의 볼거리는 뒤편에 있는 운룡대석조云龙大石雕이다. 길이 16.75m, 폭 3.07m, 두께 1.7m, 무게는 200톤으로 궁중 건축에 쓰인 돌 중 가장 거대한 규모를 자랑한다. 그리고 이 돌에는 구름 위로 솟은 산과 하늘에서 놀고 있는 9마리의 용이 새겨져 있는데 그 모습이 생생하고 자태 또한 자연스럽다. 9마리 용 밑에 새겨진 그림은 종묘사직을 나타내며, 이는 황제가 종묘사직을 모두 관장하고 있다는 표현이다.

More & More

백성들의 피와 땀이 서린 운룡대석조

자금성을 짓는 데 사용된 수만 개의 거대한 돌은 베이징에서 몇십 리 떨어져 있는 방산房山이란 교외 채석장에서 운반해 왔다고 한다. 이렇게 큰 돌을 운반하기 위해서 황제는 지방관에게 길을 반듯하게 정비할 것과 옮기는 과정에서 발생하는 모든 손실은 지방 관리들이 책임지고 배상할 것, 그리고 운반 과정에 있어 방해되는 건물은 모두 철거할 것을 명령했다. 얼마나 많은 백성의 가옥이 철거되었을지 상상이 된다. 그뿐만 아니라 지방관에게 4km 당 우물을 하나씩 파라고 명령했는데, 이는 돌을 나르는 인부들이 목을 축일 수 있도록 함과 동시에 겨울이 되면 우물에서 물을 퍼 길에 뿌려 빙판길을 만들어 돌을 운반하기 위해서였다.

고궁박물원

10

건청문 乾清门

첸칭먼 | qián qīng mén

외조와 내조를 연결하는 건청문 좌우에도 청동 사자상이 있는데 태화문과는 달리 사자상이 귀를 닫고 있다. 이는 황제의 거처인 만큼 조용히 하라는 뜻이다. '건청乾清'은 '깨끗하고 맑게 통하는 하늘'을 뜻한다. 현판에는 한자와 만주 글자가 병기되어 있다. 청(만주)은 중국을 통일했지만 자신들의 땅, 그리고 말과 글을 잃어버렸고, 심지어 이제는 중국에 흡수되었다. 아이러니하다.

매서운 표정으로 건청문을 지키고 있는 청동 사자상 앞에선 저절로 입이 다물어진다.

⑪

건청궁 乾清宮

첸칭궁 | qián qīng gōng

건청궁은 본래 황제와 황후가 거주하는 곳이었다. 하지만 옹정제 시절에는 정사만 돌보고 주거는 양심전養心殿에서 해결했다. 건청궁은 2층으로 지어졌는데, 2층에는 9개의 침실과 27개의 침대를 두었다. 이는 황제가 어느 침대에서 자는지를 철저히 비밀에 부쳐 자객으로부터 황제를 보호하고자 함이었다. 건청궁의 최대 볼거리는 궁 안에 걸려 있는 편액이다.

♦
옹정제부터 시작된 새로운 방식은 건륭과 가경 함풍제를 지나 단지 4대에 걸쳐서만 사용되었다. 함풍제는 영·불 연합군이 베이징으로 쳐들어오자 피신 중 임종을 맞이하고 말았다. 그의 아들인 동치제는 생전에 자식이 없었기 때문에 현판 뒤에 유서를 남기지 못했다. 그가 죽은 후 그의 어머니인 서태후가 자신의 여동생의 아들을 황제로 옹립하였고 그가 광서제다. 광서제도 황제로 책봉할 아들이 없었다. 그가 죽자 서태후는 또다시 세 살밖에 되지 않은 푸이를 황제로 지목했는데 그가 바로 중국의 마지막 황제였다.

More & More

정대광명 현판 뒤에 새겨진 비밀

건청궁 중앙에는 황제가 앉는 금으로 된 보좌가 있고 그 뒤에는 금으로 칠을 한 다섯 짝의 병풍과 그 위 중앙에는 '정대광명正大光明'이라는 금으로 도금된 커다란 글씨가 쓰여 있었다. 이 글씨는 청나라 순치제의 친필로 '백성을 다스리는 나라의 지도자인 황제의 업적이 광명정대하여 길이 빛나기를 바란다'는 의미다. 이 편액이 유명세를 탄 건 바로 청나라 역대 황제들이 후계자의 이름을 편액 뒤편에 넣어두었기 때문이다. 중국 역사상 왕권을 물려받을 수 있는 사람은 황제의 적통에서 난 적자뿐이었다. 하지만 만주족이 세운 청나라는 황제의 아들 중 왕권을 이을 역량이 있는 사람을 선택하는 방식이었다. 왕이 살아생전에 후계자를 비밀리에 결정한 후 공개하지 않고 유서를 2부 작성하여, 하나는 정대광명 현판 뒤에 숨겨 놓고, 하나는 왕이 소지하고 있다가 왕이 죽은 후 현판 뒤에 있는 유서와 왕이 소지한 유서를 동시에 펼쳐보고 이에 따라 왕위 계승자를 정하는 방식이었다. 이 정대광명 현판 뒤에는 왕가의 모순과 갈등, 패권과 정권 다툼, 정변 등 온갖 비화와 음모가 숨어 있었다. 수십 년에 걸친 치열한 왕위 쟁탈전이 벌어졌고, 이 편액만이 그 진실을 알고 있다.

고궁박물원

⑫

교태전 交泰殿

자오타이뎬 | jiāo tài diàn

교태전은 왕후의 침실이자 공식 업무가 행해지던 곳으로, 건륭제 시절에는 옥새를 수장하는 곳이었다. 건륭 13년에는 옥새가 무려 25개나 되었는데 문서의 종류와 격에 따라 용도가 달랐지만 실은 청 황실이 25대 황제까지 번성하기를 기원하는 마음으로 만들었다고 한다. 하지만 실제로는 건륭제 이후 6명, 총 10명의 황제에 그치고 말았다. 교태전의 규모는 비록 작고 아담하지만 실내의 화려함은 다른 어디에도 뒤지지 않는다. 황후의 보좌 뒤에 걸린 '무위无为'라고 쓰인 편액은 황후의 외척들에게 '자연과 사회의 흐름에 개입하지 말라'는 경고 메시지이다.

♦

영화 〈마지막 황제〉 속 교태전

신해혁명으로 황제 칭호와 사유재산만 인정받은 채 퇴위당한 푸이는 17세의 완용 공주를 황후로, 12세의 문연 공주를 후궁으로 맞아 자금성에서 연금 생활을 하게 된다. 이후 1924년 군벌 풍옥상馮玉祥의 쿠데타로 그는 결국 자금성에서 쫓겨나 청나라 황제의 칭호를 빼앗긴다. 영화 〈마지막 황제〉에서는 교태전 아래에서 황후, 후궁과 함께 테니스를 즐기다가 자금성에서 쫓겨나게 된다.

고궁박물원

⑬

곤녕궁 坤寧宮

쿤닝궁 | kūn níng gōng

1644년 명나라 때에는 황후의 침실로 쓰이던 곳이며, 청나라의 침입으로 베이징이 함락될 당시, 왕후 공주가 목을 맨 곳이기도 하다. 하지만 청 · 조시대에는 황제의 결혼식 및 초야를 치르는 곳이기도 했으며, 만주족 황제들은 조상신을 비롯하여 샤머니즘적 종교의식을 이곳에서 행하기도 하였다.

고궁박물원

⓮

어화원 御花園

위화위안 | yù huā yuán

황제와 황후, 궁녀들이 살던 곳이며, 황실의 오락 장소이던 이곳에 들어서면 마치 산 좋고 물 맑은 강남의 정원에 들어선 것 같다. 고궁에서 유일하게 나무가 있는 이곳은 건륭제가 강남을 돌아보고 나서 그곳의 아름다운 경관을 잊지 못해 강남 정원의 특징을 본떠 만든 것이다. 정원에는 측백나무가 많이 심겨 있는데 이는 오래 사는 나무라 하여 황제의 장수를 기리는 의미로 심었다고 한다. 수백 년의 수령을 지닌 나무와 기이한 형상의 수석들이 인상적이다. 특히, 퇴수산堆秀山은 태호석으로 만든 인공산이다.

♦

어화원 옆으로 이어진 서쪽에는 양심전과 장춘전을 포함하여 황실의 생활 공간인 내정이 있다. 시간과 체력을 감안하여 선택하는 것이 좋다.

고궁박물원

⓯

진보관 珍宝馆

전바오관 | zhēn bǎo guǎn

보화전과 건청문 사이에서 오른쪽으로 보면 중표관钟表馆과 진보관珍宝馆이 있다. 이 두 곳은 고궁과는 별도로 입장료를 내고 들어가야 하는 곳이다. 이 중에서는 중국의 귀한 보물을 관람할 수 있는 진보관을 추천하는데 아침 8시 30분부터 저녁 5시까지 개방하고 요금은 10元이다. 총 6개의 전시실로 이루어진 이곳은 고궁의 수많은 보물을 소장하고 있다. 기존의 용도와는 무관하게 지금은 전시실로 사용되고 있다.

16

구룡벽 九龙壁

주룽비 | jiǔ lóng bì

자금성의 구룡벽은 베이징의 북해공원과 산시성 대동大同의 구룡벽과 함께 중국 3대 구룡벽으로 유명한 곳이다. 길이 29.4m, 높이 3.5m의 벽에는 유리창에서 구워온 유리기와로 만든 아홉 마리의 용들이 꿈틀거리고 있는데 웅장한 기세로 시선을 단번에 사로잡는다. 하지만 이 아름다운 작품에도 옥에 티가 있다. 자세히 보면 오른쪽에 있는 백룡의 하단부에 나뭇조각 하나가 끼워져 있는 것을 알 수 있다. 본래 벽화 전체를 유리기와로 만들 계획이었지만, 당시 이 벽화를 작업하던 장인이 실수로 기와를 깨트리게 되자 목숨을 걸고 나무를 깎아 빈 곳을 채웠다고 한다. 잘 살펴보자.

자금성의 구룡벽은 중국에서 유일하게 본래 건축물과 함께 보존돼 내려온 구룡벽이다.

More & More
구룡벽과 구오지존

구룡벽은 1771년에 착공되어 5년에 걸쳐 제작되었다. 벽면에 새겨진 하늘을 나는 아홉 마리 용의 자태는 생동감이 넘쳐 마치 용이 살아서 꿈틀대는 느낌을 준다. 한나라 이후부터 용에 관한 전설이 많이 생겨났는데 그 대표적인 예가 고조 유방의 어머니가 꾼 태몽이다. 용꿈을 꾸고 난 후 유방을 잉태했고, 이후 한나라 황제가 된 유방은 자신을 용의 아들이라고 칭하였다. 그러다 보니 황제의 일상 용품과 복식, 황제가 기거하는 건축물 도안에 용을 넣는 경우가 빈번했다. 또한 명 · 청시대의 제왕들은 숫자 9와 5를 숭상하곤 했다. '9'는 가장 높은 숫자이기 때문이었는데 따라서 구룡벽에도 9마리의 용을 조각했다. 9마리 용 중에서 한가운데, 즉 지존에 위치한 용은 황룡으로 황색은 음양오행 중 '토土'를 상징해 가장 으뜸이 되는 색이다. '5'라는 숫자는 양의 숫자 1, 3, 5, 7, 9 중에서도 가장 중앙에 있는 숫자이므로 '가장 으뜸이면서 가장 중심'이라는 뜻으로 황제의 지존과 존엄을 상징한다.

◆
구오지존九五之尊은 구오지위九五之位의 높임말이며, 『주역』 64괘 가운데 첫 번째가 건괘이며, 건괘의 다섯 번째 효爻의 이름이 구오九五로 이는 '천자天子의 자리'를 뜻한다.

More & More
자금성 파헤치기

고궁을 왜 자금성이라고 부르나?

우리에게는 '자금성'이라고 알려졌지만, 중국인들은 '고궁故宫' 또는 '고궁박물원故宫博物院'이라고 부른다. 황제를 하늘의 아들, 즉 '천자'라 불렀는데 이는 천제天帝는 하늘을 다스리며, 그의 아들인 천자는 땅 위를 다스리는 절대적 존재라 생각했던 것을 반영한 것이다. 황제는 하늘의 뜻을 알기 위해 천문학자들을 시켜 끊임없이 하늘을 관찰하던 중 위치가 변하지 않는 북극성을 발견하고, 그곳에 천제가 있다고 믿었다. 천문학자들은 이 별을 '자미원紫薇垣'이라 부르고 천제가 기거하는 궁을 '자궁紫宫'이라고 불렀다. 즉, 자색은 천제를 상징하는 색이며, 천제의 아들인 황제가 사는 황궁도 자색으로 칠했다. 또한, 황궁은 황제 및 황실 가족들의 시중을 들던 궁녀, 태감 외에는 불려오는 관원들이나 특별히 허가받은 사람들만이 드나들 수 있었다. 그래서 이 황궁을 '자줏빛 궁전紫宫'이라 불리는 '금지된 곳禁'이란 뜻으로, '자금성紫禁城'이라 부르게 되었다. 그러나 신해혁명 이후 청나라 마지막 황제인 푸이가 궁에서 추방된 후, 자금성은 국가에 회수되어 건축물과 고대 예술품 및 궁정 관련 유물들을 전시하는 대형종합박물관으로 변했다. 지금은 고궁박물원, 즉 '고궁'이라고 더 많이 부르고 있다.

자금성의 철벽 구조

자금성의 구조는 말 그대로 철옹성이다. 황궁은 10m 높이의 장벽으로 둘러싸여 있으며, 그 둘레를 너비 52m, 길이 3,800m의 해자가 둘러싸고 있다. 벽돌은 땅굴을 파고 숨어들어올 것에 대비해 40여 장의 벽돌을 겹쳐 쌓았고, 암살자의 침입을 차단하기 위해 후원을 제외하고는 나무가 단 한 그루도 없다. 그리고 궁 내의 모든 바닥에 벽돌을 깔았는데, 걸을 때마다 경쾌한 발소리가 나도록 음향 효과를 주었다. 이는 듣기 좋으라고 한 것이 아니라 적군이나 암살자가 침입할 경우, 그 소리로 움직임을 인지할 수 있게 하기 위함이다. 이러한 철벽 구조의 자금성 축조 속에는 엄청난 숫자들이 숨어 있다. 14년간 100만 명의 인부가 동원되었으며, 벽돌은 1억 개, 기와는 2억 개가 쓰였고, 건축에 사용된 나무는 사천지방에서부터 운송에만 4년이 걸렸다고 한다.

자금성 둘러보기

천안문광장에서 천안문을 거쳐 고궁까지 들어오는 길도 쉽지 않지만, 막상 고궁에 들어오게 되면 눈앞에 펼쳐진 광대한 규모에 눌려 갈팡질팡 헤매게 된다. 중간 지점에 오면 힘들어서 되돌아가고 싶은 마음도 자연스레 생긴다. 하지만 고궁은 일방통행이다. 남문(오문)으로 들어가서 무조건 북문(신무문)으로 나가야만 한다. 너무 힘들면 출구(신무문)를 향해 직진하자.

Sightseeing ★★★

㉑

경산공원 景山公园

징산공위안 | jǐng shān gōng yuán

경산공원은 황실을 위해 조성된 인공산이다. 고궁박물원을 둘러싼 해자를 만들 때 나온 흙으로 만들어졌다고 하는데 실로 믿기지 않는 일이다. 당시 정원은 '후원后苑', 산은 '청산青山'으로 불렸다. 원나라 황제 후비례忽必烈는 경산의 정원을 황성皇城의 중요 구성 요소로 삼기로 계획하고 소나무와 잣나무 등을 심었으며, 정자를 지었다. 명나라에 이르러 경산정원은 삼림이 울창해지고, 다양한 식물들과 신기한 과일들이 많아 '백과원百果园'으로 불렸으며, 산은 '만세산万岁山'으로 불렸다. 건륭제 때에는 산 전방에 다양한 건축물들을 지었는데 이는 원나라 시절부터 경산의 정원을 황궁의 중요 구성 요소로 삼는다는 계획 덕분에 가능했다. 현재 공원 내부에는 수령이 오래된 소나무와 잣나무가 1,000여 그루 있으며, 모란꽃과 작약꽃 등의 화훼들이 몇만 송이나 있다.

주소 北京市西城区景山前街18号
운영 06:00~21:00(4월 1일~10월 31일)
06:30~20:00(11월 1일~3월 31일)
요금 2元(3~5월 10元)
위치 **지하철** 직접 연결되는 노선은 없고 고궁박물원의 후문(신무문) 맞은편으로 연결

◆
경산동문(景山東門)으로 나오면 버스 111이 있다. 이 버스를 타면 중국미술관과 왕부정대가로 갈 수 있으며, 반대편에서 타면 십찰해와 남라고항에 갈 수 있다.

Tip 택시로 찾아가기
请把我送到景山公园南门(故宫北门对面)。

More & More
명나라의 국운을 품은 곳, 경산

명나라 15대 황제인 천계제天啓帝는 체질적으로 허약할 뿐만 아니라 정치에는 관심이 없었다. 정치는 그가 총애하던 환관과 유모에게 맡기고, 그는 유일한 취미인 목공에만 몰두했다. 그로 인해 환관을 비롯한 부패 세력의 폭정이 극에 달했고, 그런 상황에 천계제는 지병으로 죽음에 이르게 되었다.

천계제는 당시 17세였던 다섯째 아우를 후계자로 지명했으니, 그가 바로 명나라의 마지막 황제인 숭정제崇禎帝이다. 숭정제는 황실과 백성을 위해 선왕의 총애를 받았던 환관 일파를 제거하고 조정의 기강을 바로잡고자 노력했다. 또한 어려운 국고를 살리기 위해 궁중의 보물을 내다 팔고, 근검절약을 몸소 실천하는 성실한 군주였다.

그러나 이미 기울어질 대로 기울어진 명나라는 무너지기 시작했고, 만주족의 침략과 심각한 기근까지 겹쳐 곳곳에서 대규모 반란이 일어났다. 마침내 1644년, 농민군이 베이징까지 쳐들어오자 패배를 예감한 황후가 먼저 자결하고, 숭정제는 첩과 딸들을 죽인 뒤 이곳 경산공원에 올라와 수황정壽皇亭 근처의 홰나무에 목을 매 목숨을 끊었다. 후에 반란군이 시신을 발견하여 품을 뒤지니 '내 시신을 갈기갈기 찢는 것은 좋으나, 백성들만큼은 한 사람도 상하지 않게 해달라'고 쓴 유서가 나왔다고 한다.

평소 검소했던 숭정제는 다른 황제들처럼 생전에 능묘를 조성하지 않았기 때문에 먼저 죽은 후궁 전귀비의 묘에 황후와 합장되었다. 숭정제가 자결했다고 추정되는 경산공원 수황정 홰나무 근처에는 그의 죽음을 기록한 비석이 있고, 지금까지도 숭정제의 안타까운 죽음을 기리고 있다. 반면 황제가 목을 맨 **홰나무**1는 당시 황제의 죽음을 말리지 못한 것을 죄로 삼아 청나라에 들어서 쇠사슬에 묶이게 되었다. 의화단의 난 당시 연합군이 홰나무의 쇠사슬을 풀었지만 1960년대 문화혁명 당시, 어린 홍위병들에 의해 잘리게 되었다. 지금의 홰나무는 잘린 자리에 1983년에 새로 심은 홰나무다.

경산공원을 200배 즐길 수 있는 팁

경산공원은 다섯 개의 봉우리로 되어 있고, 각 봉우리마다 정자가 세워져 있다. 가운데 봉우리 정상에 있는 **만춘정**万春亭2은 자금성의 모습을 카메라에 담기 가장 좋은 곳이다. 만춘정에 오르는 길은 크게 두 가지 방법이 있는데 약간 가파르게 직선 계단으로 올라가는 방법과 외곽 오른쪽으로 돌면서 **주상정**周赏亭3과 관묘정观妙亭을 지나 만춘정에 오르는 방법이 있다. 만춘정에 올라서면 시원한 바람과 함께 제일 먼저 감탄사가 나온다. 눈 앞에 펼쳐진 겹겹이 황금빛인 지붕을 보면서 마치 황제가 된 것 같은 느낌이 든다. 온 세상을 발아래 둔 것과 같은 기분이다. 꼭 한번 올라가서 천하를 내려다보자.

또한 경산공원 남문으로 내려오면 맞은편 고궁박물원 북문 앞에서 관광순환버스 1호를 타고 왕부정대가 또는 전철을 탈 수 있는 톈안동먼 역 동문으로 이동할 수 있다. 또한 **집방정**辑芳亭4과 **부람정**富览亭5을 지나 경산공원 서문으로 나오면 맞은편 북해공원 동문과 바로 연결된다.

1

2

3

4

5

베이징 속의 샹젤리제를 걷다 **왕푸징 역**

04 王府井 站

베이징의 명동 거리라고 불리는 왕부정대가는 베이징에서 가장 번화한 쇼핑 거리이다. 왕푸징 역에서 나오면 동양 최대의 쇼핑몰인 동방신천지와 왕부정서점이 쇼핑의 시작을 알린다. 여기서부터가 보행자 거리다. 약 1km에 걸쳐 양옆에 대형백화점들과 상점들이 늘어서 있다. 맥도날드 앞에는 왕부정 소흘가가 있고, 왕부정대가는 프랑스의 샹젤리제와 자매결연을 한 곳으로 여름만 되면 샹젤리제처럼 노천석을 마련하고 때론 맥주 파티도 개최하여 유럽과 같은 분위기를 선보인다.

거리에는 내연승의 신발, 성석복의 모자, 서부상의 실크, 왕마자의 가위, 대월헌의 붓과 먹, 급고각의 골동품옥기, 원장후의 찻잎, 도향촌 · 계향촌의 베이징 전통 과자, 전취덕의 베이징 오리고기, 구불리 만두, 육필거의 장아찌와 천복호의 장조림 및 전통 과자와 말린 과일 등을 파는 전통 상점이 자리하고 있다. 먹거리와 볼거리, 휴식 공간이 풍성한 왕부정대가는 가히 베이징 최고의 쇼핑 거리라 할 수 있다.

여행 Tip

- □ 왕부정대가에는 많은 먹거리가 있지만, 동방신천지와 APM에는 다양한 음식점이 밀집해 있다. 세계 각국의 다양한 음식을 즐겨보자.
- □ 명품 또는 세계적인 브랜드의 물건들은 국내보다 가격이 비싼 편이다. 참조하자.
- □ 전통 시장이나 상점을 중점적으로 쇼핑 또는 둘러보는 것도 좋다. 꼬치시장에서 다양한 종류의 꼬치를 먹어보자. 먹기 힘든 것도 많지만 찾아보면 의외로 맛있는 것도 많은 편이다.

★ 추천 일정 체크
알찬 쇼핑 코스(2~3시간)

지하철 왕푸징 역(1호선) 하차 ▶ 동방신천지 ▶ 왕부정대가, 왕부정 소흘가(1시간) ▶ APM ▶ 동당 ▶ 중국미술관(1시간) ▶ 왕푸징 역(버스 103, 104, 127번/3정류장) 또는 난뤄구샹 역까지 도보 이동(15분 소요) ▶ 십찰해 주변

선택 식당가(동방신천지, APM, 왕부정 소흘가, 동안문 야시장)

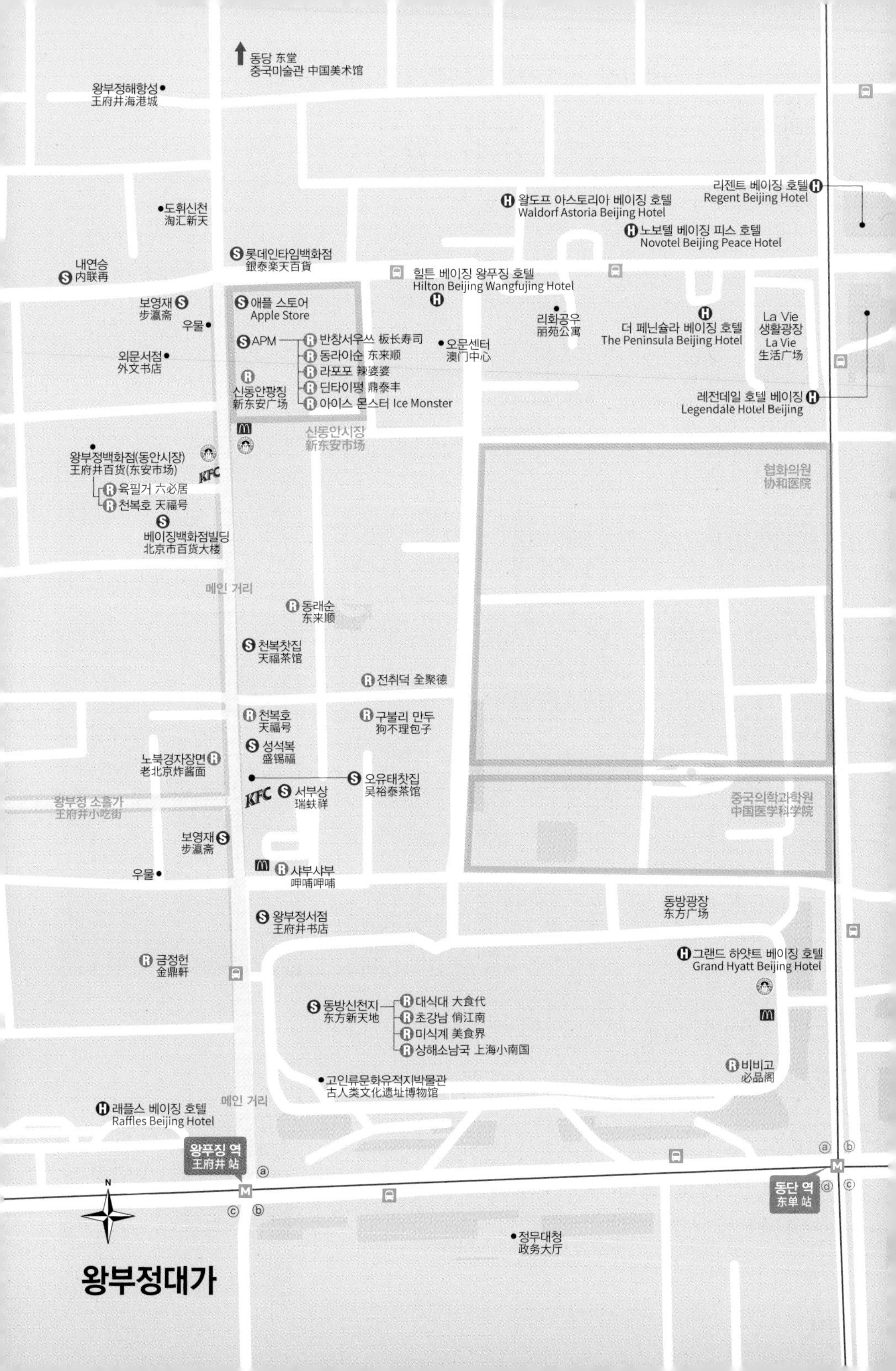

동당 东堂
중국미술관 中国美术馆
왕부정해항성
王府井海港城
도휘신천
淘汇新天
롯데인타임백화점
銀泰楽天百貨
내연승
内联再
보영재
步瀛斋
우물
외문서점
外文书店
애플 스토어
Apple Store
APM
반창서우스 板长寿司
동라이순 东来顺
라포포 辣婆婆
딘타이펑 鼎泰丰
아이스 몬스터 Ice Monster
신동안광장
新东安广场
신동안시장
新东安市场
오문센터
澳门中心
힐튼 베이징 왕푸징 호텔
Hilton Beijing Wangfujing Hotel
왈도프 아스토리아 베이징 호텔
Waldorf Astoria Beijing Hotel
리젠트 베이징 호텔
Regent Beijing Hotel
노보텔 베이징 피스 호텔
Novotel Beijing Peace Hotel
리화공우
丽苑公寓
더 페닌슐라 베이징 호텔
The Peninsula Beijing Hotel
La Vie
생활광장
La Vie
生活广场
레전데일 호텔 베이징
Legendale Hotel Beijing
왕부정백화점(동안시장)
王府井百货(东安市场)
KFC
육필거 六必居
천복호 天福号
베이징백화점빌딩
北京市百货大楼
협화의원
协和医院
메인 거리
동래순
东来顺
천복찻집
天福茶馆
전취덕 全聚德
천복호
天福号
구불리 만두
狗不理包子
성석복
盛锡福
노북경자장면
老北京炸酱面
오유태찻집
吴裕泰茶馆
KFC
서부상
瑞蚨祥
왕부정 소흘가
王府井小吃街
중국의학과학원
中国医学科学院
보영재
步瀛斋
우물
샤부샤부
呷哺呷哺
동방광장
东方广场
왕부정서점
王府井书店
그랜드 하얏트 베이징 호텔
Grand Hyatt Beijing Hotel
금정헌
金鼎軒
동방신천지
东方新天地
대식대 大食代
초강남 俏江南
미식계 美食界
상해소남국 上海小南国
비비고
必品阁
고인류문화유적지박물관
古人类文化遗址博物馆
메인 거리
래플스 베이징 호텔
Raffles Beijing Hotel
왕푸징 역
王府井 站
ⓐ
ⓒ ⓑ
ⓐ ⓑ
ⓓ ⓒ
동단 역
东单 站
N
정무대청
政务大厅
왕부정대가

Sightseeing ★★★

22

왕부정대가 王府井大街

왕푸징다제 | wáng fu jing dà jiē

왕부정은 베이징의 최고급 쇼핑 거리다. 동방신천지를 지나 왕부정서점에서부터 약 1km에 걸쳐 보행자 거리가 펼쳐진다. 왕부정대가는 유명한 왕부정 소흘가에서 시작하여 동안문 야시장까지 대로 양쪽으로 백화점들이 즐비하다. 프랑스의 샹젤리제와 자매결연을 한 왕부정대가는 여름만 되면 샹젤리제 거리의 노천카페처럼 야외에 좌석을 마련하고 때론 맥주 파티도 개최하여 유럽과 같은 분위기를 낸다.

옛 베이징 거리인 동방광장에는 내연승의 신발, 성석복의 모자, 서부상瑞蚨祥의 실크, 왕마자王麻子의 가위, 대월헌戴月轩의 붓과 먹, 급고각汲古阁의 골동품 옥기, 원장후元长厚의 찻잎, 도향촌, 계향촌桂香村의 베이징 전통 과자, 전취덕의 북경오리, 구불리 만두, 육필거의 장아찌 등이 자리하고 있다. 외국인 관광객뿐 아니라 중국 젊은이들도 많이 찾는 왕부정은 역사가 살아 숨 쉬는 '베이징 최고의 거리'라 불린다.

주소 北京市东城区王府井大街
운영 24시간(피크타임 09:00~22:00)
요금 무료
위치 **지하철** 1호선 왕푸징 역王府井 站 출구A에서 직접 연결

왕부정대가

1

왕부정 소흘가 王府井小吃街

왕푸징 샤오츠제 | wáng fǔ jǐng xiǎo chī jiē

왕부정대가 초입 맥도날드 맞은편에 높이 약 10m로 건축된 중국 전통식 패루牌楼가 있다. 속칭, 먹자골목이라 부르는 왕부정 소흘가 입구다. 골목 안에는 약 100개의 가게들이 밀집되어 있는데 먹거리뿐만 아니라 민간공예품과 옛날 물건들을 파는 가게들도 많아 한국인 여행객들의 필수 코스로 통한다. 실제 중국인들은 그다지 즐기지 않지만, 전갈 꼬치를 먹어보려는 외국인들도 종종 만날 수 있다(25元/3마리).

More & More
왕부정대가 파헤치기

왕부정의 탄생

명나라 때에 왕가 친인척의 저택이 생기기 시작하더니, 청나라 때 이곳을 '왕부가'로 개칭하였다. 친왕親王은 황제의 숙부, 백부와 형제들을 말하고, 황제가 이들에게 내리는 처소를 '부(府)'라 한다. 특히, 친왕과 군왕의 처소를 '왕부王府'라고 하였다. 청나라 때에는 이곳에 약 10여 곳의 왕부가 모여 있었으며 그들이 사용하던 우물이 있었다고 해서 붙여진 이름이 '왕부정王府井'이다. 비록 이름뿐인 왕이지만 실제 왕 못지않은 부귀영화를 누리며 살다 보니 명품 상점들이 이곳으로 몰리게 되었다. 이후 청나라가 망하면서 생활고에 몰린 이들이 왕부에서 값진 보물들을 몰래 내다가 팔기 시작했다. 그로 인해 왕부정은 한때 골동품점이 성황을 이루었다고 한다. 그 명맥을 이어 1903년에 국영백화점이 설립되면서 베이징의 쇼핑 중심지로 다시 부상했다. 청나라가 망하고 중화민국 정권이 들어선 후에는 점차 서구화되기 시작하였으며 청나라 때에는 고위관료, 정계의 인사들과 귀부인들의 사치스러운 생활을 만족시키기 위해 각종 희귀한 상품들로 넘쳐나 점점 고급화되어 갔다.

과거와 현재가 공존하는 왕부정대가에는 언제나 사람들로 가득하다.

왕부정대가 200% 즐기기

왕부정대가는 음식의 천국이라고 불릴 만큼 먹거리가 많다. 왕부정 소흘가나 동안문 야시장과 같은 간식거리도 있지만 쇼핑몰 곳곳에 식당이 많다. 특히, 왕푸징역과 연결된 동방신천지에는 지하 1층에 여러 나라 음식점이 있는 '미식계美食界'를 포함하여 베이징 음식을 맛볼 수 있는 푸드코너가 있다. 또한, 애플 스토어가 있는 APM의 5층과 6층에 있는 식당가에는 중국에 처음으로 분점을 개설한 일본 초밥 전문점인 반창서우쓰板长寿司, 동라이순东来顺, 라포포辣婆婆를 비롯하여 대만의 유명 브랜드 딘타이펑鼎泰丰, 아이스 몬스터, 그리고 한국요리 전문점 등 인기 있는 음식점들이 입주해 있으니 잠시 여행의 발걸음을 멈추고 미식의 세계에 발을 내디뎌 보는 건 어떨까?

Sightseeing ★★☆

㉓

동당 东堂

둥탕 | dōng táng

왕부정대가에 있는 왕부정 천주당王府井天主堂은 베이징 4대 성당 중 하나이며, 동쪽에 있어서 '동당东堂'이라 부른다. 본래 순치제가 두 명의 외국 신부에게 하사한 저택이었다. 두 사람은 공터에 작은 교회당을 지었는데 수차례 훼손과 소멸을 반복해 1904년에 재건되었다. 지금의 모습은 1980년에 재차 건축된 것이다. 로마식 건축양식을 지닌 동당은 장대한 벽기둥과 한 개의 높은 둥근 지붕이 그 중후함을 말해주고 있다. 2000년, 왕부정대가의 확장 공사를 위해 사원의 담을 허물고 사원 앞 광장을 확장한 후 분수와 가로등을 설치하였고 성 요셉 기념 정자를 설치하였다. 이때 성당의 문을 안쪽으로 2m 옮겨 지었다. 그러나 그 건축 풍경과 색조가 성당과 일체를 이루었기에 대부분의 현지인조차도 본래의 성당 문인 줄로 알고 있다. 주말이면 젊은 신혼부부들이 웨딩촬영을 하기 위해 모여드는 명소이다.

주소 北京市东城区王府井大街74号
운영 24시간
요금 무료
위치 **지하철** 1호선 왕푸징 역 출구B에서 도보 20분

낭만적인 분위기로 가득한 동당에는 언제나 따뜻한 감성이 가득하다.

Sightseeing ★☆☆

㉔

중국미술관 中国美术馆

중궈메이수관 | zhōng guó měi shù guǎn

중국미술관은 중국의 근대 및 현대 예술가들의 작품을 수집 · 연구 · 전시하는 것을 주목적으로 하는 국립예술박물관이다. 중국미술관에서 수집한 미술작품은 7만여 점에 이르며, 대부분이 중국 인민정부 수립 전후의 작품이다. 특히 국민당 통치 초기 시절과 청나라 및 명나라 말기 예술가들의 대표 작품이 많다. 중국미술관이라는 이름에서 중국의 아름다운 고전 미술을 기대하면 다소 실망스러울 수도 있다. 최근 들어서 다양한 주제의 특별전을 기획, 운영하며 홍보를 하고 있다. 방문 시기에 맞추어 홈페이지에서 전시 내용을 확인하고 가자.

주소 北京市东城区五四大街一号
운영 09:00~17:00(16:00 입장 마감)
요금 무료(여권 필수 지참)
홈피 www.namoc.org
위치 **지하철** 1호선 왕푸징 역王府井站 출구A에서 도보 20분

Tip 택시로 찾아가기

我想要去中国美术馆,
请把我送到那附近。

베이징이 품은 바닷가를 거닐자 **베이하이베이 역**

05 北海北站

베이징 도심에는 5개의 바다가 있다. 남해(南海), 중해(中海), 북해(北海), 전해(前海), 후해(后海)이다. 이 중 남해와 중해는 자금성을 곁에 두고 있고, 북해는 경산공원과 북해공원을 안고 있다. 전해는 공왕부와 십찰해를 둘러싼 바 거리로, 후해에는 쑹칭링 고거와 연대사가로 이어진다. 낮에는 잔잔한 바다와도 같은 호수가 요란한 후통 투어 인력거 소리를 감추고, 어둠이 깔리기 시작하면 오색영롱한 불을 하나둘씩 밝히고 노랫소리가 그 물결을 타고 흐른다. 이국에서의 붉은 낭만이 흐른다.

멀지 않은 곳에 있는 남라고항도 골목골목 베이징의 짙은 향취를 뿜어내기 시작한다. 좁은 후통도 그 어둠을 머금고 환하게 붉을 밝히면서 낯선 이방인들을 반갑게 맞아준다. 베이징에서 모던한 음악과 함께 술 한잔을 마시고 싶다면 베이하이베이 역으로 가자.

여행 Tip

□ 남라고항은 오후부터 초저녁까지 가는 것이 좋다. 기념품 쇼핑과 다양한 간식을 먹으며 거리를 거닐다 거리 끝에 있는 스타벅스에서 커피 한 잔의 휴식을 즐기자.

□ 십찰해는 초저녁 네온사인의 불이 들어올 무렵이 가장 아름답다. 후통 투어를 먼저 하고 호숫가를 거닐며 라이브 바를 즐겨보자. 공왕부는 오후 일찍 문을 닫기 때문에 우선적으로 둘러보자.

□ 경산공원이 정남향이기에 오전이나 오후가 고궁을 내려다보기 좋다. 다음 목적지에 따라 내려오는 길을 정해야 한다.

★ 추천 일정 체크
유원지 및 후통 거리 투어(5~10시간)

베이하이베이 역(1호선) 하차 ▶ 북해공원(1~2시간) ▶ 곽말약기념관(30분) ▶ 공왕부(30분~1시간) ▶ 십찰해(1~2시간) ▶ 연대사가 ▶ 종고루(30분~1시간) ▶ 남라고항(1~3시간) ▶ 난뤄구샹 역

선택 십찰해 바Bar 거리, 후통 인력거 투어, 쑹칭링 고거, 고육계, 메이란팡기념관

십찰해와 남라고항
N
후해
后海
전해
前海
후해공원
后海公园
북해공원
北海公园
쑹칭링 고거
宋庆龄故居
순친왕부
醇亲王府
망해루
望海楼
운기 云起
서성구 십찰해 아동낙원
西城区什刹海儿童乐园
고루서극장
鼓楼西剧场
베이징시소료연구소
北京市塑料研究所
베이징 후통 인
Hutong Inn
고루중의의원
鼓楼中医医院
종루
钟楼
고루
鼓楼
중국화원
中国画院
광화사
广化寺
재신묘
财神庙
남라고항
南锣鼓巷
고육계
烤肉季
연대사가
烟袋斜街
은정교
银锭桥
베이징 트래디셔널 뷰 호텔
Beijing Traditional View Hotel
베이징 십찰해 피영 문화주점
北京什刹海皮影文化酒店
후통피자
胡同 Pizza
남문쇄육
南门涮肉
스차하이 역
什刹海 站
공왕부
恭王府
베이징사범대학
北京师范大学
한정미
韩正味
전취덕
全聚德
문욱택
文煜宅
페킹 유스호스텔
Peking Youth Hostel
경왕부
庆王府
메이란팡기념관
梅兰芳纪念馆
곽말약기념관
郭沫若纪念馆
하화시장
荷花市场
아미주가
峨嵋酒家
승왕부
僧王府
베이징 싱하이치 홀리데이 호텔
Beijing Xinghaiqi Holiday Hotel
베이하이베이 역
北海北 站
난뤄구샹 역
南锣鼓巷 站
KFC
鼓楼西大街
后海北沿
后海南沿
德胜门内大街
羊房胡同
旧鼓楼大街
张旺胡同
王佐胡同
琉璃寺胡同
北锣鼓巷
豆腐池胡同
宝钞胡同
华丰胡同
前马厂胡同
鼓楼东大街
地安门外大街
方砖厂胡同
南下洼子胡同
景阳胡同
帽儿胡同
雨儿胡同
蓑衣胡同
福祥胡同
南官房胡同
前海北沿
前海西沿
前海西街
三座桥胡同
柳荫街
松树街
定阜街
旌勇里

Sightseeing ★★☆

㉕

북해공원 北海公园

베이하이공위안 | běi hǎi gōng yuán

고궁과 경산공원에 인접해 있는 북해공원은 요 · 금 · 원 · 명 · 청나라 시절 황제가 여행을 나갈 때 잠시 들러 정무를 처리하고 친히 제사를 지낼 때 쓰던 곳이다. 현존하는 정원 중 가장 오래된 것으로 8백여 년의 역사를 자랑한다. 베이징에 있는 황실 정원 중, 이화원이나 원명원은 서양 세력의 침략 후 재건되었지만, 북해공원은 내성의 일부로 전쟁의 피해에서 벗어나 고대 정원의 아름다움을 원형 그대로 지닌 진귀한 문화유산이다. 주요 경관으로는 단성团城, 경화도琼华岛, 백탑白塔, 구룡벽九龙壁 등이 있다.

황제들이 별장으로 사용하던 단성은 원래 작은 섬이었지만 지금은 남쪽이 매립되어 육지로 보인다. 경화도는 북해공원의 중심으로, 중국 고대 전실에 나오는 신선들의 땅인 봉래산을 모방한 인공산이다. 또한, 원나라 시기에 만든 백탑산의 백탑은 전형적인 티베트 불탑으로 북해공원의 랜드마크라고 할 수 있다. 또한, 넓이 27m에 달하는 구룡벽은 중국 3대 구룡벽 중 하나로 청 건륭제가 대동大同의 구룡벽을 본 뒤 만들었다고 전해진다. 구룡벽의 일곱 가지 색을 지닌 아홉 마리 용들은 중국 고미술의 화려함을 맘껏 뽐내고 있다.

주소	北京市西城区文津街1号
운영	09:00~16:00(1~3월, 11~12월) 09:00~17:00(4~10월)
요금	**4~10월** 통표 20元 (입장료 성수기 10元, 비수기 5元) **11~3월** 통표 15元 (입장료 성수기 5元, 비수기 2.5元)
위치	**지하철** 16호선 베이하이베이 역 北海北 站 출구D 도보 10분 이내 (북문 입구)

Tip 택시로 찾아가기

请把我送到北海公园南门.(文津街)或者北海公园东门(景山公园西门对面)。

More & More
북해공원 200% 즐기기

북해공원은 동문, 남문, 북문을 통해 입장할 수 있다. 자금성 북문으로 나와서 왼쪽 해저를 따라 이동 시 남문과 연결(도보 10분 이내), 경산공원 서문으로 나오면 길 건너편에 북해공원 동문으로 이어진다(도보 5분). 그리고 십찰해 또는 베이하이베이 역에서는 북문으로 연결된다(도보 5분). 추천 동선은 남문 또는 서문으로 들어가 단성, 영안사와 경화도, 백탑을 둘러보고 근처 보트 승선장에서 보트를 대여해 반대편 오룡정五龙亭으로 건너가 구룡벽을 보고 북문으로 나가는 것이다(소요시간 2~3시간 예상).

* **보트 대여료**
LOTUS BOAT 보증금 300元 + 120元(4인 기준)

Sightseeing ★★★

26

공왕부 恭王府

공왕푸 | gōng wáng fǔ

십찰해를 거닐다 보면 다양한 형태의 집들을 볼 수 있다. 곳곳에 범상치 않은 집이 있는데 이는 왕가나 관료들이 살았던 집이다. 겉에서 보기엔 그 화려함을 잘 느끼지 못하지만, 문을 열고 들어가 보면 황제 부럽지 않은 지위와 권세, 그리고 부를 누리며 살았다는 것을 알 수 있다. 그중 대표적인 것이 공왕부이다. 공왕부는 원래 건륭제 시절 대학사이자 실권자였던 화신和珅이 살던 집이다. 공왕부는 안채까지 걸어가는 동안 마치 자금성을 축소해 놓은 것과 같은 건물들을 볼 수 있다. 넓은 호수와 정자, 경극을 감상할 수 있는 극장, 다도를 즐길 수 있는 응접실, 그리고 뜰과 정원에 기이한 돌로 만들어진 작은 동굴 등 황궁 못지않은 대저택이다. 화신은 이곳에서 죽기 전까지 여러 명의 첩을 거느리며 부를 축적하며 살았다고 한다. 함봉제 초년에 이 저택은 공친왕恭亲王 이신奕欣에게 물려지면서 처음으로 '공왕부'로 불리게 되었다. 베이징에서 현존하는 왕부들 중 보존 상태가 가장 완벽하다.

주소 北京市西城区柳荫街甲14号

운영 07:30~18:30(3월 16일~11월 15일, 18:30 입장 마감)
08:00~18:00(11월 16일~3월 15일, 16:00 입장 마감)

요금 40元

위치 **지하철** 6호선 베이하이베이 역北海北 站 출구D 도보 10분 이내

십찰해를 거닐다 보면 다양한 형태의 집들을 볼 수 있다. 곳곳에 범상치 않은 집이 있는데 이는 왕가나 관료들이 살았던 집이다.

More & More
공왕부 200% 즐기기

공왕부 파헤치기

남북으로 약 330m, 동서로 약 180m 길이에 달하는 공왕부는 저택과 화원으로 구성되어 있다. 건축물의 배치나 화려한 공예는 황실의 휘황찬란한 아름다움과 같으나 곳곳에는 서민들의 수수하면서도 우아한 매력을 함께 갖췄다. 건축물은 동 · 중 · 서 3개의 길로 나뉘는데, 모든 길은 남쪽에서 북쪽을 향하고 있다.

중로中路의 주요 건축물은 **은안전**银安殿 1과 **가악당**嘉乐堂 2인데 금색 용이 그려져 있는 은안전은 공왕부의 가장 중요한 건물로 중요 행사가 열리던 곳이다. 가악당의 오른쪽 동로东路에 나란히 있는 악도당乐道堂은 화신의 아들과 결혼한 허샤오 공주가 기거한 곳이자 궁친왕 이신이 처음 거주했던 곳이다. 또한, 왼쪽 서로西路의 주위에 있는 석진재锡晋斋에는 거실 내부에 정교하게 조각해 장식한 녹나무 칸막이가 있는데, 이는 허선이 자금성 영수궁宁寿宫의 양식을 모방해 만든 것이다. 왕부의 거실이던 다복간多福轩에는 공왕부의 많은 역사적 사진과 왕가의 사진들이 전시되어 있다. 그중 공왕부의 첫 주인이던 화신에 대한 부분도 특별 전시되어 있다.

또한, 금도금의 그림이 있는 보광실葆光室 처마의 회화 장식은 공왕부의 가장 큰 볼거리 중 하나이다. 본채 뒤에 나란히 지은 붉은색의 전통 2층 가옥은 **후자오루**后罩楼 3라 부른다. 동서로 길이가 156m 가까이 되며, 뒤쪽 벽에는 88개의 상문이 있고 내부에는 108개의 방이 있다. 후자오루 뒤에 있는 거대한 화원 역시 동 · 중 · 서 3개의 길로 나뉘는데, 중루의 서양문西洋门은 공왕부의 건축 구조와 달리 서양 건축물 형식의 한백옥으로 만든 아치형 석문이다. 고목과 괴석들이 빼곡히 차 있는 화원을 걷다 보면 마치 자연 속을 거닐고 있는 듯한 느낌을 받는다.

1

2

3

베이징의 왕가, 공왕부

명나라 영락제 때부터 왕가인 '왕부王府'가 건설되었다. 왕부정에는 처음 명나라의 왕부가 세워지기 시작했지만 지금 남아 있는 왕부는 청나라 때 세워진 수십 채의 왕부뿐이다. 청나라 황제들은 황제의 종친들에게 영토를 나누어주는 제도가 이들의 세력을 키워 조정에 대항하는 계기를 만들어 줄 수 있다는 점을 간파하고 영토 대신 아름다운 처소를 하사했다.

황제의 숙부, 백부와 형제를 가리켜 '친왕'이라 하며 청대 황실봉작 제3급을 일컬어 군왕이라고 하는데 이들에게 내리는 처소를 '부府'라 했다. 그중 친왕과 군왕의 부를 '왕부'라고 하였다. 왕부는 규모뿐 아니라 품격도 높았으며 왕부의 건물 중 정중앙에 있는 것을 '전殿'이라고 하였다. 전 안에는 병풍과 보좌가 설치되어 있어 마치 황제가 기거하는 궁의 축소판이라 할 수 있다.

공왕부의 시작, 허선

건륭제 때에 대학사이자 실권자였던 허선和珅은 원래 임금의 가마를 드는 일을 맡고 있었다. 건륭제는 열다섯 살 되던 어느 날 아버지 옹정제의 비妃 하나가 거울을 보며 머리를 빗고 있는 것을 보고 살며시 그 뒤로 가서 양손으로 눈을 가렸다. 이에 놀란 비는 눈을 가린 손을 뿌리치다 그만 가지고 있는 참빗으로 건륭제의 얼굴에 상처를 입혔다. 상처에 대해 아버지인 옹정제에게 추궁을 받자 사실대로 이야기했는데, 옆에서 이 이야기를 듣던 왕비는 태자를 희롱했다고 여겨 그 비를 살해하였다. 이에 충격을 받은 건륭제는 새끼손가락을 빨갛게 물들여 그 비의 목에 점 하나를 찍어 주었다.

훗날 외출을 하려던 건륭은 계속 외출 준비가 지연되자 화가 나서 누구의 실책인지를 캐물었다. 이때 허선이 앞으로 나와 자신의 책임이라며 죽을죄를 지었다고 아뢴다. 건륭은 허선과는 초면이었지만 그가 왠지 낯설지 않았다. 돌아와 곰곰이 생각해 보니 그가 몇 해 전 자신의 장난으로 억울하게 죽임을 당한 옹정제의 비와 너무 닮았다는 생각이 들었다. 허선을 불러 그의 목을 살펴보니 자신이 점을 찍은 그 위치에 똑같이 붉은 점이 있었다. 건륭은 억울하게 죽임을 당한 비가 허선으로 환생했다고 믿었고, 허선은 황제의 도움을 업고 어전을 지키는 호부시랑에서부터 내무대신, 대학사를 거쳐 일품관직까지 초고속 승진을 했다. 권세가 하늘 높은 줄 모르고 치솟은 허선은 엄청난 부를 축적하였는데 건륭도 그의 부정 축재를 알았지만, 살아생전에는 그를 벌하지 않았다. 하지만 건륭은 그에게 "너와의 특별한 인연 때문에 짐이 살아 있는 동안에는 너의 방자함이 허용되나, 누구든 짐의 뒤를 잇는 자는 너를 용서하지 않을 것이다."라고 경고했다. 건륭이 죽고 뒤를 이은 가정제에 의해 허선은 관직 박탈과 더불어 온 재산을 몰수당하고 죽임을 당했다. 가정제가 허선의 저택을 건륭제의 막내아들인 경친왕에게 주었고 이때부터 이곳은 공왕부가 되었다.

Sightseeing ★☆☆

27

곽말약기념관 郭沫若纪念馆

궈모뤄지녠관 | guō mò ruò jì niàn guǎn

곽말약郭沫若은 청년 시절 일본 후쿠오카 규슈제국대학(현재 규슈대학) 의학부를 졸업했다. 그러나 17세 때 앓았던 장티푸스 후유증으로 청력이 약해져 기본적인 의술조차 할 수 없음을 깨닫고, 문학으로 인생의 방향을 전환하였다. 필명 '말약沫若'은 고향에 있던 2개의 하천 이름의 앞글자를 따서 만든 것이다. 1927년, 장제스가 상하이에서 무수한 공산당원과 대중을 학살하였을 때, 곽말약은 이를 타도하는 글을 발표하였다. 이것은 당시 중국인들에게 커다란 영향을 주었다. 문화대혁명 이후 그는 저우언라이의 소개로 공산당에 가입하게 되고, 국내 혁명전쟁의 실패로 국민당의 체포령을 피해 일본으로 건너간 그는 10년간 망명 생활을 하였다. 그 시절에 몰두한 고대 역사와 문자학의 학술적 업적으로 중국 문화사에 큰 자취를 남기게 되었다. 사합원 안의 정원에는 곽말약 부부가 생전에 키웠던 꽃과 나무들이 여전히 무성하고, 잔디 위에는 사색을 즐기는 곽말약의 동상이 세워져 있다. 안쪽에는 곽말약의 사무실, 침실, 거실과 부인 위리췬의 서재가 그대로 남아 있고, 동서 사랑채와 방 두 곳은 곽말약의 문학 세계, 중국 역사학, 인생 여정 등 3부로 구성된 전시실로 쓰이고 있다.

주소	北京市西城区前海西街18号
운영	09:00~16:30(월요일 휴관)
요금	20元
위치	**지하철** 6호선 베이하이베이 역北海北 站 출구B 도보 5분 이내

Sightseeing ★★★

28

십찰해 什刹海

스차하이 | shí chà hǎi

십찰해는 북해공원과 남라고항, 연대사가와 함께 시간이 멈춰 있는 낭만적인 곳이다. 북해공원 북문과 마주하고 있는 하화시장荷花市場 광장에 들어서면 중국풍의 스타벅스가 지친 관광객들을 반갑게 맞이한다. 길게 늘어선 버드나무가 푸른 물빛을 가진 호수의 크기를 가늠하게 해주고, 그 수면 위의 유람선과 쪽배들, 좁은 옛 골목길을 달리는 붉은색의 인력거, 큰 호수를 품고 있는 멋진 레스토랑과 카페가 이곳에 들어서는 모든 이들의 가슴을 설레게 한다. 십찰해는 은정교银锭桥를 두고 전해前海, 후해后海, 서해西海로 나뉜다. 그중에 전해, 후해를 '십찰해'라고 하는데 그 이유는 이곳을 둘러싸고 10개의 사찰이 있었기 때문이다. 십찰해에는 500년의 역사를 담은 은성교를 비롯하여 곽말약기념관, 쑹칭링 고거, 공왕부, 메이란팡기념관과 연대사가, 그리고 바 거리와 후통 투어 등 즐길 거리가 많다. 해가 지면 호수 주변을 따라 카페와 레스토랑, 그리고 바에서 새어 나오는 불빛이 호수를 화려하게 물들인다.

주소	北京市德内大街羊坊胡同甲23号
운영	24시간
요금	무료
위치	**지하철** 6호선 베이하이베이 역北海北 站 출구D 도보 10분 이내

십찰해

❶

연꽃 荷花

허후아 | hé huā

여름이 되면 호수 양쪽으로 수양버들이 늘어서고, 호수에는 연꽃이 활짝 피어나 호수 풍광을 더욱 아름답게 만든다. 호수를 따라 거닐거나 레스토랑에 앉아 맥주를 마시면서 활짝 핀 연꽃을 바라보면 어느새 저녁노을이 호수에 깃들기 시작한다. 연꽃시장은 1916년에 시작되어 약 40년 동안 매년 여름마다 열렸다. 길이 300m, 폭이 5m나 되는 둑에 연꽃을 가득 심었다.

십찰해

❷

은정교 银锭桥

인딩챠오 | yín dìng qiáo

표주박처럼 생긴 십찰해의 전해와 후해 사이에 있는 아치형의 돌다리가 은정교이다. 은화처럼 은색이자 말발굽과 모양이 같기 때문이다. 길이가 12m, 넓이가 7m, 높이가 8m인 작은 은정교는 명나라 때 건설되어 지금까지 약 500년의 장구한 역사를 갖고 있다. 지금까지도 대표적인 포토존으로 관광객들의 사랑을 받고 있다.

십찰해

❸

연대사가 烟袋斜街

옌다이씨에지에 | yān dài xié jiē

은정교를 지나면 바로 이어지는 거리다. 거리의 모양새가 담뱃대 모양이기도 하지만, 과거 왕부와 관료들의 저택이 있던 곳으로 이들에게 담뱃대를 공급하던 상점들이 있던 곳이다. 즉, 요즘 같으면 담뱃대 전문거리로 보면 된다. 지금은 아기자기하고 특색 있는 상점들이 늘어서 있다. 의류와 액세서리, 민속 수공예품 등의 쇼핑 거리로 변해 많은 관광객의 발길을 붙잡고 있다.

십찰해

❹

쑹칭링 고거 宋庆龄故居

쑹칭링 꾸주 | sòng qìng líng gù jū

은정교에서 후해 길을 따라 걷다 보면 끝자락에 쑹칭링 고거가 있다. 이 집은 쑨원의 부인이자 여성으로 중화인민공화국 부주석을 지낸 쑹칭링宋庆龄이 살던 곳이다. 또한, 마지막 황제 푸이의 생부 순친왕의 사저로 푸이가 어린 시절을 보낸 곳이기도 하다.

♦

이동 거리에 비해 볼거리는 별로 없다. 후통 인력거 투어를 활용하는 것을 추천한다.

5 후통 인력거 투어

십찰해의 최고 관광 포인트는 '후통 인력거 투어'이다. 낡은 자전거를 개조해서 만든 붉은 지붕의 인력거를 타고 호수와 인접한 골목을 구경하는 것이다. 구불구불한 뒷골목의 손짓에 이끌려 발걸음을 옮기다 보면 골목골목마다 녹아 있는 중국인들의 일상생활을 훔쳐볼 수 있다.
공왕부를 비롯하여 쑹링칭 고거, 황제들이 자주 방문한 은교정, 곽말약기념관, 덩샤오핑 둘째 딸의 사합원 등에 대한 내용이 투어의 주된 내용이다. 또한, 실제로 사합원에 들어가 차를 마시거나 그들의 생활하는 모습을 직접 볼 수도 있다. 하지만 진짜 후통 투어는 발길 닿는 대로 골목길을 걸어 다니는 것이다. 좁은 긴 탓에 걷기가 힘들고 간혹 미로에 빠질 수도 있지만, 그 또한 후통의 매력이다. 골목길에서 만나는 사람들, 마작을 즐기는 할아버지들 틈새로 구경도 하고, 거리의 음식도 맛보는 것이 진정한 후통 투어가 아닐까?

More & More
십찰해 200% 즐기기

십찰해의 비하인드 스토리

십찰해는 원나라 때 남북 대운하의 부두로, 수도 대도大都에 식량을 운반하던 조운과 상업의 중심이었다. 자연스럽게 호수를 둘러싸고 술과 차를 마실 수 있는 주점과 찻집이 생겼으며 쌀과 비단 등 생필품뿐만 아니라 가축과 사람을 사고파는 가축시장과 노예시장까지 이곳에 생겼다. 명나라와 청나라 때 와서는 왕족과 고관 귀족들을 비롯해 문인, 선비들이 이곳에서 살기 위해 치열한 경쟁을 벌였다. 실제로 공친왕과 순친왕을 비롯하여 왕의 사가들이 이곳에 모두 위치하고 있으며, 역사적으로 유명한 명인들의 활동 무대이기도 했다.

십찰해 여행 TIP!

하나, 인력거 투어는 보통 한 사람이 끄는 인력거에 어른 둘이 탈 수 있다. 인력거에 타기 전에 먼저 확실하게 투어 코스와 가격 협상을 해야만 한다. 간혹 탑승 후에 요금 문제로 불쾌할 수 있기 때문이다. 후해는 볼거리에 비해 도보로 이동하기에는 다소 부담스럽다.
둘, 십찰해를 가장 효율적으로 즐기기 위해서는 하화시장 호수 길을 따라 걷다가 전취덕을 지나 마주하는 골목길에서 왼쪽으로 돌아 곽말약기념관과 공왕부를 둘러보면 된다. 이어 되돌아와서 호수 옆 바 거리를 지나 은정교와 연대사가를 둘러보고 종고루 또는 남라고항으로 연계하는 코스를 추천한다.

십찰해에서 만나는
베이징 명물 Best 3

1. 고육계 烤肉季

카오로우지 | kǎo ròu jì

고육계는 청나라 때 처음 문을 열어 지금까지 약 170여 년의 역사를 가지고 있는 이슬람식 양고기 불고깃집이다. 베이징에서 가장 유명한 고육계는 은정교 옆에 자리하고 있다. 한쪽 벽에는 '은정교에서 바라보면 경치가 일색이고, 고육계에서 고기를 구우면 맛이 일품이다'라는 말이 쓰여 있다. 고육계의 유명한 메뉴는 고양육烤羊肉인데 '고육'은 '구운 고기'라는 뜻으로, 우리나라의 불고기와 같은 것이며 주로 양고기로 만든다. 고육계에서는 소고기와 사슴고기도 팔지만 주된 메뉴는 역시 양고기인데, 이것을 먹지 않으면 고육계에 온 의미가 없다고 할 정도이다. 구이용 고기는 양의 앞다리와 뒷다리를 주로 사용한다고 한다.

주소 北京市西城区前海东沿14号

운영 11:00~21:30 **요금** 12元/개~

♦

십찰해뿐만 아니라 근처에 있는 연대사가의 작은 가게에서도 양꼬치를 판매하며, 전문대가 선어구 쪽에도 본점과 맞먹는 크기의 분점이 있다. 가게 앞에서도 양꼬치를 판매하니 중국 전통식 불고기, 고육계의 양꼬치를 맛보자.

2. 남문쇄육 南门涮肉

난먼쏸러우 | nán mén shuàn ròu

남문쇄육은 십찰해의 또 다른 맛집이다. 명 · 청시대 사합원을 개조한 남문쇄육은 서태후가 즐겨 먹었다는 전통 베이징식을 고수하고 있어 그 맛과 느낌이 고전적이다. 일반적인 훠궈와 달리 베이징식은 냄비를 황동으로 만들어 가운데에 숯을 넣어 물을 데우는 방식을 이용한다. 또한, 남문쇄육은 오로지 맑은 칭탕清汤 밖에 없는데 이는 얼리지 않은 신선한 양고기와 완자 등 신선한 요리 재료를 원래의 맛을 최대한 살려 먹기 위한 것이라고 한다. 대표 메뉴는 신선한 양고기와 소고기와 더불어 양의 목 뒤쪽의 살이다. 탕에 살짝 담갔다가 바로 건져 먹어야 한다.

주소 北京市 东城区 什刹海南官房胡同1号

운영 09:00~21:00 **요금** 50元/인~

3. 후통피자 Hu Tong Pizza

베이징 전통 훠궈인 남문쇄육南门涮肉이 있는 골목길 안쪽에 들어서면 허름한 피자 가게가 있다. 후통 골목 안에 이런 곳이 있을 것이라고 생각지도 못한 곳이다. 의외로 많은 외국인과 한국인이 이곳을 즐겨 찾고 있다. 이곳의 피자는 원형이 아닌 사각형의 형태로 1인분씩 주문을 할 수 있다. 후통 골목에서 중국식 피자를 맛보는 색다른 경험을 해보는 건 어떨까?

주소 北京市 东城区 什刹海 银锭桥胡同9号

운영 11:00~23:00 **요금** 51元~

Sightseeing ★★★

29

메이란팡기념관 梅兰芳纪念馆

메이란팡지녠관 | méi lán fāng jì niàn guǎn

메이란팡梅兰芳은 중국 희극예술의 대표적인 인물이자 베이징 경극공연 예술가이다. 장국영이 명연기를 펼친 영화 〈패왕별희〉는 메이란팡의 실화를 다룬 것이다. 영화처럼 메이란팡은 경극을 위해 평생 여자의 모습으로 무대 위에서 산 중국의 대표적인 경극 배우이다. 불우한 가정환경 탓에 어린 나이에 극단에 입단한 메이란팡은 11세의 나이로 여주인공 '단旦' 역할을 따내며 일약 스타로 떠올랐다.

이후 메이란팡은 해외 진출을 추진했는데, 첫 번째 해외 공연 장소가 일본이었다. 그때, 일본 전통 연극인 가부키가 현대연극을 도입한 모습에 충격을 받아 귀국 후 경극의 현대화를 추진하게 되었다. 하지만, 중일전쟁으로 일본군이 베이징을 점령하고, 일본 제국주의 찬양을 주제로 한 공연을 요구하자 메이란팡은 과도한 음주와 폭식 등의 온갖 방법으로 목소리를 상하게 하여 일본의 요구를 피했다. 그리하여 훗날 중화인민공화국이 설립된 다음, 일본을 찬양한 경극인들이 숙청될 때 메이란팡만은 무사할 수 있었다고 한다.

메이란팡은 한평생 조국과 인민을 사랑했고, 모든 인생을 베이징 경극 예술사업에 쏟았다. 그는 끊임없는 연구와 완벽을 추구하여 중국 희극예술의 정수를 온몸으로 보여줬으며, 그의 공연을 본 관객들은 감탄과 동시에 그의 공연을 쉽게 잊을 수 없었다고 한다. 베이징 경극의 대명사, 메이란팡은 중국 국내외에서 위대한 배우이자 미의 화신으로 칭송받고 있으며, 중국 경극 예술의 상징이자 중국 인민의 자존심으로 평가받고 있다.

주소 北京市西城区护国寺街9号

운영 09:00~16:00(월요일 휴관)

요금 10元

위치 **지하철** 6호선 베이하이베이 역北海北 站 출구A, 도보 10분 이내

Tip 택시로 찾아가기

请把我送到梅兰芳纪念馆,
德内大街和护国寺街的
交叉路口附近。

More & More
메이란팡기념관 200% 즐기기

메이란팡기념관 둘러보기

메이란팡기념관은 전형적인 베이징 사합원으로, 대문에는 덩샤오핑이 직접 쓴 현판이 걸려 있다. 대문 안으로 들어오면 회색 기와의 대영벽(大影壁, 밖에서 집 안이 들여다보이지 않도록 세운 벽)이 있는데 벽 앞에는 메이란팡의 반신상이 서 있다. 메이란팡은 1961년, 숨을 거두기 전 10년간 이곳에서 조용하고 안락한 나날을 보냈다. 기념관은 크게 두 부분으로 구성된다. 정원에는 객실, 서재, 침실 곳곳을 살아생전 생활하던 원형 그대로 전시하고 있고, 외원 전시실에는 대량의 진귀한 도서 자료와 함께 메이란팡의 예술 생활과 사회 활동을 소개하고 있다. 또한 서비스 부서에서는 기념품, 우편, 도서, CD제품 등을 구비해두었다.

베이징 오페라, 경극 즐기기

200년의 역사를 지닌 경극을 처음 접하면 내용도 모르고 대사도 알아들을 수 없다. 만일 베이징 경극을 관람하고 싶다면 이것만은 알고 가자. 경극은 배우들의 분장만으로도 그 인물의 성격과 성품, 역할과 운명이 잘 드러나 스토리의 진행을 쉽게 알 수 있다. 대체로 붉은 얼굴색을 한 사람은 충성스럽고 용감한 사람을 상징하고, 검은 얼굴은 용감하고 지략이 뛰어난 사람, 파란색과 녹색 얼굴의 소지자는 맹목적인 충성심을 발휘하는 영웅들, 노란색과 하얀색 얼굴의 소지자는 흉악하고 간사한 사람, 금색과 은색 얼굴의 소지자는 신비로움을 나타내는 신이나 귀신 또는 요정으로 표현된다. 그래서 삼국지에서 중국인들이 가장 좋아하는 관우는 붉은 얼굴로 분장을 하고, 장비는 검은 얼굴로 분장을 하는 데 비해, 조조는 백색 분장을 하고 나온다.

얼굴 색깔 외에도 분장 방법에 따라 그 인물의 성격을 표현하기도 하는데, 예를 들어 흉악한 이미지를 나타내는 얼굴에는 얼굴 전체를 하얀색으로 처리하거나 코언저리만 하얀색으로 분장한다. 처리된 면적과 부위에 따라 그 인물의 교활한 정도를 표현하기도 한다. 참고로 경극에서 배우의 역할은 남녀노소, 잘생기고 못생기고, 정의롭고 사악한 것에 따라 생生, 단旦, 정淨, 축丑으로 나누는데, '생'은 남자 주인공, '단'은 여자 주인공, '정'은 성격이 선명한 남자 조연, '축'은 유머러스하거나 악독한 성격의 인물로 구분된다. 대부분 인물의 성격이 거의 배우들의 분장에 나타나기 때문에 배우들이 무대에 올라서면 관객들은 한눈에 그가 어떤 성격의 소유자인지 파악할 수 있다. 이렇게 배우들의 분장으로 경극의 대략적인 스토리는 쉽게 파악할 수 있으니 걱정하지 말고 마음 편히 경극을 즐겨보도록 하자.

Sightseeing ★★☆

30

종고루 钟鼓楼

중구러우 | zhōng gǔ lóu

종고루는 원 · 명 · 청대에 낮에는 종으로, 밤에는 북으로 시간을 알려주던 시계탑이다. 당시 시민들은 이것을 통해 매일 정확한 '베이징 시간'을 알 수 있었다. 종루와 고루로 나뉘는 베이징 종고루는 고대 도시의 상징적인 건물이며 특히 들보 없이 돌을 아치 형태로 쌓아 올려 만들어진 유일한 건물로 건축물과 소리의 전파가 절묘하게 어우러진 걸작품이다.

주소 北京市东城区钟楼湾临字9号

운영 09:00~17:00

요금 통표 30元, 고루 20元, 종루 15元

위치 **지하철** 6호선 스차하이 역什刹海站 출구A2 도보 10분 이내 or 8호선 구러우따제 역鼓楼大街站 출구G에서 도보 15분 거리

Tip 택시로 찾아가기

我想去钟鼓楼,请把我送到地安门外大街。

종고루

1

종루 钟楼

중러우 | zhōng lóu

1272년에 처음 지어진 종루는 소실되어 1420년에 새로 지어졌으며, 현재의 건축물은 1747년에 완공한 것이다. 2층에는 명나라 때 제작된 높이 7.02m, 하부지름 3.4m, 두께 12~24.5cm에 63톤 무게의 동으로 만들어진 '고종지왕古钟之王'이라는 종이 걸려 있다. 일반적으로 종은 빠르게 18번, 느리게 18번, 그리고 빠르지도 느리지도 않게 18번을 친다. 이것을 하루에 두 번 반복하는데 그 수를 모두 더하면 108번이 된다. 그렇다면 종을 왜 108번이나 치는 걸까? 이는 매년 끊임없이 순환하는 시간의 흐름을 상징하는데 1년 12개월, 24절기, 72후(5일이 1후)를 모두 합하면 108이 되는 것에서 따온 것이라 한다.

종고루

2

고루 鼓楼

구러우 | gǔ lóu

지난 652년간 고루에서는 **동각루**铜刻漏[1]를 이용해 시간을 계산해 매일 저녁 8시가 되면 북을 쳐 사람들에게 시간을 알렸다. 또한 고루에 올라서면 오밀조밀한 후통의 모습과 사합원의 고대 풍모를 한눈에 내려다볼 수 있어 하나의 관광명소로 각광받고 있다. 남쪽으로는 경산공원을, 동쪽에는 차오양구의 빌딩 숲, 서쪽으로는 십찰해 근교를 볼 수 있다. 8국 연합군에 찢기고 파손되었던 북과 함께 볼만한 것은 매일 2층에서 고수들이 펼치는 **경고**更鼓 **공연**[2]이다. 가능한 시간을 맞춰서 관람하자. 고루 2층으로 올라가는 계단이 매우 좁고 가파르다. 특히, 동절기에는 미끄러우니 계단 이용 시 안전에 각별히 유의하자.

♦

경고 공연 시간

9:30, 10:30, 11:30, 13:30 ,14:30, 15:30, 16:45

1

2

Sightseeing ★★★

31

남라고항 南锣鼓巷

난뤄구샹 | nán luó gǔ xiàng

남라고항은 십찰해, 연대사가와 함께 베이징을 대표하는 후통 거리다. 고궁의 뒤편에 자리한 이곳은 한 번에 둘러볼 수 있으며 십찰해가 유원지의 느낌이라면, 남라고항은 먹거리와 쇼핑의 거리라 할 수 있다. 남라고항은 길게 뻗은 거리 양쪽에 후통들이 일정한 간격으로 형성되어 있는데 그 모습이 마치 지네 같다고 하여 '우궁제蜈蚣街'라 부르기도 한다. 약 1km 정도 되는 남라고항의 골목길은 현지 젊은이들과 외국인 관광객들로 붐비는 베이징의 명소다.

남라고항은 차분하지만 걷다 보면 새롭고 재미있는 곳이 많다. 삼청동과 인사동이 연상되는 거리로 다양한 주전부리와 먹거리, 바, 그리고 아기자기한 물건들을 살 수 있으며 이곳에서는 누구나 손에 먹거리를 들고 다니니 무엇이든 도전해 보자. 또한 남라고항은 베이징 시에서 중점적으로 보호하는 사합원 거리이다. 골목길 안쪽에 사합원을 개조한 호텔이나 게스트하우스가 있지만 상대적으로 숙박비는 비싼 편이다. 해가 지기 시작하면 술집과 상점에 예쁜 불이 하나둘 켜지면서 낭만이 넘치는 후통 거리로 변한다.

주소	北京市 东城区 南锣鼓巷
운영	08:00~22:00
요금	무료
위치	**지하철** 8호선 난뤄구샹 역南锣鼓巷站 출구E와 직접 연결. 6호선 난뤄구샹 역은 출구A 또는 B로 나와 도보로 이동하여 횡단보도를 건너거나 8호선 환승 출구 이용

Tip 택시로 찾아가기

我想去南锣鼓巷,请把我送到鼓楼东大街上的南锣鼓巷和北锣鼓巷的交叉路口。

♦

남라고항은 늦은 오후나 밤에 가도록 하자. 십찰해와 연결해서 이동하는 것이 일반적인 방법인데, 이곳에는 저녁 식사 대용으로 할 만한 가벼운 먹거리도 많고, 남라고항 거리 끝자락에 위치한 스타벅스에서 잠시 쉬면서 다음 여정을 준비하기에도 좋다.

★ ☆ ★ 베이징 여행을 위한 아주 특별한 방법

베이징의 골목

후통 파헤치기

몽골식 도시 문화의 흔적, 후통

베이징만의 특색 있는 관광지는 바로 '후통'이다. 몽골어 'Hottong'을 기원으로 하는 후통은 흔히 구시가지의 주거지 내에 있는 좁은 골목들을 뜻한다. 원나라 때 만들어진 몽골식 도시 문화의 흔적으로 원의 태조 쿠빌라이 칸이 베이징을 점령했을 때, 많은 몽골인이 따라 내려와 집을 짓고 살면서 이곳이 만들어졌다. 당시 유목민이었던 몽골인에게는 물이 가장 중요했기에 이들은 우물이 있는 곳을 중심으로 모여 살았다. 우물을 중심에 두고 길을 만들고, 그 길을 사이에 두고 집을 지었다. 남북으로 이어진 넓은 길은 마차가 다니는 길이란 의미의 '마로马路'라고 불렀고, 동서로 나 있는 좁은 길은 사람만이 다닐 수 있었기 때문에 '후통'이라고 했다. 따라서 후통 양쪽에는 중국의 전통 가옥인 사합원이 있다.

♦

베이징 시내에 있는 후통의 개수

청나라 때는 베이징 성문 안에만도 후통이 1,400여 개, 성문 밖의 600여 개까지 합치면 2,000여 개가 되었다. 신해혁명으로 청나라가 멸망한 이후에도 베이징의 후통은 계속해서 늘어나 해방 전까지는 그 수가 3,000개로 늘어났다. 그리고 그 수가 가장 많았을 때는 6,000여 개에 달했다고 한다.

후통을 메운 서민들의 주거지, 사합원

후통을 구성하는 전통적 건축물은 사합원四合院이다. 사합원의 '사四'는 동서남북 방향을 뜻하며, '합合'은 동서남북 네 면의 건물이 모여 'ㅁ'자 모양의 구조를 만든다는 뜻이다. 사합원은 중국 화북 지방을 중심으로 한 전통적인 건축양식으로 베이징 서민들의 대표적인 주거지라 할 수 있다.

사합원에는 지금도 사람이 살고 있거나, 관광객에게 무료로 개방되어 있으니 실내를 구경할 수도 있다. 간혹 유료로 차를 마시거나 식사를 할 수 있는 곳도 있다. 또한, 사합원 호텔은 독특한 분위기 덕분에 외국인들에게 매우 좋은 반응을 얻고 있다.

후통의 재미있는 몽골식 이름

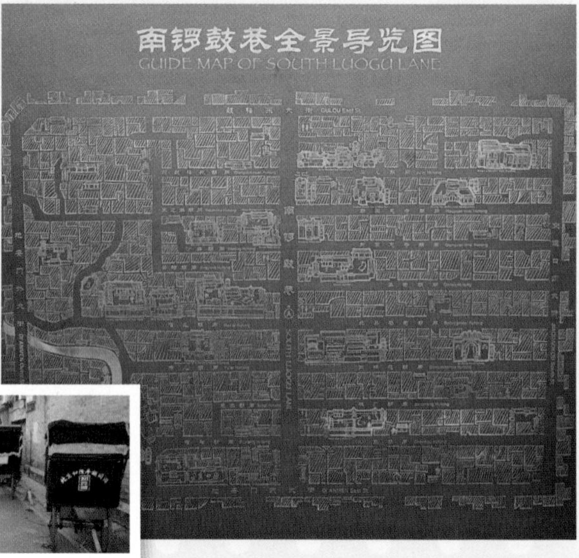

후통은 우물을 중심으로 우물을 소유한 사람의 이름이나, 우물이 있는 지역의 이름 혹은 후통의 모양을 바탕으로 몽골어로 지어졌고, 이것을 한자로 음차했다고 한다. 이런 후통 골목 이름을 몽골어로 해석하면 그 의미가 무엇인지 금방 알 수 있다. 그 예로 '스커랑屎壳郎 후통'은 '단 우물'이란 뜻이고, '뭐허墨河 후통'은 '냄새 나는 우물'로 오염된 우물이란 뜻이다. 또 '마오帽 후통'도 많다. 이를 몽골어로 해석한다면 '먹을 수 없는 우물'이란 뜻이다. 해방 후에는 많은 후통의 이름을 가능한 듣기 좋게, 아름답게 바꾸어 지금은 원래의 명칭을 보존하고 있는 후통이 극히 일부에 지나지 않는다.

06

중국 문화를 세상으로 날리자 **아오티쫑신 역**

奥体中心站

2008년 8월 8일 8분 8초. 올림픽 개막과 함께 베이징의 새로운 랜드마크가 세상에 공개되었다. 국가체육장과 국가수영센터이다. 개막식과 폐막식을 성대하게 치른 국가체육관은 외관이 새둥지 같아 '냐오차오'라 불린다. 5,000년 중국 문화를 품었던 냐오차오는 베이징 시민의 보금자리로 변했으며 늦은 저녁에는 화려한 조명으로 관광객을 불러들이고 있다. 해가 지면 붉은색과 황금색이 교차하는 냐오차오의 모습은 도도해보이기까지 한다. 푸른 바다 속 깊은 곳을 헤엄치는 다이버의 뒤로 흩어지는 공기 방울과 같은 것은 '수이리팡'이다. '워터큐브'라고도 부른다. 답답한 회색빛의 베이징 도심에 지쳤다면, 초록빛 가득한 국가체육장으로 가보자. 중국을 받쳐주는 48개 소수민족의 역사와 문화, 그리고 그들의 생활을 보여주는 중화민족원도 함께 있다.

여행 Tip

- □ 국가체육장은 해 질 무렵에 가는 것이 좋다. 뜨거운 햇살을 피할 곳이 전혀 없기 때문이다. 한 여름에는 모자나 선글라스가 필수.
- □ 8호선 아오티쫑신 역 출구B1 또는 B2와 직접 연결되어 있다. 국가체육장 앞에 있는 호수 반대편에서 보는 야경이 가장 아름답다.
- □ 중화민족원은 남원과 북원으로 구분되어 있다. 소수민족들의 전통 생활과 공연을 체험하고 즐겨보자. 중화민족원을 먼저 관람하고 국가체육장으로 이동하는 것이 좋다.

★ 추천 일정 체크

국가체육장 투어 코스(2~5시간)

아오티쫑신 역(8호선) 하차 ▶ 국가체육장(30분) ▶ 국가수영센터(30분) ▶ 중화민족원(1~3시간) ▶ 아오티쫑신 역

Sightseeing ★★☆

32

국가체육장 国家体育场

꾸오지아티위창 | guó jiā tǐ yù chǎng

'국가체육장国家体育场'은 2008년 베이징올림픽 주 경기장으로 쓰인 곳이다. 외관이 마치 철근을 나뭇가지와 같이 쌓아 올린 새둥지 같아 '냐오차오鸟巢'라 불린다. 올림픽의 개막식과 폐막식이 이곳에서 열렸다. 2007년에 세계 10대 건축물로 선정되었고, 올림픽 후에는 일반인에게 개방되어 올림픽의 감동을 몸으로 직접 체험할 수 있게 되었다.

주소 北京市朝阳区国家体育场南路1号
운영 **국가체육장**
09:00~19:00(4~11월)
09:00~17:30(11~3월)
18:30~21:30(나이트 투어)
국가수영센터
09:00~20:30(4~11월)
09:00~17:30(11~3월)
요금 공원 무료, 통표 100元, 기본 40元, VIP 투어 80元
홈피 www.n-s.cn
위치 **지하철** 8호선 아오티쫑신 역奥体中心 站 출구B1 또는 B2 직접 연결

국가체육장

1

국가수영센터 国家游泳中心

궈자유융중신 | guó jiā yóu yǒng zhōng xīn

국가체육장과 함께 베이징올림픽의 상징적인 건물 중 하나로, 수영 종목의 주 경기장으로 사용된 곳이다. '수이리팡水立方' 또는 '워터큐브Water Cube'로 불리는 이곳은 투명하고 맑게 빛나는 사각형의 건물로 외곽에 수포 형태 효과를 적용해 독특한 모습으로 관광객들에게 잊지 못할 인상을 선사한다. 야간에 펼쳐지는 화려하고 환상적인 색상 변화는 국가체육관과 함께 어우러져 상대적으로 베이징이 역사적, 문화적 도시란 이미지를 느끼게 해준다.

주소 北京市朝阳区天辰东路11号
위치 **지하철** 8호선 아오티쫑신 역奥体中心 站 출구B1 또는 B2 직접 연결

33

중화민족원 中华民族园

중화민쭈위안 | zhōng huá mín zúy uán

중화민족원은 중국을 이루는 56개의 민족 중 약 48개 소수민족의 역사와 문화를 보여주는 초대형 인류학 박물관이다. 각 소수민족 박물관에는 실물 크기의 비율로 각 민족의 대표적인 건축물과 그 민족이 생활하고 있는 지역의 아름다운 경관을 전시해 놓았다. 중화민족원은 남원南园과 북원北园으로 구분되어 민족대교民族大桥로 연결되어 있다. 국가체육장과 인접한 곳이 북원이다. 북원으로 들어서면 태국계 소수민족인 태족傣族과 우즈베키스탄 사마르칸트에서 건너온 살랍족撒納族, 대만의 원주민인 고산족高山族을 지나면 조선족朝鲜族이 나온다. 반갑기도 하지만 중국의 소수민족으로 취급되는 사실이 씁쓸하다. 동족侗族과 토림土林을 둘러보고 티베트족藏族을 지나면 남원으로 건너가는 민족대교가 나온다. 랜드마크와도 같은 화려한 대리국의 숭성사삼탑崇聖寺三塔은 가장 많은 사랑을 받는 포토존이다. 원나라의 후예인 몽골족과 실크로드의 토착 민족인 위구르족이 가장 볼 만하다. 중화민족원은 곳곳이 각 민족의 춤과 노랫소리로 가득하다. 그들만의 순박한 문화 속으로 들어가 함께 어울려 보자.

주소 北京市朝阳区民族园路1号
운영 08:00~18:00
요금 90元(3월 15일~11월 15일)
60元(11월 16일~3월 14일)
위치 **지하철** 8호선 아오티쭝신 역 奥林匹克中心 站 출구D 하차, 도보 5분 이내

◆
남원과 북원을 충분히 둘러보려면 최소한 반나절 이상이 필요하다. 만약 오후 늦게 관람을 마치고 나온다면 국가체육장의 야경 포인트를 찾아 멋진 사진을 담아 보자.

Western Part of Beijing
베이징 서부

베이징 서부
원명원
圆明园
위안밍위안 역
圆明园 站
청화대학
清华大学
베이징임업대학
北京林业大学
이화원
颐和园
베이징대학
北京大学
베이징과기대학
北京科技大学
베이징항공항천대학
北京航空航天大学
e세계재부센터
e世界财富中心
중관촌
中关村
파크 플라자 베이징 사이언스 파크 호텔
Park Plaza Beijing Science Park Hotel
중국인민대학
中国人民大学
베이징이공대학
北京理工大学
베이징교통대학
北京交通大学
자죽원공원
紫竹院公园
베이징동물원
北京动物园
베이징 북역
北京北站
베이징천문관
北京天文馆
수도사범대학
首都师范大学
외교학원
外交学院
루쉰박물관
鲁迅博物馆
백탑사
白塔寺
페킹 가든 부티크 호텔
Peking Garden Boutique Hotel
중앙전시탑
中央电视塔
옥연담공원
玉渊潭公园
월단공원
月坛公园
시시 유 이 호텔
XiXi You Yi (Friendship) Hotel
중화세기단
中华世纪坛
군사박물관
军事博物馆
조강남
俏江南
수도박물관
首都博物馆
시단 역
西单 站
백운관
白云观
그랜드 머큐어 베이징 센트럴 호텔
Grand Mercure Beijing Central Hotel
베이징 서역
北京西站
천녕사탑
天宁寺塔
연화지공원
莲花池公园
법원사
法源寺
호광회관
湖广会馆
도연정공원
陶然亭公园
타오란팅 역
陶然亭 站
베이징대관원
北京大观园
N
1 서단상업가 西单商业街
서단문화광장 西单文化广场
S 군태백화점 君太百货店
S 베이징도서빌딩 北京图书大厦
S 한광백화점 汉光百货店
S 서단대열성 西单大悦城

01 베이징 오페라와 소설 『홍루몽』의 세계로 **타오란팅 역**

陶然亭 站

베이징 중심부와 달리 서부지역은 볼거리가 밀집되어 있진 않지만 곳곳에 의외로 볼만한 곳이 많다. 아름다운 사랑의 성지로 불리는 도연정공원은 중국 정자 문화의 정수를 보여준다.
영화 〈패왕별희〉의 화려한 무대와 같이 복원된 호광회관은 베이징 정통 경극을 볼 수 있는 곳이다. 화려하진 않지만 기본에 충실한 경극 한 편을 관람하고 싶다면 호광회관을 기억하자. 또 중국 고전소설 『홍루몽』 속의 세상을 그대로 재현해 놓은 베이징대관원도 볼거리이다. 베이징의 역사를 기록하고 정리해 놓은 수도박물관과 중국의 역사를 재현한 중화세기단도 꾸준한 사랑을 받는 곳이다. 중국의 문화와 문학 속으로 발걸음을 옮겨보자.

여행 Tip

- ☐ 도연정공원에서 다양한 형태의 정자를 즐겨보자. 자비암에서 굳은 의지를 확인하고, 고군우와 석평매의 무덤에서 아름다운 사랑을 기대해 보자.
- ☐ 베이징대관원은 봄과 가을이 아름답다. 이른 아침과 오후가 관람하기 좋다.
- ☐ 천녕사탑에서 탑돌이를 하며 소원을 빌어보자. 찾아가는 길은 골목보다 대로를, 지하철보다 택시를 이용하는 것이 편리하다.

★ 추천 일정 체크

코스 A : 베이징 오페라와 소설 『홍루몽』의 세계로(4~5시간)
지하철 후팡챠오 역(7호선) 하차 ▶ 호광회관(30분~1시간) ▶ 차이스커우 역(7호선) 출구D(도보 20분) ▶ 법원사(30분~1시간) ▶ 버스정류장 도보 이동(5분) ▶ 버스 13번(3정류장/10분) ▶ 도연정공원 북문 하차 또는 도보 이동(1.5km/20분) ▶ 도연정공원(1시간) ▶ 도연정공원 남문 ▶ 버스 84번 또는 102번(3정류장/15분) ▶ 베이징대관원 하차 ▶ 베이징대관원 관람(1~2 시간) ▶ 인근 전철역 또는 천녕사까지 택시(3km/10분, 추천)

코스 B : 백운관과 수도박물관(3~5시간)
지하철 광안먼네이 역(7호선)에서 도보(1.7km/20분) 또는 베이징대관원에서 버스 676번(3정류장/15분) ▶ 천녕사탑(30분) ▶ 도보 이동(1.4km/20분) ▶ 백운관(30분~1시간) ▶ 도보 이동(1km/15분) ▶ 수도박물관(1~2시간) ▶ 전철 이동

코스 C : 중화세기단과 중앙전시탑(4~6시간)
지하철 무시디 역(1호선) 출구C1 하차 ▶ 수도박물관(1~2시간) ▶ 쥔시보우관 역 출구A(1호선 ▶ 군사박물관(1시간) ▶ 중화세기단(1~2시간) ▶ 옥연담공원(선택) ▶ 옥연담공원 남문 ▶ 버스 32번(2정류장/30분) 또는 도보(3km/30 분) ▶ 앙전시탑(1시간) ▶ 택시 이동 추천

Sightseeing ★☆☆

❶

호광회관 湖广会馆

후광후이관 | hú guǎng huì guǎn

200년 이상의 긴 역사를 가진 호광회관은 원래 베이징에 살던 후난, 후베이 지역 사람들의 향우회관이었다. 한때 메이란팡뿐만 아니라 수많은 경극의 대가들이 이곳에서 공연을 했다. 하지만 경극의 인기가 하락하며 호광회관도 함께 황폐해졌는데 10년간의 복원 작업을 통해 지금은 베이징 시의 100번째 박물관이 되었다. 무대에는 옛날의 채화가 그대로 복원되어 있고, 화려하게 채색된 기둥과 대들보와 장식들은 마치 왕부王府의 품격을 보여주는 것 같다.

주소 北京市西城区虎坊路3号 (虎坊桥路口西南)

운영 09:00~17:00

공연 매일 19:30~21:00

토요일 09:00~11:30, 14:00~16:00

요금 입장료 10元(경극공연 180元, 280元, 380元, 680元)

위치 **지하철** 7호선 후팡차오 역虎坊桥 站 앞

Sightseeing ★☆☆

❷

법원사 法源寺

파위안쓰 | fǎ yuán sì

당 태종이 고구려를 침략하기 위해 요동 정벌에 나섰을 당시 베이징은 고구려 국경에서 가까워 전략적으로 매우 중요한 곳이었다. 하지만 정벌은 실패로 돌아갔고, 당 태종은 전쟁에서 죽은 수많은 병사들의 영혼을 애도하기 위해 절을 세웠는데 그 절이 바로 법원사다. 본래 이름은 '충성스러운 백성들을 안타까워 한다'는 뜻의 '민충사'였는데 안타깝게도 절은 당 태종이 완공하진 못하였고, 당 태종 사후 황제로 군림했던 측천무후가 완성하였다. '민충사憫忠寺'의 '민憫'은 '불쌍할 민, 딱할 민, 민망할 민' 등의 뜻이 있으니 당시 절을 지은 당 태종의 심정을 조금이나마 짐작할 수 있다.

주소 北京市宣武区法源寺前街7号19号

운영 09:00~16:00

요금 15元

위치 **지하철** 4호선 차이스커우 역菜市口 站 출구D 도보 20분 이내

♦
지하철 4호선 차이스커우 역菜市口 站 출구D에서 도보로 10~15분 걸린다. 골목길을 굽이굽이 찾아가야 하는 만큼 베이징 지리가 익숙하지 않다면 다소 돌아가더라도 대로로 이동하는 것이 찾기 쉽다. 택시를 이용하는 것도 좋다.

Tip 택시로 찾아가기

我想要去法源寺,
请把我送到南横西街
七井胡同附近,我步行进去。

Sightseeing ★★☆

3

도연정공원 陶然亭公园

타오란팅궁위안 | táo rán tíng gōng yuán

도연정공원은 중국의 정자 문화를 한눈에 볼 수 있는 곳이다. 도연정陶然亭은 1695년에 가마 공장 감독관이 원나라 시절부터 약 700여 년의 역사를 가지고 있었던 자비암 내부에 정자를 짓고, '도연陶然'이라 명한 데서 유래되었다. 자비암은 근대의 수많은 애국자와 혁명가들이 모여 비밀리에 혁명 활동을 벌이던 곳이기도 한데 최근에는 5 · 4운동 전후로 리다자오, 마오쩌둥, 저우언라이 등이 3년간 숨어 지내면서 활동을 한 탓에 '인민혁명의 요람'이라 한다. 도연정공원은 또한 사랑의 성지로 통하는데 중국 혁명 당시 동지이자 연인으로 지고지순한 사랑을 나누다가 젊은 나이에 함께 세상을 떠난 고군우高君宇와 석평매石評梅의 무덤이 있기 때문이다. 지금도 사랑을 시작하는 젊은 연인들이 이곳에서 영원한 사랑을 약속하고 있다.

주소 北京市宣武区太平街19号

운영 06:00~22:00(4~10월)
06:00~21:00(11~3월)

요금 2元

위치 **지하철** 4호선 타오란팅 역陶然亭 站
출구C에서 도보 10분

Tip **택시로 찾아가기**

请把我送到陶然亭公园北门。

Sightseeing ★★☆

4

베이징대관원 北京大观园

베이징다관위안 | běi jīng dà guān yuán

베이징대관원은 명 · 청시대 황가를 위한 채소밭이었다. 대관원은 『삼국지연의』, 『수호전』, 『서유기』와 함께 중국 4대 소설 중 하나인 『홍루몽』을 TV드라마로 제작하면서 생겨난 곳이다. 그러나 이곳은 단순한 세트장이 아니다. 여러 분야의 전문가들이 모여 원작소설 속에 묘사된 풍경을 근거로 가장 중국적이며, 고전적 분위기의 정원과 삼림을 그대로 재현한 곳이다. 소설 속에 있는 인물과 세상을 현실로 나오게 만든 셈이다. 베이징대관원 내 건축물 구조와 자연 경관, 그리고 현판 등 모든 것이 소설 속의 내용을 정확하게 반영하고 있다. 『홍루몽』을 읽었다면 소설 속의 장소를 찾아다니며 둘러보자. 시간을 거슬러 잠시 소설 속으로 들어가 비운의 주인공이 되어보는 건 어떨까?

주소 北京市宣武区南菜园12号

운영 07:30~18:00(하계)
07:30~17:00(동계)

요금 40元

위치 **지하철** 4호선 타오란팅 역陶然亭 站
출구C에서 도보 30분

♦
베이징대관원은 지하철로 직접 연결되지 않는다. 타오란팅 역에서 59 · 717 · 122번 버스를 타거나, 광안먼네이 역广安门内站에서 56 · 717번 버스를 탄다.

Tip **택시로 찾아가기**

请把我送到北京大观园南门。

Sightseeing ★☆☆

5

천녕사탑 天宁寺塔

텐닝쓰타 | tiān níng sì ta

천녕사에는 원나라 때 쌓은 57.8m의 팔각십삼층밀첨식八角十三层密檐式 전탑인 천녕사탑이 있다. 전탑이란 벽돌을 쌓아서 세운 탑으로, 크게 누각식과 밀첨식 두 가지가 있다. 누각식은 탑이 곧 건축물이어서 내부에 사람이 들어가 활동을 할 수 있는 반면, 밀첨식은 벽돌을 층층이 쌓은 형태로 사람이 들어갈 수 없는 구조다. 일반적으로 불단이 외부에 꾸며져 있으면 밀탑식이며 천녕사 전탑은 사각 기초 위에 금강역사, 보살, 운룡 등이 새겨진 탑신을 세웠다. 탑 내에는 불사리(석가모니의 유골)가 있다고 전해진다.

주소 北京市西城区天宁寺前街南里4号
운영 09:00~16:00
요금 무료
위치 **지하철** 7호선 광안먼네이 역广安门内站에서 도보 20분 또는 1호선 무시디 역木樨地站 출구C1에서 택시로 5~10분

Tip 택시로 찾아가기

请把我送到天宁寺塔，南门附近(天宁寺东里)。

Sightseeing ★★☆

6

백운관 白云观

바이윈관 | bái yún guàn

백운관은 도교의 2대 분파 중 하나인 전진교全眞敎의 총본산으로서 동악묘와 함께 베이징에서 가장 큰 도교 사원이다. 도교의 가장 큰 목적은 무병불사无病不死의 신비스러운 신선이 되는 것인데 신선이 되는 과정으로 종파가 나누어진다. 영화나 드라마에 흔히 나오는 부적을 날리는 도사는 일반적인 도교이다. 반면 전진교는 신선이 되는 방법을 올바른 윤리와 오랜 수행이라 믿는다.

주소 北京市西城区白云路白云观街9号
운영 08:30~16:30(5월 1일~10월 7일)
08:30~16:00(10월 8일~4월 30일)
요금 10元
위치 **지하철** 1호선 무시디 역木樨地站 출구C1 앞

♦

백운관 입구에는 두 개의 화표가 있는데 그 뒤에는 복을 가져다주는 원숭이 문양의 문이 있다. 그리고 한백옥석으로 된 다리 아래에는 엽전과 종이 있는데 동전으로 그 종을 맞추면 행운이 온다고 한다.

Tip 택시로 찾아가기

请把我送到白云观,南门(白云观街)。

Sightseeing ★★★

7

수도박물관 首都博物馆

서우두보우관 | shǒu dū bó wù guǎn

수도박물관은 베이징 지역에서 출토된 문물을 통해 베이징의 역사, 건축, 민속, 문화 등을 보여주는 대형박물관이다. 독특한 외관 디자인의 거대한 옥상은 중국의 전통 건축양식을 그대로 이어받았으며, 회색 돌 재질의 외벽은 베이징 고대 건축물 스타일을 보여주고 있다. 박물관 내부 장식들은 중국 전통 건축물의 독특한 매력을 보여주고 있는데, 특히 로비에 있는 타원형의 청동 전시관의 기울어진 벽면은 고대 문물의 파토破土에서 나온 것임을 상징적으로 함축하고 있다. 기본 전시관에 전시된 '고도古都 베이징 – 역사 · 문화전'은 수도박물관 전시의 핵심으로 오랜 시간을 거쳐 온 베이징의 발전사를 보여주고 있다. 당일 관람 인원 제한이 있으니 유의하자.

주소 北京市西城区复兴门外大街16号
운영 09:00~16:00(월요일 휴관)
요금 무료(신분증 또는 여권 필수)
위치 **지하철** 1호선 무시디 역木樨地 站 출구C1에서 도보 5분 거리

청동 전시관의 기울어진 벽면은 압도적인 스케일로 관람객들의 시선을 사로잡는다.

수도박물관

1

경성고사 – 노북경민속전 京城旧事 - 老北京民俗展

징청주스 – 라오베이징민쑤잔 | jīng chéng jiù shì-lao běi jīng mín sú zhan

베이징의 오래된 후통 문화와 중국인들의 생활 풍경을 인형으로 묘사해 놓았다. 즐거운 결혼 행렬부터 장터에서 사람들이 값을 흥정하는 모습, 탈춤 공연, 경극, 서커스 풍경 등 오래된 민속 문화들을 한곳에 모아두었다. 또한, 베이징의 가족 문화를 이해할 수 있는 그림과 제사상 차림, 의상과 장난감을 묘사한 인형들도 전시되어 있다.

수도박물관

❷

고대자기예술품전 古代瓷器艺术精品展

구다이츠치이수징핀잔 | gu dài cí qì yì shù jīng pin zhǎn

600여 점의 작품이 시대별, 왕조별로 전시되어 있다. 우리나라의 청자, 백자와는 또 다른 느낌을 지닌 중국 전통 자기의 아름다운 모습을 볼 수 있다. 특히, 인체 크기의 보살 자기상은 도자기에 대한 우리들의 고정관념을 무너뜨리기에 충분하다.

수도박물관

❹

고대불상예술품전 古代佛像艺术精品展

구다이포샹이수징핀잔 | gu dài fó xiàng yì shù jīng pǐn zhan

북위시대부터 청나라 말기까지 황실에서 조성한 불상과 티베트 불교에 이르기까지 다양한 모습의 불상들이 전시되어 있다. 석불, 목조불상, 화려한 채색의 유리불상까지 그 장르도 다양한데 특히, 한국에서는 쉽게 보기 힘든 남녀교합상은 불상전시실의 볼거리이다. 이 에로틱한 **남녀교합상**[1]은 보이는 것과 달리 남성의 상징인 자비와 여성의 상징인 지혜가 일체가 된 경지, 궁극적인 깨달음의 세계를 표현한 것이라고 한다.

1

수도박물관

❸

관장경극문물관 馆藏京剧文物展

관창징쥐원우잔 | guan cáng jīng jù wén wù zhan

베이징의 전통 오페라, 경극의 무대를 재현한 전시실이다. 무대에서 과거의 경극 장면이 상영되고 주인공들의 의상과 마스크 등이 전시되어 있다. 잠시 앉아 쉬면서 베이징 경극의 변천을 살펴보자.

수도박물관

❺

고도 베이징 – 역사 · 문화전

古都北京 - 歷史文化展

구다이베이징-리스원화잔 | gu dài běi jīng - lì shi wén huà zhan

2,000년 역사를 지닌 고도古都이자 1,000년의 수도首都인 베이징의 모습을 전시하고 있다. 황실의 생활용품에서부터 종교용품, 베이징에서 발굴된 선사시대 출토품에 이르기까지 다양한 유물을 전시하고 있다. 특히, 붉은빛에 용문양이 수놓아진 **황후의 의상**[2]은 관람객들의 발길을 멈추게 한다. 눈으로 보이는 그 아름다움을 말로 표현하기가 어려울 정도이다. 18세기 말 달라이 라마를 위해 특별 제작된 **법왕의 모자**[3]는 끝에 장식한 진주와 불상, 그리고 세밀한 금실의 조화가 독특하고 아름답다.

3

2

중화세기단

중앙전시탑
中央电视塔
옥연담공원
玉渊潭公园
월단공원
月坛公园
月坛北街
月坛南街
三里河东路
서단상장
西单商场
중화세기단
中华世纪坛
남례사로공원
南礼士路公园
군사박물관
军事博物馆
베이징장안상장
北京长安商场
초강남
俏江南
궁주펀 역
公主坟 站
쥔시보우관 역
军事博物馆 站
무시디 역
木樨地 站
수도박물관
首都博物馆
난리시루 역
南礼士路 站
푸싱먼 역
复兴门 站
西三环中路
羊坊店路
北蜂窝路
白云路
백운관
白云观
롄화차오 역
莲花桥 站
西二环
베이징 서역
北京西站
천녕사탑
天宁寺塔
手帕口北街
广莲路
天宁寺前街
연화지공원
莲花池公园
马连道北路
완쯔 역
湾子 站
다관잉 역
达官营 站
广安门外大街
광안먼네이 역
广安门内 站
KFC
N

Sightseeing ★★☆

8

중화세기단 中华世纪坛

중화스지탄 | zhōng huá shì jì tán

황제가 하늘과 땅, 그리고 해와 달의 신에게 제사를 지내던 풍습은 청나라 이후 중단되었다. 이후 새천년을 맞은 중국 정부는 침략과 오욕으로 기억되는 20세기의 이미지를 탈피하기 위한 국가 행사를 기획했으며 그런 의미에서 중화세기단은 중국의 국민들을 중화사상으로 단일화하려는 현대판 제단과 같다고 할 수 있다.

남문 매표소로 들어가면 지면보다 1m 낮은 성화광장圣火广场이 있다. 바닥의 화강암 재질 석판은 광활한 중국 대륙을 상징하며 '중화성화中华圣火'는 중화 민족의 문명 창조가 절대 멈추지 않는다는 것을 뜻한다. 또한, 광장 좌우의 물줄기는 중화 민족의 젖줄인 장강과 황하강을 나타낸다. 이어 길이 270m, 너비 3m의 청동용도青铜甬道 위에는 유구한 중국 역사의 흔적이 간결한 문자로 기술되어 있다.

주소 北京市海淀区复兴门路甲9号
운영 09:00~17:00
요금 요금 30元 무료(여권 필수 지참)
홈피 www.worldartmuseum.cn
위치 **지하철** 1, 9호선 쥔시보우관 역 军事博物馆 站 출구A 앞

Sightseeing ★★★

9

중앙전시탑 中央电视塔

중양뎬스타 | zhōng yāng diàn shì tǎ

405m 높이를 자랑하는 중앙전시탑은 베이징에서 가장 높은 건축물이다. '0m 홀'이라 불리는 로비에는 중국 산하의 아름다움을 표현한 석조벽화 산수운수 山水云树가 전시되어 있으며 베이징 시내에서 최고로 높은 위치에 자리한 회전식 음식점은 한 바퀴 회전하는 데 90분의 시간이 소요된다. 실내경치감상실에는 편안한 좌석이 있어 마음껏 주변의 경관을 감상할 수 있다. CCTV 앵커 체험실에서의 기념사진은 필수. 하이라이트는 노천전망대다. 동쪽으로 고궁을 비롯하여 CCTV 본사가 보이며, 서쪽으로는 향산까지 볼 수 있다. 무엇보다 발아래 펼쳐진 옥연담공원의 웅장한 아름다움에 쉽게 자리를 떠나지 못한다.

주소 北京市海淀区西三环中路11号
운영 08:30~17:00
요금 90元(중앙전시탑 전망대)
위치 **지하철** 1, 9호선 쥔시보우관 역 军事博物馆 站 출구A에서 중화세기단 지나 도보 35분. 또는 궁주펀 역 公主坟 站에서 도보 30분

♦

주변에 연계되는 관광지가 없으니 가능하면 택시를 이용하자. 주변에 고층 건물이 없기에 야경보다 주간을 추천한다. 패키지로 묶여 있는 수족관은 비추.

Tip **택시로 찾아가기**

请把我送到中央电视塔,(售票处)。

02

젊음이 넘치는 거리에서 휴식 갖기 **시단 역**

西单站

천안문과 자금성이 베이징의 심장이라면 동서를 가로지르는 장안대로는 동맥과도 같다. 베이징 성 주변에 있던 서단은 명나라 때부터 많은 상인이 지나다니는 통로였기에 일찍부터 상업이 발달하였다. 때문에 장안대로 끝에 있는 시단 역 주변은 왕부정대가, 전문대가와 함께 베이징 3대 번화가로 손꼽힌다. 왕부정대가는 고급 백화점 중심의 쇼핑 거리이고, 전문대가는 구시가지 모습을 재현한 거리라면 시단 역 주변은 세련되고 실용적인 제품이 많아 현지 젊은이들이 가장 선호하는 쇼핑 스폿이다. 특히 서단대열성은 앞서가는 패션 아이템과 다양한 먹거리, 쉼터를 갖춘 복합쇼핑몰이다. 시단 역 주변에 조성된 서단문화광장은 휴식공간으로 인기가 많은 곳이다.

여행 Tip

- □ 해지는 오후에 들러보자. 넘치는 젊음의 에너지를 느낄 수 있다. 환하게 불을 밝힌 장안대로를 따라 천천히 걷다 보면 아름다운 모습의 국가대극원으로 연결된다(1.2km/15분).
- □ 베이징서점에 들러보자. 2층, 그림 관련 서적 코너에는 중국풍의 그림과 스케치 등 가성비 높은 서적들이 많다. 기념품 삼아 골라보자.
- □ 대만의 대표 브랜드인 딤섬 전문점 딘타이펑과 망고 빙수류를 베이징에서 맛볼 수 있다.

★ 추천 일정 체크

지하철 시단 역(1호선) 하차 ▶ 서단문화광장(1시간) ▶ 베이징서점 - 서단대열성 앞 ▶ 버스 102번(4정류장/20분) ▶ 백탑사(30분) ▶ 도보 이동(10분) ▶ 루쉰박물관(30분~1시간) ▶ 푸청먼 역(2호선) ▶ 동우위안 역(4호선) ▶ 국가도서관(30분) ▶ 자죽원 공원(30분~1시간) ▶ 궈지아투슈관 역(4호선)

Sightseeing ★☆☆

⑩

서단상업가 西单商业街

시단쌍예제 | xī dān shāng yè jiē

베이징의 서단상업가는 지난 1930년대부터 번화한 상가지역이다. 70여 년의 역사를 가지고 있는 서단쇼핑몰을 기준으로 대형백화점, 식당, 오락, 금융 등의 다양한 업종이 모여 있어 베이징 3대 상업지구라 할 수 있다. 서단문화광장을 시작점으로 한광백화점, 서단쇼핑센터西单购物中心, 군태백화점과 서단대열성이 길게 늘어서 있다. 베이징 현지인들이 가장 좋아하는 쇼핑지역이다.

주소 北京市西城区西单北大街
운영 10:00~22:00
요금 무료
위치 **지하철** 1호선 시단 역西单站 출구F1 도보 10분 이내

서단상업가

❶

서단문화광장 西单文化广场

시단원화광창 | xī dān wén huà guǎng chǎng

지하철 1호선과 4호선이 교차하는 서단대가西单大街는 베이징의 3대 상업지구 중 하나다. 광장을 중심으로 남쪽으로는 시대광장时代广场이, 북쪽으로는 한광백화점汉光百货과 서단쇼핑센터西单购物中心, 동쪽으로는 베이징도서빌딩北京图书大厦, 서쪽으로는 군태백화점北京君太百货과 서단대열성西单大悦城이 인접한 최고 상업지구이다.

주소 北京市西城区西单北大街道180号

서단상업가

❷

군태백화점 君太百货店

쥔타이바이훠뎬 | jūn tài bǎi huò diàn

군태백화점GRAND PACIFIC MALL은 트렌디한 패션 브랜드와 고급 유명 브랜드의 화장품, 패션, 액세서리 등을 위주로 취급한다. 유명한 딘타이펑鼎泰丰도 있다. 1층 매장에서는 딤섬을 만드는 과정을 직접 볼 수 있으며, 포장 판매를 주로 한다. 또한 대만 망고빙수 전문점 아이스 몬스터와 패스트푸드 스타일의 한국요리를 파는 정일미를 비롯하여 다양한 음식점과 마트가 있다.

주소 北京市西城区西城区西单北大街133号

서단상업가

❸

베이징도서빌딩 北京图书大厦

베이징투수다샤 | běijīng tú shū dà shà

교보문고처럼 중국에서 가장 큰 서점 중 하나로 '제일서점第一书城'이라 불린다. 디지털 시대에도 불구하고 수많은 사람들이 독특한 디자인의 카트를 끌고 다니며, 다량의 도서를 구매하는 모습이 인상적이다. 1층에는 베이징 관련 현지 가이드북이, 2층에는 그림이나 스케치 등 미술 관련 서적이 많다.

주소 北京市西城区西长安街17号北京图书大厦

서단상업가

❹

한광백화점 汉光百货店

한광바이훠톈 | hàn guāng bǎi huò diàn

1999년에 베이징에 개업한 중우백화점中友百货店이 한광백화점의 전신이다. 한광백화점은 여성 패션을 중심으로 젊은 층이 주로 찾는 백화점이다. 화장품, 보석, 액세서리, 연령대별 여성의류, 아동복, 침구류, 생활용품, 가전 등 여러 품목을 갖추고 있다. 참고로 시단 역 주변의 다른 백화점에 비해 먹거리는 매우 적다.

주소 北京市西城区西城区西单北大街176号

서단상업가

❺

서단대열성 西单大悦城

시단다웨청 | xī dān dà yuè chéng

원래의 이름보단 '조이시티JOYCITY'로 더 알려진 곳으로 1층에서 5층까지 논스톱으로 올라갈 수 있는 에스컬레이터가 인상적인 곳이다. 이곳은 층마다 각기 다른 콘셉트로 만들어져 다양성과 개성을 추구하는 젊은이들이 많이 찾는다. 또한, 음식점, 영화관, 카페 등 다양한 볼거리를 갖추고 있는 복합쇼핑몰이다. 이러한 다양성이 개성을 중요시하는 젊은 세대의 유행을 창조해내고 있다. 6층부터 8층까지 층마다 골고루 분포된 식당가는 지친 여행자들에겐 쉼터와 같은 곳이다.

주소 北京市西城区西单北大街甲131号大悦城(近君太百货)

Sightseeing ★☆☆

⑪

백탑사 白塔寺

바이타쓰 | bái tǎ sì

베이징에는 두 개의 백탑이 있다. 북해 경화도에 있는 '작은 백탑'과 묘응사妙应寺에 있는 '큰 백탑'이다. 원나라 개국과 베이징 도읍 지정 기념으로 1279년에 대성수만안사백탑大圣寿万安寺白塔이 설립되었다. 준공 후 황제가 동서남북으로 각각 활을 하나씩 쏜 다음 화살이 떨어진 곳을 경계로 사원을 지었다고 한다. 절 내부의 백탑은 중국에 현존하는 불탑 중 가장 먼저 지어졌으며, 가장 큰 창고 형태의 불탑이다. 백탑은 높이 50.9m로 탑신과 탑을 받치는 기둥으로 구성되어 있다. 지붕은 지름 9.7m의 청동으로 만든 거대한 화개华盖로 덮여 있다. 기둥 윗부분에는 청동으로 만들어진 소형 불탑이 있다. 2년 7개월간의 보수를 거치고, 2015년 12월 6일 다시 개방되었다. 백탑에 올라갈 수는 없다.

주소 北京市西城区阜成门内大街171号
운영 09:00~16:00
요금 20元
위치 **지하철** 2호선 푸청먼 역阜成门 站 출구B 도보 20분 이내

Tip 택시로 찾아가기

请把我送到白塔寺(阜成门内大街)。

Sightseeing ★☆☆

⑫

루쉰박물관 鲁迅博物馆

루쉰보우관 | lǔ xùn bó wù guǎn

루쉰박물관은 건국 후 최초의 인물기념상 박물관으로 『아Q정전』과 『광인일기』의 작가로 유명한 루쉰鲁迅이 1924년부터 12년간 살던 곳이다. 1956년 10월 19일 루쉰 별세 20주년 기념일에 정식 개방했다. 루쉰의 생애, 어록, 경력, 자필 원고 등이 보관되어 있으며, 연대기 순으로 사상의 발전, 소년 시절, 청년 시절, 미술 등의 주제별로 나누어져 있다. 특히 루쉰이 베이징에 거주할 시기의 주요 활동을 중점적으로 다루고 있다. 중국인들에게 루쉰이 미치는 영향이 큰 만큼 아직도 많은 사람들의 기억 속에서 사랑받고 있는 곳이다.

주소 北京市西城区西城区阜成门内大街宫门口二条19号
운영 09:00~16:00(월요일 휴관)
요금 무료(여권 필수 지참)
위치 **지하철** 2호선 푸청먼 역阜成门 站 출구B로 나와 좁은 골목길을 빠져나오면 제빵점과 함께 도로가 나옴. 이때 좌회전하여 직진하다 패스트푸드점인 '영화대왕永和大王'이 나오면 좌회전. 골목길 끝자락에 위치

Sightseeing ★★☆

⑬

베이징동물원 北京动物园

베이징동우위안 | běijīng dòng wù yuán

청나라 서태후가 건립한 베이징동물원은 100여 년의 역사를 자랑한다. 중국 최초의 개방형 동물원으로 동물 450여 종, 5,000마리, 해양 어류는 500여 종에 10,000마리 이상의 동물을 사육하고 있다. 하지만 베이징동물원에 가는 이유는 자이언트 판다라고 할 만큼 판다가 가장 인기가 많다. 그리고 이곳에는 중국에서 보물로 여기며 희귀 동물로 관리되는 들창코 원숭이가 있는데 황금색깔의 털 때문에 황금원숭이라고도 한다. 2007년 한중 수교 15주년 기념으로 들여와 용인 에버랜드에서도 볼 수 있게 되었다.

주소 北京市西城区西外大街137号
운영 07:30~18:00(4~10월)
07:30~17:00(11~3월)
요금 15元, 19元(판다관 포함)
위치 **지하철** 4호선 동우위안 역北京动物园 站 출구A 앞

♦
정문으로 들어가면 동구로 연결된다. 동구에는 판다 전시관이, 서구에는 황금원숭이 전시관이 있다. 동구를 중심으로 보고 남문으로 나오는 것이 핵심 공략 코스다.

Sightseeing ★☆☆

⑭

자죽원공원 紫竹院公园

쯔주위안궁위안 | zǐ zhú yuàn gōng yuán

자죽원공원은 본래 농사를 위한 인공 저수지로 베이징의 중요 수원지 중 하나였다. 인공 저수지로는 풍광이 너무 아름다워 명대에는 황실 사찰이, 청대에는 일찍이 황제의 별장인 행궁이 세워졌었다. 자죽원공원은 서태후가 무척 아끼던 곳으로 이화원으로 행차할 때 늘 이곳을 들러 점심을 먹었다 한다. 자줏빛 대나무를 뜻하는 '자죽紫竹'은 어릴 때는 일반적인 대나무처럼 녹색이지만 자라면서 붉은 자줏빛으로 변한다. 매년 7~8월 대나무 축제가 열린다.

주소 北京市海淀区白石桥路45号
운영 06:00~22:00(4~10월),
06:00~21:00(11~3월)
요금 무료
위치 **지하철** 4호선 궈지아투슈관 역 北京动物园 站 출구D 도보 5분

03 청나라의 아픈 기억 속에 서다 **위안밍위안 역**

圆明园 站

중국 역사상 가장 화려한 황실 별궁인 원명원과 서태후의 여름 별장으로 유명한 이화원이 있는 곳이다. 세상에서 가장 아름다운 정원과 황실의 휴양지에는 화려한 꽃들이 그 아름다움을 향기로 말하고 있다. 하지만 그 향기 뒤에는 청나라의 아픔이 깊게 배어 있다. 세상 모든 정원의 으뜸이라 불리던 원명원과 이화원은 연합군에 의해 철저히 짓밟히고 불탔다. 중국의 자존심과 함께 짓밟혔다. 이를 기억하듯 그 곁에 중국 최고의 명문대학인 청화대학과 베이징대학이 있다. 중국이 세상의 중심이라는 중화사상을 다시금 외치는 중국의 미래는 이들에게 달려 있다. 두 대학의 캠퍼스도 이화원과 원명원의 아름다움에 결코 뒤지지 않는다. 책과 꽃의 향연이다.

※ 원명원의 동문에 청화대학이, 남문에 베이징대학이 연결되어 있지만 네 곳을 모두 걷기에는 쉽지 않다. 베이징대학은 베이징따쉐동먼 역을, 이화원은 시위안 또는 베이궁먼 역을 이용하는 것이 편리하다.

여행 Tip

- □ 원명원을 모두 둘러보는 것은 일반 여행자에겐 역부족이다. 서양루를 중점적으로 보고 나오는 것이 좋다. 나오는 길에 배를 이용하는 것을 적극 추천한다.
- □ 중국의 명문대학인 청화대학과 베이징대학이 인근에 있다. 중국 대학의 캠퍼스를 보고 싶다면 청화대학 또는 베이징대학을 다녀오자.
- □ 이화원은 시위안 역을 이용하는 것이 편리하다. 시위안 역 주변에 식당가와 카페들이 있으니 잠시 쉬면서 관람 코스를 정리하자. 관람 시간에 따라 코스를 잡고 이동하지 않으면 우왕좌왕 거의 반나절을 보내게 된다.

★ 추천 일정 체크

황실정원(5~7시간)

위안밍위안 역(4호선) ▶ 원명원(2~3시간) ▶ 이화원(2~4시간) ▶ 베이궁먼 역

원명원

원명원은 만춘원, 장춘원 그리고 원명원을 통틀어 부르는 이름이다. 규모가 어마어마해서 전체를 둘러보기 어렵다. 원명원은 아편전쟁 당시 연합군에 의해 파괴된 모습 그대로 보존되어 있다. 주된 볼거리는 서양루다. 만춘원과 장춘원을 가로질러 서양루를 중점적으로 관람하는 코스를 추천한다. 가는 길에는 아름다운 황궁 정원을 걸어보자. 돌아오는 길은 유람선을 타고 장춘원을 음미해보자.

코스 입구 → 감벽정 → 석잔교 → 선인승로 → 십이생소수수전 → 서양루 → 사자림 → 유람선 이용 → 감벽정 → 출구

Sightseeing ★★★

⑮

원명원 圆明园

위안밍위안 | yuán míng yuán

원명원은 원명원과 더불어 '만춘원万春园'이라고도 불리는 '기춘원绮春园'과 '장춘원长春园'을 포함해 총 세 곳을 통틀어 부르는 명칭이다. 이 중 원명원이 제일 먼저 건립되었고 규모 또한 가장 크다. 원명원은 고궁과 더불어 정치의 중심지 역할을 해왔는데, 실제로 용정 · 건륭 · 가경 · 도광 · 함풍황제는 이곳에서 신하들과 조회를 하며 정무를 처리했다. 청나라 강희제는 장춘원 북쪽의 한 터를 넷째 아들인 윤진에게 '원명원'이란 이름과 함께 개인적인 정원으로 하사했는데 윤진은 정원을 꾸미는 공사에 착수한 뒤 훗날 옹정제가 된 후에는 일 년 중 절반 이상을 이곳에서 지냈을 정도로 애정이 깊었다. 하지만 원명원은 1860년 10월, 영국 · 프랑스 연합군에 의해 약탈 및 소각된 뒤로 여러 번의 전쟁 및 반란 등의 역사적 대사건을 겪으면서 완전히 폐허가 되었다.
짧은 일정으로 베이징을 둘러본다면 원명원은 그다지 매력 있는 곳은 아니다. 역사적인 지식이 부족한 관광객들에게는 그저 넓고, 볼거리도 별로 없는 쓸쓸한 공원처럼 보이기 때문. 하지만 이곳은 문화와 자연을 사랑했던 청나라 황실의 옛 자취를 더듬어 볼 수 있는 곳이며 일장춘몽과 같은 인생과 부귀영화의 덧없음을 느끼기에 충분한 곳이다.

주소 北京市海淀区清華西路28号
운영 07:00~19:00(5~8월)
07:00~18:00(4월, 9~10월)
07:00~17:30(1~3월, 11~12월)
요금 통표 25元(서양루 포함)
위치 **지하철** 4호선 위안밍위안 역圆明园站 출구B에서 도보 3분

원명원

❶

기춘원 绮春园

치춘위앤 | qǐ chūn yuán

기춘원은 태후마마와 왕비, 그리고 비빈의 숙소로 사용되던 곳이다. 서태후는 이곳을 건륭시대의 화려한 면모를 갖추어 자신의 노후 숙소로 삼고자 하였는데 당시 정국이 내란으로 불안하고 재정이 악화된 상태에 있었음에도 불구하고 많은 돈을 들며 이곳을 보수해 백성들의 원성을 샀다.

More & More
빛바랜 기춘원의 상징, 감벽정과 석잔교

원명원 남문으로 들어가면 왼쪽에 드넓은 호수 위에 기춘원의 상징인 감벽정이 떠 있다. 감벽정은 1811년에 최초로 건립되었으며 작은 목조 다리를 통해 건너갈 수 있다. 전성기 때에는 석조, 목조, 벽돌로 만든 다리만 해도 100여 개가 있었다고 한다. 지금은 그 많던 다리는 거의 사라지고 석조 다리 한 개만이 감벽정에 기대어 위태롭게 버티고 있다.

2

서양루 西洋楼

시양러우 | xī yáng lóu

장춘원 북쪽에 있는 서양루는 석조 건물인 탓에 두 차례에 걸친 약탈과 방화 속에서도 살아남았다. 비록 파손은 되었지만 서양루는 한눈에 보아도 서양의 궁전 건축양식으로 만들었다는 것을 알 수 있다. 서양루에서 가장 많은 관광객의 사랑을 받고 있는 대수법大水法은 중국 내 최초의 인공분수로 당시에는 중국 건축 역사상 일대 사건이었다. 서양루는 원명원의 핵심 볼거리 중 하나이니 인증샷을 꼭 남기도록 하자.

More & More
서양루를 더욱 아름답게 해주는 핫스폿 Best 5

1. 화려했던 중국의 역사가 남아 있는 곳, 해기취

서양루의 입구에 들어서면 오른쪽에 있는 해기취는 몽골과 실크로드 지역의 음악을 황제에게 들려주던 곳이다. 해기취 앞에도 인공 분수가 있었는데 4마리 양과 10마리 거위 모양을 한 분수에서 물줄기를 뿜어냈을 것으로 추정된다. 이러한 인공 분수대는 중국 건축 예술의 새로운 장을 열었다 해도 과언이 아닌데 열강에 의해 무너진 중국의 역사지만, 산산이 흩어진 한백옥석 잔해들 속에서도 당시의 아름다움을 느낄 수 있다.

2. 황제와 후궁들의 웃음소리가 묻어 있는 곳, 황화진

본래 화원으로 쓰이던 곳으로, 서양루에서 유일하게 원형을 보존하고 있는 곳이다. 이곳에는 미궁처럼 복잡한 길이 있는데 황제가 후궁들과 술래잡기 놀이를 하던 곳이다. 매년 중추절에는 이곳에서 성대한 파티를 열었는데 건륭제는 정자에 앉아 꽃등을 감상하다가 황제의 외척과 친척, 그리고 외빈들이 오면 친히 과일을 던졌다고 한다. 그러면 사람들은 과일을 황제의 은총으로 생각해 이를 가지려고 힘겨루기를 하였다고 전해지는데 이곳은 원명원의 숨겨진 포토존이기도 하다.

3. 중국에서 만나는 이슬람 사원, 방외관

방외관은 3개의 방이 딸린 2층의 작은 궁정이었다. 건륭제는 향비의 풍습을 존중하여 이곳의 정자를 이슬람 사원으로 보수하였고, 향비는 매주 금요일 이곳에서 예배를 드렸다. 건륭제는 궁중에서 이슬람교에 정통한 총기 있는 시종 4명을 선발하여 향비를 모시도록 하였다.

4. 중국 최초의 인공 분수, 해안당

해안당에는 이탈리아 화가 주세페 카스틸리오네Giuseppe Castiglione가 심혈을 기울여 완성한 인공 분수가 있었다. 그는 중국의 12간지를 본떠 12마리의 동물 형상을 동으로 주조하여 궁전 앞에 있는 삼각형 연못 양쪽에 세워 놓고 두 시간마다 각 동물의 입에서 분수가 뿜어 나오도록 하였다. 그 생동감 넘치는 조각상들은 황제로부터 큰 사랑을 받았다고 전해진다.

5. 사라진 정원의 마지막 흔적, 원영관

건륭제의 피서지이자 향비의 처소였던 원영관은 서양루에서 가장 큰 건축물이다. 여기에 설치된 인공 분수 대수법大水法은 순전히 황제만을 위한 것이었다. 맞은편에 있는 관수법观水法은 황제가 분수를 감상하던 곳이다.

♦

성룡이 만든 영화 〈차이니스 조디악〉의 주요 소재가 바로 12지 청동상이다. 프랑스에 약탈당해 전 세계 경매장에서 고액으로 거래되고 있는 12지 청동상을 되찾기 위한 모험물로 당시 배우 권상우가 함께 출연해 화제를 몰고 왔다.

♦

청나라 황제들의 에덴동산
원명원

천안문 광장의 8배에 달하는 원명원은 이화원과 함께 청나라 황제들의 지상낙원으로 통했다. 강희제의 60세 환갑에 맞추어 건립된 원명원은 대대로 황제들이 정사의 시름을 잊고자 할 때면 마차 행렬에 몸을 싣고, 시종들과 악사, 그리고 무희들을 거느리고 자연을 벗 삼아 파티를 열었던 곳이다. 유럽의 바로크, 로코코 건축양식을 접목한 원명원에는 가치를 따질 수 없는 엄청난 문화재와 진귀한 보물, 서적 등이 소장되어 있었다. 하지만 두 차례 서양 열강들의 침략으로 완전히 파괴되고 말았다. 1860년 아편전쟁 중 영국과 프랑스는 각종 진귀한 보물들을 약탈하고 방화를 저질렀다. 그리고 1900년 8개국 연합군이 베이징에 재입성할 당시 연합군은 베이징 지역 깡패들과 결탁하여 원명원에 남아 있던 보물들을 모조리 약탈 또는 밀매로 완벽하게 파괴하였다. 웅장함과 화려함을 자랑하던 황제들의 지상낙원이 지금은 폐허가 되어 허물어진 담벼락만 남아 있다.

16

이화원 颐和园

이허위안 | yí hé yuán

건륭제는 원명원을 세운 6년 뒤, 다시 이화원을 만들 계획을 세웠다. 그러나 조정 대신들의 반발이 크자 그는 두 가지 이유를 내세워 청의원清漪园의 공사를 강행했는데 첫 번째는 어머니의 환갑을 맞아 효를 다하겠다는 명분이었다. 이를 위해 그는 지금의 이화원 만수산에 사찰을 지으면서 나무와 정자, 기거할 거처 등을 함께 갖출 것을 명하였으며 두 번째 이유로는 원명원이 지어져 물 소비량이 늘어남에 따라 베이징 궁궐의 물 부족을 염려해 수자원인 옥천산玉泉山에서 흘러내리는 서북부 물줄기를 정리하겠다는 것이었다.

하지만 건륭제 이후에는 두 차례의 아편전쟁으로 서양 열강들이 중국의 문호를 강제로 열게 하였으며, 불평등 조약을 맺어 경제적으로 숨통을 죄어 오던 때였다. 또한, 국내에서는 농민들의 봉기가 시작되고, 전염병이 돌아 청나라 조정은 안팎으로 어려운 처지였다. 점차 백성의 생활이 피폐해지고, 국고가 바닥나 계속 공사를 하기에는 무리였으나 서태후는 해군 전력 증강을 위한 특별 기금이라는 명분을 내세워 공사를 추진하였다. 결국, 이화원은 원래 계획했던 공정보다는 그 규모가 축소되어 곤명호 서쪽 공사는 포기해야만 했다. 이화원은 궁정 구역과 만수산, 그리고 곤명호 세 부분으로 나누어지는데, 현존하는 황실 정원 중 가장 큰 규모다.

주소	北京市海淀区海淀区新建宫门路 19号
운영	06:30~18:00(4~10월) 07:00~17:00(11~3월)
요금	**성수기** 통표 60元, 30元 **비수기** 통표 50元, 20元 불향각 10元, 문창원 20元 소주가 10元
위치	**지하철** 4호선 시위안 역西苑站 출구C2 또는 베이궁먼 역北宫门站 출구D

이화원

이화원은 북궁문으로 들어가는 방법과 동궁문으로 들어가는 방법이 있다. 대표적인 코스는 인수전이 있는 동궁문으로 들어가는 것이다. 시간적인 여유가 없다면 북궁문에 있는 소주가와 사대부주는 생략해도 좋다.

코스1 동궁문 → 인수전 → 덕화원 → 낙수당 → 장랑 → 배운전 → 불향각 → 청안방 → 유람선 관람 → 십칠공교 → 동우 → 동궁문

코스2 동궁문 → 인수전 → 덕화원 → 옥란당 → 동우 → 십칠공교 → 낙수당 → 장랑 → 배운전 → 불향각 → 청안방 → 석교 → 사대부주 → 소주가 → 북궁문

이화원

❶

인수전 仁寿殿

런서우뎬 | rén shòu diàn

황제가 행궁에 머물 때 정사를 보던 곳으로 이화원의 파란만장한 역사를 끝까지 함께한 곳이다. 또한, 광서제가 어린 시절부터 수렴청정을 하던 서태후에 의해 꼭두각시 역할을 하던 곳이기도 하다. 서태후의 환갑을 맞아 만수무강을 기원하는 마음으로 근정전을 인수전으로 바꾸었다.

이화원

❷

옥란당 玉澜堂

위란탕 | yù lán táng

인수전 뒤편에 자리한 옥란당은 광서제가 서태후에 의해 10년간 감금을 당한 곳이다. 이름뿐인 황제 역할을 하던 광서제는 어느 날 의문의 죽음을 맞이하고, 이튿날엔 서태후 역시 사망해 청나라의 정권은 어린 황제 푸이에게 넘어갔다. 화려한 청나라의 역사가 막을 내리는 순간이었다. 그런 아픔이 있었음에도 옥란당은 맞은편에 푸른 곤명호와 향산을 품고 여전한 아름다움을 뽐내고 있다.

이화원

❸

덕화원 德和园

더허위안 | dé hé yuán

건륭제가 신하들과 연회를 베풀던 덕화원은 서태후가 복원하면서 중국 최대의 경극 공연장으로 탈바꿈했다. 사실 베이징 경극은 서태후에 의해 발전했고, 그 배경에는 덕화원이 있었다. 덕화원의 뜰 한복판에 우뚝 서 있는 3층 건물 대희루大戏楼는 당시 71만 냥이란 엄청난 돈을 들여 만든 전통 경극 공연장이다. 대희루에는 첨단 시설이 도입되기도 했는데, 이중에는 물을 분사해서 비가 오는 장면을 연출할 수 있는 인공 강우 시스템도 있었다. 무대 맞은편에 있는 현락전에는 서태후를 비롯하여 40여 명을 수용할 수 있는 관람석이 있다.

이화원

4

낙수당 乐寿堂

러서우탕 | lè shòu táng

서태후의 침실로 사용되던 낙수당은 휴식, 정무, 식사 등 다양한 목적을 위한 방으로 구성되어 있다. 이화원에서도 가장 화려하며 서태후가 말년을 보낸 이곳은 중국에서 가장 먼저 전등이 불을 밝힌 곳이기도 하다. 낙수당 앞에는 봉황과 용 동상이 서 있는데 봉황은 황후를, 용은 황제를 뜻한다. 하지만 서태후는 자신의 권력을 나타내고자 용과 봉황의 자리를 바꾸었다고 한다.

이화원

5

장랑 长廊

창랑 | cháng láng

장랑은 인수당에서 불향각 입구까지 이어지는 길이 728m, 273칸으로 된 세계에서 가장 긴 회랑이다. 곤명호를 끼고 걸을 수 있는 장랑은 이화원 내에서 관광객이 가장 많이 모이는 곳으로 장랑의 기둥과 천장에는 중국 고대 전설과 신화, 민속 풍경을 소재로 한 작품이 그려져 있다. 본래 효심이 갸륵한 건륭제가 어머니가 눈비를 맞지 않고 산책을 할 수 있도록 만든 것이지만 실제로는 서태후가 더 많이 이용하였다. 서태후는 불향각으로 불공을 드리러 갈 때나 산책을 할 때면 반드시 장랑을 이용하곤 하였다. 중간중간에 만든 4개의 팔각형 정자는 서태후의 쉼터와 같은 곳이다. 사계절을 상징하는 정자는 지형의 변화와 장랑이 꺾이는 점을 잇는 연결점이다. 서태후의 뒤를 따라 회랑의 그림들을 보면서 천천히 걷다 보면, 어느새 한 폭의 그림 속으로 들어가게 된다.

이화원

6

만수산 万寿山

완서우산 | wàn shòu shān

이화원 중심에 있는 만수산은 궁궐, 종교, 조경을 모두 갖춘 곳이다. 곤명호 북쪽에서 시작해 배운문排云门으로 들어가면 만수산의 배운전排云殿이 나온다. 이어 덕휘전德辉殿을 지나 114개의 계단을 오르면 바로 만수산의 불향각이 나온다. 높은 언덕 위에 자리한 3층 팔각탑인 불향각에서 서태후는 매월 음력 초하루와 보름날이면 향을 피우고 예불을 드렸다고 한다.

이화원

7

배운전 排云殿

파이윈뎬 | pái yún diàn

배운전은 건륭제가 최초로 건설한 대보은연수사大报恩延寿寺라는 황실 사찰의 대웅전이었다. 1860년 전소한 것을 서태후가 궁전 용도로 재건한 배운전은 정전正殿임에도 불구하고 황제가 아닌 서태후의 생일 잔치를 벌였던 곳이다. 이곳의 유물들은 서태후의 칠순 기념으로 중국 전역에서 들어온 선물이다.

이화원

8

곤명호 昆明湖

쿤밍후 | kūn míng hú

이화원이 품고 있는 넓은 호수, 곤명호. 더욱 놀라운 것은 70만 평에 달하는 곤명호가 인공 호수라는 것이다. 이 호수를 만들기 위해 10만여 명의 인력이 동원되었고, 이때 퍼낸 흙을 쌓아 만수산을 만들었다. 그리고 그 위에 이화원을 한눈에 내려다볼 수 있는 불향각을 세웠다고 하니 믿기 힘든 사실이다. 만리장성만큼이나 불가사의한 일이다. 하지만 곤명호는 누구나 볼 수 있는 호수가 아닌 황제만이 볼 수 있는 황제의 전유물이었다.

More & More

서태후의 어리석음이 만든 호수

곤명호는 최초에는 관개용 저수지로 만들어진 것을 건륭제가 항주에 있는 서호西湖를 본따 개조하여 그 이름도 '서호'라 불렀다. 건륭제의 손을 거친 곤명호는 한층 더 아름답고 고풍스러워졌으나 서양 세력에 의해 무참하게 짓밟히고 만다. 그 후 이곳을 서태후가 복원하려 했지만, 당시 나라가 어려운 상황이라 누구도 찬성하지 않았다. 그때 서태후는 서양 세력 침입에 대비하기 위한 수군 훈련용 인공 연못을 만든다는 명분을 내세웠고 그로 인해 엄청난 국방비를 들여 기존 호수보다 두 배나 큰 곤명호가 완성되었다. 실제로 곤명호에서는 수군 훈련이 이루어졌다고 한다. 그러나 후에 청일전쟁이 일어나자 베이징에 있는 전함을 천진까지 이동하는 동안 중국 해군이 전멸했다고 하니 이는 정말 어리석은 일이 아닐 수 없다.

이화원

9

불향각 佛香阁

포샹거 | fó xiāng gé

만수산 중턱에 자리한 불향각과 곤명호는 이화원의 상징이다. 불향각은 3층 4겹의 처마 지붕으로 산등성이에 높이 세워져 있어 그 웅장함을 자랑한다. 본래는 9층 석탑을 세울 계획이었으나 거의 완성될 무렵 건륭제의 마음이 변해 불당으로 변경되었다. 지금의 모습은 서태후에 의해 재건된 것이다. 불향각에서 이화원을 내려다보면, 서태후가 왜 그토록 이화원을 사랑했는지 알 수 있다.

이화원

10

청안방 清晏舫

칭옌팡 | qīng yàn fǎng

만수산 서쪽 기슭에는 길이 36m의 대리석으로 만든 배인 청안방이 있다. 중국에는 '임금은 배이고, 백성은 그 배를 받치는 물'이란 말이 있다. 백성들은 배를 받치고 있지만 때에 따라서 언제든지 배를 뒤집을 수 있다는 뜻인데 오만한 건륭제는 바닥에 4개의 기둥을 대고 돌로 만든 배를 곤명호에 띄웠다. 어떠한 풍랑, 물결에도 뒤집히지 않겠다는 뜻이다. 청나라가 망해가는 줄도 모르고 서태후는 밤마다 청안방 누각에 올라 시를 읊고 가무를 즐겼다. 매일 밤 청나라는 이화원과 함께 망해가고 있었던 것이다.

이화원

⑪

동우 铜牛

퉁뉴 | tóng niú

십칠공교 앞에 있는 동铜으로 만든 소이다. 동우는 풍수지리에 의해 곤명호가 넘치는 것을 막기 위해 제작됐다. 한때, 동우가 금으로 만들어졌다는 헛소문이 돌아 연합군이 이화원을 약탈할 때 금으로 만든 소를 찾아 헤맸다고 한다. 동우 등에 새겨진 글씨는 건륭제의 친필이다.

이화원

⑫

십칠공교 十七孔桥

스치쿵차오 | shí qī kǒng qiáo

곤명호 위에 떠 있는 작은 섬 남호도南湖岛를 연결하는 다리가 십칠공교다. 아치형 돌다리 밑의 교각과 교각 사이에 17개의 구멍이 나 있기 때문. 150m 길이의 돌다리 난간에 있는 544마리의 사자상 중에는 동일한 조각상이 하나도 없다. 마음에 드는 표정 앞에서 인증샷도 찍어 보고, 정자에 앉아 곤명호에 비친 불향각의 모습을 감상하면서 잠시 쉬어 가자.

이화원

⑬

소주가 苏州街

쑤저우제 | sū zhōu jiē

소주가는 이화원에 있는 중요한 볼거리 중 하나로 건륭제 때에는 '장터'라고도 하였다. 이름만 들어도 알 수 있듯이 양자강 이남에 있는 물의 도시, 소주苏州의 풍경에 반하여 만든 거리이다. 전체 길이는 약 300m로 가운데 물을 사이에 두고 양쪽으로 60여 개의 점포가 들어서 있다. 순전히 황제의 후궁과 비빈들을 위한 장터였던 곳이 지금은 찻집, 약국, 모자가게, 액세서리가게, 스낵 코너 등이 들어서 옛 모습을 재현하고 있다. 1860년, 영국 · 프랑스 연합군에 의해 불타 없어졌으나 1990년 다시 복원되었다.

♦

지하철 시위안 역 출구C1 또는 C2로 나오면 푸드코너가 있다. 스타벅스, 맥도날드, KFC, 피자헛, 서브웨이, 라면, 샤부샤부, 빵집, 중국식 패스트푸드, 한식 철판요리 등 가볍게 식사를 하거나 커피 한 잔으로 쉴 수 있는 곳이다. 이화원에 들어가면 마땅한 먹거리가 없으니 들어가기 전, 또는 다른 여행지로 이동하기 전에 잠시 쉬어가는 것도 좋다.

Eastern Part of Beijing

베이징 동부

企业银行
北京分行

1 더 웨스틴 베이징 차오양 호텔 The Westin Beijing Chaoyang Hotel
2 켐핀스키 호텔 베이징 루프트한자 센터 Kempinski Hotel Beijing Lufthansa Center
3 베이징 랜드마크 호텔 Beijing Landmark Hotel
4 더 그레이트 월 쉐라톤 호텔 The Great Wall Sheraton Hotel
5 인터컨티넨탈 베이징 싼리툰 InterContinental Beijing Sanlitun
6 트레이더스 호텔 베이징 바이 샹그릴라 Traders Hotel Beijing by Shangri-La
7 샹그릴라스 차이나 월드 호텔 Shangri-La's China World Hotel
8 지안구오 호텔 Jianguo Hotel
9 뉴 오타니 창 푸 공 호텔 New Otani Chang Fu Gong Hotel
10 하워드 존슨 파라곤 호텔 베이징 Howard Johnson Paragon Hotel Beijing
11 이너 몽골리아 그랜드 호텔 Inner Mongolia Grand Hotel
12 베이징 노보텔 신차오 호텔 Beijing Novotel Xinqiao Hotel
13 W 베이징 창안 호텔 W Beijing Chang'an Hotel
14 베이징 고텔 캐피털 호텔 Beijing Gotel Capital Hotel
15 소피텔 완다 베이징 호텔 Sofitel Wanda Beijing Hotel
대망경공원 大望京公园
왕징소호 望京SOHO
망경공원 望京公园
동황 호텔(구 퀄리티 호텔) Donghuang Hotel
홀리데이 인 베이징 포커스 스퀘어 Holiday Inn Beijing Focus Square
다산쯔 798 예술구
리두 화원
사덕공원 四德公园
베이징 지앙 타이 아트 호텔 Beijing Jiang Tai Art Hotel
량마차오 역 亮马桥 站
대한민국 대사관 大韩民国驻中国大使馆
지단공원 地坛公园
융허궁 역 雍和宫 站
오도영 호동 五道营胡同
국자감 国子监
공묘 孔庙
옹화궁 雍和宫
쿤룬 호텔 Kunlun Hotel
람색항만 蓝色港湾 (SOLANA)
귀가 簋街
농업전람관 农业展览馆
남라고항 南锣鼓巷
판다브루 PANDA Brew
싼리툰 빌리지
베이징 아시아 호텔 Beijing Asia Hotel
퇀제후 역 团结湖 站
스위소텔 홍콩 마카오 센터 Swissotel Hong Kong Macau Center
베이징공인체육장 北京工人体育场
샤부샤부 呷哺呷哺
부국해저세계 富国海底世界
경산공원 景山公园
단결호공원 团结湖公园
금정헌 金鼎轩
홍령건공원 红领巾公园
초강남 俏江南
동악묘 东岳庙
조양극장 朝阳剧场
샤부샤부 呷哺呷哺
Blue Frog 蓝蛙
더 플레이스 世贸天阶
그랜드 밀레니엄 베이징 호텔 Grand Millennium Beijing Hotel
고궁박물원 故宫博物院
일단공원 日坛公园
CCTV본사 中央电视台 总部大楼
국무상성 国贸商城
동래순 东来顺
초강남 俏江南
수수가 秀水街
애강산 爱江山
금정헌 金鼎轩
금정헌 金鼎轩
고관상대 古观象台
건외소호 建外SOHO
파크 하얏트 베이징 Park Hyatt Beijing
금일미술관 & 22원가예술구 今日美术馆 & 22院街艺术区
펜타 호텔 베이징 Penta Hotel Beijing
N
천단공원 天坛公园
용담공원 龙潭公园
베이징 동부
반가원 골동품시장 潘家园旧货市场
판자위안 역 潘家园 站
금면왕조 金面王朝
Happy Valley

01

베이징의 유행을 선도하는 거리 **궈마오 역**

国贸站

중국 경제성장의 동력원이 모인 곳이 바로 베이징 CBD(Central Business District)이다. 베이징 CBD는 서쪽 동대교로(东大桥路)부터 동쪽 서대망로(西大望路)까지, 남쪽은 통혜하(通惠河)에서 시작하여 북쪽 조양로(朝阳路)까지의 구역을 말한다. 이곳은 모토로리, HP, 삼성, 도이치뱅크 등 세계 500대 기업의 중국 소재지이다. 이뿐만 아니라 CCTV, 금융, 보험, 부동산, 인터넷 등 첨단 기업의 소재지이기도 하다. 궈마오 역을 중심으로 펼쳐진 세계 굴지 기업들 속에 국무상성과 건외소호가 있으며 그 사이로 CCTV 본사가 우뚝 솟아 있다.

이곳은 명품관 중심의 쇼핑 거리이지만 수수가와 같은 짝퉁시장과 쇼핑몰 더 플레이스도 인근에 자리하고 있다. 또한, 금일미술관과 베이징 서커스의 대명사인 조양공원도 있어 베이징의 전통문화도 함께 즐길 수 있다. 초고층 빌딩 숲의 럭셔리한 느낌 속에 편안함이 묻어 있는 문화와 쇼핑의 거리를 차분하게 둘러보자.

여행 Tip

- □ 베이징의 명품관을 가보고 싶다면 궈마오 역으로 가자.
- □ 건외소호에서 작지만 트렌디한 소품과 액세서리를 쇼핑하고 스타벅스에 들러 베이징 직장인들의 일상 속 휴식을 즐겨 보자.
- □ 국무상성에서 쇼핑과 맛집을 찾아 살펴 보자. 또는 맞은 편 파크 하얏트 베이징에서 아름다운 베이징 도심 야경을 구경하며 술 한잔하는 것은 어떨까?

★ 추천 일정 체크
베이징의 핫스폿 만끽 코스(4~6시간)

지하철 궈마오 역(10호선) ▶ 반가원 골동품시장(30분~1시간) ▶ 솽징 역(10호선) ▶ 도보(10분) ▶ 금일미술관 & 22원가예술구(30분~1시간) ▶ 궈마오 역 ▶ 건외소호 & 국무상성(1시간) ▶ 진타이시자오 역(10호선) ▶ CCTV 본사 ▶ 도보(10분) ▶ 더 플레이스(30분~1시간) ▶ 일단공원 ▶ 수수가(1시간) ▶ 용안리 역(1호선)

선택 1 조양극장 베이징 서커스 관람

Sightseeing ★★★

❶

반가원 골동품시장 潘家园旧货市场

판자위안 지후오스창 | pān jiā yuán jiù huò shì chǎng

반가원 골동품시장은 중국 최대 규모를 자랑한다. 고서적, 서예품, 그림, 문방사우, 도자기, 목제가구, 각종 액세서리 등을 파는 4,000여 개 점포가 이곳에 밀집해 있다. 중국 전역에서 올라온 물건뿐만 아니라 중국 소수민족 특산품도 판매하고 있으니 조금 과장하자면 반가원에 없는 것은 중국에서 찾아볼 수 없다고 할 수 있다. 하지만 제품 대부분이 복제품이거나 가짜이며 골동품의 경우에도 전문가가 아니라면 판단하기 어려울 만큼 정교한 제품들이 가득하다. 특히 고가의 제품은 국외 반출에 엄격한 만큼 구입을 삼가는 것이 좋으며 가벼운 마음으로 기념품을 사기에 적당하다.

주소 北京市朝阳区华威里18号 (潘家园桥西南)

운영 08:30~18:00(월~금)
04:30~18:00(토~일)

요금 무료

위치 **지하철** 10호선 판자위안 역潘家园 站 출구C와 연결 또는 출구B에서 도보 5분 이내

♦
판자위안 역에서 나오면 거리에 노점상들이 길게 늘어서 있다. 주말이면 물건을 구경하는 것도 쉽지 않으니 가능하다면 이른 아침에 방문하도록 하자.

More & More

1. 벽돌공장에서 골동품시장으로

본래 판자위안은 벽돌과 기와를 만드는 작은 마을이었다. 중국에서는 가마를 '야오窑'라 하는데 여기에 주인 성씨를 붙여 마을 안의 가마를 구별했다고 한다. 그중 판潘 씨 집안이 운영하는 가마인 판자야오潘家窑가 특히 유명했다.

본래 유리기와를 만드는 장인이던 판 씨는 토질이 유리기와를 만들기에 적당치 않다고 판단해 벽돌로 업종을 바꾸었고, 기존 업체와의 경쟁이 치열했던 터라 벽돌의 품질을 높이는 것뿐만 아니라 가까운 곳에 사는 구매자에게는 무료로 벽돌을 배송해 주는 등 남다른 영업 전략을 실행했다. 그 결과 판가네 벽돌 공장은 동네에서 가장 유명한 가마로 통하게 되었으나 벽돌 생산에 흙을 너무 쓴 나머지 판자야오 일대는 폐허로 변했다. 할 수 없이 판가네 벽돌 공장은 문을 닫고, 지금의 반가원 일대로 자리를 옮겼다. 보통 기생집 또한 '야오'라고 불렀기 때문에, 주거지와 어울리는 '뜰, 정원'이란 뜻의 '위안园'을 붙여 지금의 '판자위안潘家窑'이 되었다.

2. 판자위안과 도깨비시장

판자위안은 아직 날이 밝지 않은 새벽에 열리는데 희미한 불빛 아래 사람의 그림자만 움직이는 모습이 마치 도깨비가 움직이는 것처럼 보인다고 해서 '도깨비시장鬼市'이라고도 불린다. 이곳은 일찍이 청나라 말기에서 민국 초기 때 형성되었는데 청나라의 국운이 쇠하면서 수많은 고위급 관리들의 가세도 함께 기울어져 일부 부잣집 자제들이 유용비 마련을 위해 집안의 골동품을 시장에 가져와 몰래 팔았다고 한다. 그러나 이 또한 품위를 손상하는 일인지라 새벽 3~4시 경에 등불을 들고 와서 물건을 거래했는데 어둠 속에서 몰래 상품을 거래한다고 하여 '도깨비시장'이라 불렸던 것이다. 이후 도깨비시장은 몰락한 고관대작들이 모여 비밀리에 상품을 거래하는 장소를 뜻하는 대명사가 되었다.

Sightseeing ★★☆

2

금일미술관 & 22원가예술구 今日美术馆&22院街艺术区

찐르메이슈관 & 22위엔지에 이수추 | jīn rì měi shù guǎn & 22 yuàn jiē yì shù qū

금일미술관은 탁 트인 공간과 자동 조명, 멀티미디어 시스템 등 최고급 시설을 갖춘 미술관이다. 건축가 왕후이王晖에 의해 베이징 맥주 공장의 보일러실이 현대 미술품을 전시하는 공간으로 재탄생했다. 입구에는 위민준岳敏君 작가의 익살스러운 동상이 있다. 다양한 자세와 호탕한 미소의 아저씨 동상은 언제 보아도 즐겁다. 건물 옥상에는 삼십 명의 사람들을 조각한 동상이 있는데, 이는 마치 '오늘은 무엇을 전시하나? 누가 찾아오나? 발 아래 저 아저씨들은 뭐가 그리 즐거울까?'라는 생각을 하는 듯하다. '오늘의 미술관'이라는 뜻의 금일미술관은 다른 전시장과 달리 상설전시가 없고, 비영리 작가전만을 고집하고 있다. 미술관 주변에 있는 22원가예술구에는 창의력 넘치는 작가들의 작품이 설치되어 있다. 카페, 공방, 레스토랑, 기념품숍 등도 있다(전시가 자주 바뀌므로, 여행 일정에 맞추어 내용을 확인하고 방문하자).

주소 北京市朝阳区百子湾路32号华果社区4号楼今日美术馆

운영 10:00~18:00

요금 20元(특별 전시 별도)

홈피 www.todayartmuseum.com

위치 **지하철** 10호선 솽징 역双井站 출구B2에서 도보 10분 이내

Tip 택시로 찾아가기

我想要去今日美术馆,
请把我送到那附近
(百子湾路和黄木厂路交界处)。

Sightseeing ★★☆

3

건외소호 建外SOHO

지엔와이소호 | jiàn wài SOHO

도심 속 하얀 빌딩 숲인 건외소호는 이국적 느낌을 물씬 풍겨 사실 베이징과는 잘 어울리지 않는 곳이다. 한창 쇼핑의 메카로 떠오르고 있는 이곳은 베이징 경제지구인 '베이징 CBD' 안에 있는데 이는 베이징상무중심구北京商务中心区, Beijing Central Business District의 약칭으로 모든 중국 경제가 이곳에 집중되어 있다고 할 수 있다. 그 한가운데 궈마오 역이 있고, 그 앞에 건외소호가 있다. 야마모토 리켄Yamamoto Riken이 디자인한 건외소호는 18개 동의 초대형 오피스텔 단지에 쇼핑센터, 레스토랑 등이 있는 복합쇼핑몰이다. 만남의 장소, 스타벅스와 다양한 음식점, 그리고 독특한 아이템이 가득한 빈티지 매장, 각종 보석과 명품을 판매하는 매장 탓에 많은 사람들이 이곳을 찾고 있다.

주소 北京市朝阳区东三环中路39号
운영 24시간
요금 무료
위치 **지하철** 1호선 궈마오 역国贸 站 출구C에서 도보 5분

건외소호

1

파크 하얏트 베이징 北京柏悦酒店

베이징바이예지우뎬 | běijīng bǎi yuè jiǔ diàn

63층에 로비가 있는 파크 하얏트 베이징은 감각적인 디자인과 시설을 갖추고 있는 부티크 럭셔리 호텔이다. 이곳은 37층부터 49층까지 237개의 객실을 갖추고 있으며 특히 65층에 위치한 바와 66층에 위치한 레스토랑은 통유리 너머로 베이징의 전경을 즐길 수 있어 인기가 많다. 또한 세계적인 인테리어 회사인 슈퍼 포테이토Super Potato가 디자인한 6층의 파크 라이프Park Life에는 피트니스 센터, 고급스러운 분위기의 바인 XIU(秀), 레스토랑 등이 있다. 66층 로비를 통해 바로 내려가서 간단한 음료와 함께 야경을 보는 것도 좋다.

주소 北京市朝阳区建国门外大街2号北京柏悦酒店

Sightseeing ★★☆

4

국무상성 国贸商城

귀마오상청 | guó mào shāng chéng

국무상성은 중국 국제무역센터의 핵심이다. 1990년에 브랜드 전문 매장을 처음으로 도입한 종합쇼핑몰로 이곳은 때로 백화점의 역사와도 같다. 2010년 쇼핑몰 3개가 개업을 하면서, 쇼핑몰의 전체 면적은 10만㎡, 입주 업체는 약 300개가 되었다. 세계적인 명품 매장과 최신 트렌드를 반영한 극장, 서점 및 슈퍼마켓 등 다양한 매장이 있다. 특히 실내 스케이트장은 젊은이들이 국무상성을 찾는 또 다른 이유이다.

주소	北京市朝阳区建国门外大街1号国贸商城
운영	09:00~22:00
요금	무료
위치	**지하철** 1호선 궈마오 역国贸站 출구A에서 직접 연결

국무상성

1

국무 스케이트장 国贸溜冰场

궈마오 류빙창 | guó mào liū bīng chǎng

우리나라 목동이나 잠실 스케이트장과 비교하면 다소 왜소해 보일 수도 있지만, 베이징 도심 번화가 한복판에 있는 대형백화점에서 스케이트를 즐길 수 있다는 점이 가장 큰 매력이다. 국무상성 지하 2층에 있다.

주소	北京市朝阳区建国门外大街1号国贸商城区域2B2楼
요금	**월~목요일** 10:00~18:00 30元/90분 18:00~22:00 40元/90분 **금요일** 10:00~18:00 30元/90분 18:00~22:00 50元/90분 **주말 · 공휴일** 10:00~22:00 50元/90분
홈피	www.lecoolicerink.com
위치	**지하철** 1호선 궈마오 역国贸站 출구E로 연결

국무상성 대표 맛집

초강남

국무상성에는 곳곳에 맛집이 흩어져 있다. 그중에서도 사천요리를 전문으로 하는 초강남(俏江南, 챠오쟝난)을 추천한다. 경극 마스크와 같은 로고가 달린 곳을 찾아가면 되는데 이곳은 중국 전통 사천요리를 기초로 광동요리와 담씨 관청요리谭氏官府菜의 요소를 융합한 곳이다. 국무상성에 첫 식당을 열고 베이징, 상하이, 톈진, 청두, 선전, 쑤저우, 칭다오, 난징, 선양, 허페이 등 여러 지역에 70여 개 분점을 열었다. 초강남그룹俏江南集团은 초강남과 LAN Club, SUBU 세 개의 고급 브랜드를 가지고 있다. 고전적인 중국 식당과 달리 초강남에서는 보다 쉽게 중국 정통 사천요리를 즐길 수 있다.

❶ 국무 점 国贸中心店 추천

주소 北京市朝阳区建外大街1号 国际贸易中心西配楼 2层

전화 010-6505-0809

위치 지하철 1호선 국무 역 출구A

❷ 동방광장 점 东方广场 店 추천

주소 北京市东城区东长安街1号 东方广场B1层

전화 010-8518-6971

위치 지하철 1호선 왕부정 역 출구B, 동방신천지 지하 1층

❸ 서단 점 西单 店

주소 北京市西城区, 华远街7号 楼7-1号置地星座

전화 010-5851-8499

위치 지하철 1호선 서단 역 출구 F1 도보 10분 이내

❹ 세계무역센터 점 环球贸易中心 店

주소 北京市东城区北三环东路36号 北京环球贸易中心D座2层

전화 010-8427-5866

위치 지하철 5호선 화평서교 역 출구A에서 도보 10분

❺ 평연광장 점 丰联广场 店

주소 北京市朝阳区朝阳门外大街18号 丰联广场F2

전화 010-6588-9606

위치 지하철 2 · 6호선 차오양먼 역 출구E에서 도보 10분

❻ 조양문 점 朝阳门 店

주소 北京市朝阳区朝阳外大街18号 丰联广场二层

전화 010-6588-9606

위치 지하철 2호선 조양문 역 출구A에서 도보 5분 이내

❼ 취미광장 점 翠微广场 店

주소 北京市海淀区29号 翠微广场502店铺

전화 010-8823-9555

위치 지하철 1 · 10호선 공주방 역 출구 A1에서 도보 5분 이내

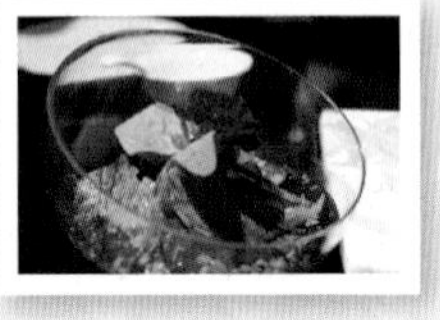

Sightseeing ★☆☆

5

CCTV 본사 中央电视台 总部大楼

쫑양뎬시타이 쫑부따루 | zhōng yāng diàn shì tái zǒng bù dà lóu

중국 공영방송국인 중앙방송국 CCTVChina Central Television는 중국에서 가장 중요한 신문 언론사이자 중화인민공화국 국가 방송국이다. 2008년 올림픽에 맞춰 개관한 CCTV는 세계적인 건축 설계사 렘 콜하스Rem Koolhaas의 작품이다. 그는 두 건물을 이어 큰 대大 자를 형상화하여 중국을 나타내려 했다. 하지만 한번 봐서는 잘 이해하기 힘든 독특한 디자인으로 심지어 많은 중국인들이 건물 형태가 마치 변기에 앉은 모습과 같다고 민원을 쏟아내기도 했다. 높이 234m, 지상 52층의 두 개의 빌딩은 양측에서 안쪽으로 6도 정도 기울어져 있으며 163m 이상부터는 L형 캔틸레버Cantilever로 연결되어 일체를 이루는 독특한 구조이다. 독특한 디자인 탓에 건설비만 50억 元이 들었는데, 아쉽게도 2009년 2월 9일 옆 건물에서 정월 대보름 폭죽을 터트리다가 화재를 내고 말았다. 이후 보수를 마치고 2012년 5월 16일에 다시 완공했다. 외부인은 각종 프랜차이즈 레스토랑 및 카페가 있는 내부 상업 구역까지만 들어갈 수 있다.

주소 北京市朝阳区东三环中路32号
운영 10:00~18:00
요금 무료
위치 **지하철** 10호선 진타이시자오 역 金台夕照 站에서 출구C 도보 2분 이내

Sightseeing ★★★

6

조양극장 朝阳剧场

차오양쥐창 | cháo yáng jù chǎng

중국 서커스라고 하면 상하이 서커스가 대표적이지만 베이징에도 서커스 극장이 있다. 중국어로는 '잡기杂技'라고 부른다. 말 그대로 여러 가지 다양한 기술이다. 상하이 서커스가 화려한 고난도 기술을 보여주는 반면, 베이징 서커스는 가장 기본적인 공연을 펼쳐 보인다. 75분간의 공연이지만 긴장감의 완급을 조절하는 프로그램으로 시간이 무척 짧게 느껴진다. 의자 높이 쌓기, 접시 돌리기, 춤과 텀블링, 모자와 우산으로 하는 묘기, 자전거 묘기, 그리고 마지막 하이라이트인 오토바이 묘기까지 보는 내내 긴장감을 늦출 수 없다.

주소 北京市朝阳区东三环北路36号
운영 16:00~17:00, 17:30~18:30, 19:00~20:00
요금 240~750元
홈피 www.caoyangtheatre.com
위치 **지하철** 10호선 후자러우 역呼家楼 站 출구C1에서 도보 1분 이내

♦
요금이 비싸니 가능한 한 인터넷으로 예약해 할인 혜택을 챙기자.

영안리와 동대교

스위소텔 홍콩 마카오 센터
Swissotel Beijing · Hong Kong · Macau Center
베이징 아시아 호텔
Beijing Asia Hotel
취룽화원
聚龙花园
동사올림픽사구공원
东四奥林匹克社区公园
부국해저세계
富国海底世界
朝外北街
工人体育场东路
단결호공원
团结湖公园
금정헌
金鼎轩
차오양먼 역
朝阳门 站
샤부샤부 呷哺呷哺
부공부
孚王府
东直门北小街
산수박궁
山水铂宫
동따차오 역
东大桥 站
朝阳门外大街
동쓰 역
东四 站
초강남
俏江南
동악묘
东岳庙
Blue Frog
蓝蛙
곤태상성
昆泰商城
후자러우 역
呼家楼 站
조양극장
朝阳剧场
샤부샤부
呷哺呷哺
은하소호
银河SOHO
딘타이펑
鼎泰丰
东直门南小街
朝外市场街
중화인민공화국외교부
中华人民共和国外交部
朝阳北路
조외소호
朝外SOHO
엘리먼트 프레시
Element Fresh
金桶东路
북한대사관
朝鲜大使馆
日坛北路
세계성
世界城
덩스커우 역
灯市口 站
지화사
智化寺
CBD
역사문화공원
CBD历史文化公园
진타이시자오 역
金台夕照 站
일단공원
日坛公园
朝阳门内大街
日坛路
더 플레이스
世贸天阶
구택원
旧宅院
중국삽영박물관
中国摄影博物馆
건국문사구박물관
建国门社区博物馆
그랜드 밀레니엄 베이징 호텔
Grand Millennium Beijing Hotel
CCTV본사
中央电视台 总部大楼
光华路
비비고 必品阁
소남국 小南国
골든 재규어 Golden Jaguar
비등어향 沸腾鱼乡
우표우정박물관
邮票邮政博物馆
중국부녀아동박물관
邮票邮政博物馆
朝阳北小街
비비고
必品阁
트레이더스 호텔 베이징 바이 샹그릴라
Traders Hotel Beijing by Shangri-La
초강남
俏江南
국무상성
国贸商城
지안구오 호텔
Jianguo Hotel
동단 역
东单 站
동래순
东来顺
젠궈먼 역
建国门 站
수수가
秀水街
샹그릴라스 차이나 월드 호텔
Shangri-La's China World Hotel
궈마오 역
国贸 站
소피텔 완다 베이징 호텔
Sofitel Wanda Beijing Hotel
建国门内大街
중량광장
中粮广场
고관상대
古观象台
뉴 오타니 창 푸 공 호텔
New Otani Chang Fu Gong Hotel
용안리 역
永安里 站
금정헌
金鼎轩
건외소호
建外SOHO
이너 몽골리아 그랜드 호텔
Inner Mongolia Grand Hotel
베이징 역
北京 站
W 베이징 창안 호텔
W Beijing Chang'an Hotel
애강산
爱江山
파크 하얏트 베이징
Park Hyatt Beijing
베이징 고텔 캐피털 호텔
Beijing Gotel Capital Hotel
금정헌
金鼎轩
건외소호 서구
建外SOHO 西区
하워드 존슨 파라곤 호텔 베이징
Howard Johnson Paragon Hotel Beijing
반가원 골동품시장
潘家园旧货市场
금일미술관
今日美术馆

7

더 플레이스 世贸天阶
스마오톈제 | shì mào tiān jiē

더 플레이스The Place는 아시아 최초이자 세계에서 두 번째로 큰 LED 스크린이 있다. 길이만 무려 250m, 너비 30m에 이르는 초대형 LED 스크린은 2억 5천만 元(약 500억 원)을 투자한 것으로 할리우드 무대설계가 제레미 레일튼Jeremy Railton이 설계했다. 이곳에 사용된 모든 기술은 라스베이거스의 와이드 스크린을 능가한다. 매일 밤 우주, 바다, 풍경, 뉴스 등 화려한 영상과 다양한 볼거리를 제공한다. 하늘에는 화려한 조명과 영상이 비치고 주변에는 유럽풍의 멋진 인테리어가 배경이 되니 인증샷은 필수다. 가전제품 샤오미XiaoMi 매장도 많은 관광객이 찾는다.

주소 北京市朝阳区光华路9号, 地处东大桥路东侧

운영 10:00~22:00 (LED 점등 여름 19:30~22:00, 겨울 18:00~22:00)

요금 **지하철** 직접 연결되는 노선 없음. 1호선 용안리 역 출구C에서 도보 15분, 10호선 진타이시자오 역金台夕照站 출구D에서 도보 10분 또는 동따챠오 역东大桥站 출구D에서 도보 10분(주변 관광 코스에 따라 접근 방식 선택)

Tip 택시로 찾아가기
请把我送到世贸天阶(东大桥路东侧)。

More & More
더 플레이스 맛집 투어

CJ의 비비고必品阁, 상하이음식 전문점인 소남국小南国과 엄청난 종류의 음식을 제공하는 뷔페 골든 재규어Golden Jaguar, 그리고 사천식 생선요리 전문점인 비등어향沸腾鱼乡이 있다. 또한 대형 LED 아래에는 파리바게트가 있고, 지하 1층에는 일본식 카레 전문점 CoCo, 인도음식 전문점 갠지스Ganges, 후난식 요리 전문점 상친상애湘親湘爱, 그리고 한국음식 전문점인 피자마루Pizza Maru가 있다.

1. 세계성 World City, 世界城

더 플레이스 유니클로UNIQLO 매장 뒤편에 세계성이 있다. 이곳에는 건물 양쪽으로 중국식으로 한국요리를 만드는 한 스카오로우韩时烤肉, 매콤한 사천식 요리 전문점인 마라샹궈麻辣香锅, TGIF와 스타벅스가 있고, 반대편에는 노천에서 맥주를 마실 수 있는 Bar & Grill과 파파존스, 태국요리를 파는 라임Lime, 버거킹과 베이징 훠궈를 파는 식당 등 많은 음식점이 있다. 초입에는 우리나라에서 인기가 많은 '눈꽃빙수'가 있다. 짧은 거리지만 많은 먹거리와 쇼핑몰, 그리고 멀티플렉스 영화관 등이 밀집되어 있는 복합 쇼핑몰이다.

2. 비비고 必品阁

한국의 전통 비빔밥을 베이징에서도 먹을 수 있다. 한국 CJ 그룹의 비비고가 빠르게 확산되고 있기 때문. 중국에서는 '비핀거'라고 한다. 메뉴판에는 한글과 중문이 함께 적혀 있으며 베이징 제3공항 터미널을 비롯하여 리두공원, 더 플레이스, 그리고 국무상성에 지점이 있다.

Sightseeing ★★★

8

수수가 秀水街

슈수이제 | xiù shuǐ jiē

수수가는 1989년부터 길거리에 손수레나 좌판을 펴고 물건을 팔기 시작하던 곳이었다. 1997년만 해도 우리나라 남대문시장처럼 길 양옆으로 늘어선 조그만 상점에서 호객 행위를 하는 상인들과 흥정하는 손님들로 활력이 넘치던 곳이었다. 하지만 지금은 백화점과 같이 깔끔한 모습으로 바뀌었다.
수수가를 더욱 유명하게 만든 것은 이미테이션 상품이다. 진품과 매우 비슷해 많은 관광객들이 대량으로 구입해 지인 선물용으로 사용하는 경우도 많다. 하지만 이곳의 상인들은 자신들이 판매하는 제품에 대한 자부심이 대단하다. 비록 모조품이지만 질적으로 우수하기 때문에 진품에 비해 절대로 품질이 떨어지지 않고 무엇보다도 가격 경쟁력을 갖추고 있다고 말한다. 상가 입구에 붉은 글씨로 적힌 '합리적인 가격과 국제적인 품질'이 이를 대변해주고 있는 것 같다.
이제는 전 세계 여행객들의 핫스폿으로 떠올라 대형 주차장은 관광버스로 늘 붐빈다. 특히 이곳에서는 중국어를 몰라도 고민할 필요가 없다. 점원들이 어느 나라 손님인지 즉시 알아보고 외국어로 대응하기 때문. 주된 판매 품목은 의류, 가방, 시계, 실크, 캐시미어, 소형 가전, 수공예품 및 진주 등이며 특히 이미테이션 제품은 종류도 다양하고 가격도 저렴하다.

주소 北京市朝阳区秀水东街8号
운영 09:30~21:00
요금 무료
위치 **지하철** 1호선 용안리 역永安里站 출구A에서 직접 연결

♦
층별 판매 상품
지하 1층 가죽제품, 가방, 지갑, 신발, 모자, 장갑, 벨트, 환전소 등
1층 남녀 캐주얼 의류, 스포츠, 캐시미어(외국인 선호)
2층 남성/여성용 패션용품, 유명 브랜드, 환전소 등
3층 중국의류, 침구용품, 의류원단, 아동용품, 내의, 완구, 기념품 등
4층 진주, 보석, 귀금속, 선글라스, 그림/서예, 시계, 골프용품, 가전제품, 아웃도어용품, 차, 디지털용품, 환전소 등
5층 보석, 중국전통 기념품, 유리장식, ATM 등
6층 푸드코너, 수입품 마켓

More & More
수수가에서 득템하는 노하우

1. 본격적인 쇼핑 전, 구매할 제품 종류를 정한다. 특히 구매하고자 하는 상품의 디자인이나 브랜드를 사전에 몇 가지 정해야 한다. 그것만이 엄청난 호객 행위에서 스스로를 보호할 수 있는 방법이다.

2. 일단 동일 제품을 파는 2~3곳을 둘러보면서 평균 가격대를 파악하자. 그리고 마음에 드는 점원이나 상점이 있으면 그때부터 흥정을 시작하면 되는데 모든 대화가 계산기를 통해 이루어지는 만큼 첫 흥정 가격이 중요하다. 제품마다 차이가 있지만 처음 부르는 가격에서 평균 60~80% 인하된 가격으로 대응을 시작하면 무난하다. 흥정도 능력이지만 흥정하는 과정 자체를 즐겨볼 것을 권한다.

3. 싸게 사는 것도 중요하지만, 가격이 어느 정도 구체화되면 적당한 선에서 구매를 해야 한다. 이 점이 제일 중요하다. 간혹 한국 사람들이 흥정은 흥정, 구매는 구매라는 식으로 힘껏 흥정한 다음에 구매를 하지 않는 경우가 종종 있다. 그래서 한국 사람이 오면 싫어하는 곳도 있으니 때로는 알고도 속고, 모르고도 속아야 쇼핑이 즐겁다.

♦
모조품이라고 해서 무조건 나쁘게 생각하지 말자. 특히, 캐시미어나 실크 등 몇몇 제품은 가격 대비 품질이 괜찮은 것도 많다. 하지만 과하면 국내 입국 시 문제가 될 수도 있으니 과소비는 금물이다.

Sightseeing ★☆☆

9

일단공원 日坛公园

르탄궁위안 | rì tán gōng yuán

일단공원은 유명한 문물 고적인 '오단五坛' 중 하나로 명 · 청시대 황제들이 태양신에게 제사를 드리던 곳이다. 1530년에 지어졌지만 일본의 식민통치 하에서 고대 건축물은 모두 소멸하거나 도둑맞아 폐허로 남았다. 최근 몇 년간의 복원으로 고대 문화 유적 위에 현대적 시설을 추가하여 본래의 모습을 갖추게 되었다. 특히 수백 년 된 나무들과 그 속에 자리한 정자는 고된 베이징 여행에 잠시나마 평화로움을 안겨주는 곳이다.

주소 北京市朝阳区日坛北路6号
운영 06:00~21:00
요금 무료
위치 **지하철** 1호선 용안리 역永安里站 출구A 또는 젠궈먼 역建国门站 출구B에서 도보 10~15분

♦
천단天坛은 고궁을 중심으로 동남쪽에 있고, 지단地坛은 북쪽 안정문외대가安定门外大街 부근에, 일단日坛은 조양문朝阳门 밖 동남쪽에, 그리고 월단月坛은 서쪽 부성문阜城门 밖 남쪽에 있다. 그러면 마지막 다섯 번째는 어디에 있을까? 바로 고궁 서남쪽에 있는 영정문대가永定门大街에 있는 선농단先农坛이다. 선농단은 천단공원과 도연정공원 사이에 있다.

Tip **택시로 찾아가기**
我想要去日坛公园,
请把我送到那附近。

Sightseeing ★★☆

⑩

고관상대 古观象台

구관상타이 | gǔ guān xiàng tái

고관상대는 1442년에 건립되어 1929년까지 약 500년간 유지된, 현존하는 가장 오래된 관상대观象台다. 이뿐만 아니라, 관상대 건물과 기기 등이 완벽하게 보존되어 국제적으로도 유명한 유적이다. 고관상대의 건물 높이는 14m, 상단부 남북 길이는 20.4m, 동서 길이는 23.9m다.

청나라 때 천문 국장이던 아담 샬Adam Schall에 의해 서양식 계산법이 처음 도입되었다. 관상대의 정상에는 강희제의 요구에 따라 페르디난트 페르비스트Ferdinand Verbiest가 천문 국장으로 있던 1669년부터 1673년에 만들어진 관측기기 6가지가 있다. 동으로 만든 대형 천문 관측기기 8점이 고관상대 정상에 전시되어 있다. 또한, 정원에는 명나라 시대에 제작된 **혼의**浑仪 1, **간의**简仪 2 등의 복제품이 전시되어 있다. 1900년 8국 연합군이 베이징을 침략할 때 독일과 프랑스 양국이 8개의 의기仪器 및 하단의 혼의, 간의평분简仪平分 등 5개를 강탈해 갔다. 프랑스는 1902년 중국 정부에 이를 반환하였고, 독일도 1차 세계대전 후 반환하여 현재 관상대 위에 진열되어 있다.

주소 北京市东城区东裱褙胡同2号

운영 09:00~17:00(월요일 휴관)

요금 20元

위치 **지하철** 1, 2호선 젠궈먼 역建国门 站 출구C에서 직접 연결

◆ 원래 고관상대는 원나라 시절의 천문학자 왕순王恂과 곽수경郭守敬에 의해 처음 설립되어 명나라 초기에는 사천대司天台라고 불렸다. 이후 전란으로 소실되고 남아 있던 천문의기天文仪器는 남경으로 옮겨져 보존되다가 1442년, 이곳에 다시 중건되었다. 하늘을 숭배하던 고대의 천문학은 단순한 학문이 아니었다. 한 해 농사에 절대적으로 중요한 것이 달력이었고, 달력 반포는 황제의 주요 권한 중 하나였기 때문. 따라서 천문학은 황제가 직접 주관하는 국가의 중요한 연구기관이며, 황제와 담당자만이 고관상대 출입이 가능했다고 한다.

1

2

02

먹고 마시며 사랑하라 **퇀제후 역**

团结湖站

퇀제후 역을 빠져나가면 어디로 갈지 고민할 필요가 없다. 그저 수많은 사람들을 따라 걸으면 된다. 어느새 독특한 색상의 유니클로 매장과 아디다스 로고가 눈에 들어온다. 싼리툰 빌리지다. 길 건너편 싼리툰소호를 비롯하여 싼리툰 부근에는 먹거리와 쇼핑몰, 상점이 가득하다. 베이징에 이곳처럼 먹거리가 많은 곳은 없다. 밤이면 싼리툰은 또다시 변한다. 잠자던 바 거리와 카페가 기지개를 켜며 움직이기 시작하고 현란한 조명이 음악을 연주하기 시작한다. 음악 소리에 가볍게 마음을 흔들며 거리를 걷다가 술 한잔을 기울이며 여행의 피로를 풀어보자. 싼리툰 거리를 걷는 것만으로도 여행은 즐거워진다.

여행 Tip

- □ 싼리툰 빌리지를 천천히 돌아보면 멋진 레스토랑과 예쁜 카페, 바 들이 숨어 있다. 베이징에서 먹고, 마시고, 쇼핑의 즐거움을 마음껏 누리자.
- □ 싼리툰 빌리지 입구의 바 거리에는 호객 행위가 무척 심하다. 소신껏 마음에 드는 곳을 찾아 가볍게 마시고 베이징의 밤을 즐기자.
- □ 이곳은 금요일 밤이면 선남선녀들이 모여드는 곳이다. 묵직한 베이스음과 함께 클럽들이 하나둘 불을 밝힌다. 특히, 베이징 공인체육장 앞에 있는 클럽 MIX와 VICS가 유명하다.

★ 추천 일정 체크
베이징의 핫스폿, 싼리툰 빌리지(3~5시간)

지하철 퇀제후 역(10호선) ▶ 싼리툰 빌리지 & 싼리툰소호(1~2시간) ▶ 도보(1.4km/20분) ▶ 부국해저세계(30분~1시간) ▶ 도보(10분) ▶ 동악묘(30분) ▶ 택시 또는 조양문 도보 이동(20분)

량마교와 싼리툰
N
사덕공원 四德公园
리두화원 丽都花园
하원 夏园
대한민국 대사관
大韩民国驻中国大使馆
다산쯔 798 예술구
大山子798艺术区
亮马桥路
세기극원
世纪剧院
동원
冬园
량마차오 역
亮马桥 站
호운가
好运街
더 웨스틴 베이징 차오양 호텔
The Westin Beijing Chaoyang Hotel
가억시상광장
佳亿时尚广场
파울라너 맥주방
普拉那啤酒坊
켐핀스키 호텔 베이징 루프트한자 센터
Kempinski Hotel Beijing Lufthansa Center
쿤룬 호텔
Kunlun Hotel
서라벌
萨拉伯尔
新东路
春秀路
新源南路
람색항만
蓝色港湾
(SOLANA)
베이징자래수박물관
北京自来水博物馆
东直门外斜街
Landmark River
베이징 랜드마크 호텔
Beijing Landmark Hotel
평양관식당
平壤馆
더 그레이트 월 쉐라톤 호텔
The Great Wall Sheraton Hotel
三里屯路
대사관 지역
자오잉 역
枣营 站
동즈먼 역
东直门 站
东直门外街
농업전람관
농업전람관 역
农展馆 站
귀가
簋街
봉소극장
蜂巢剧场
三里屯东四街
조양공원
朝阳公园
朝阳公园南路
三里屯东三街
싼리툰
빌리지
(p.185)
三里屯东二街
베이징 조양 골프 클럽
北京朝阳高尔夫俱乐部
천지극장
天地剧场
보리극원
保利剧院
양광도시
阳光都市
세무백화점
世茂百货
아디다스
ADIDAS
유니클로
UNIQLO
동쓰스타오 역
东四十条 站
工人体育场北路
农展览南路
환제후 역
团结湖 站
베이징 아시아 호텔
Beijing Asia Hotel
클럽 Mix
Cub Mix 酒吧
클럽 Vics
Cub Vics 酒吧
싼리툰
소호
三里屯
SOHO
인터컨티넨탈 베이징 싼리툰
InterContinental Beijing Sanlitun
스위소텔
홍콩 마카오 센터
Swissotel
Hong Kong Macau Center
공인체육관
工人体育馆
동악묘 东岳庙
부국해저세계 富国海底世界
베이징 공인체육장
北京工人体育场
KFC
Happy Valley
금면왕조
金面王朝

Sightseeing ★★★

⓫

싼리툰 빌리지 三里屯 VILLAGE

싼리툰 빌리지 | sān lǐ tún VILLAGE

요즘 베이징에서 가장 핫한 곳을 꼽으라면 사람들 대부분이 싼리툰 빌리지를 꼽는다. 주변에 80여 개의 대사관 및 영사관이 밀집된 싼리툰은 자연스럽게 서양식 레스토랑과 바Bar 문화가 정착되었는데 이로 인해 베이징의 천년 고도 이미지와는 다르게 세련된 느낌으로 세계 각국의 관광객들을 불러 모으고 있다. 외국인 관광객뿐 아니라 현지 젊은이들 사이에는 라이브 바와 펍Pub이 길게 늘어서 있는 '바 거리Bar Street'라는 뜻의 '지우빠지에酒吧街'라 불린다. 밤에는 재즈와 락을 라이브로 연주하는 가수들의 노랫소리가 네온사인 화려한 거리를 가득 채운다.

주소 北京市朝阳区三里屯路19号

운영 24시간

요금 무료

위치 **지하철** 10호선 퇀제후 역团结湖 站 출구A에서 도보 10분 이내 또는 지하철 2호선 동쓰스타오 역东四十条 站 출구B에서 도보 15~20분 거리

More & More

싼리툰 빌리지 200% 즐기기

싼리툰은 크게 남구와 북구로 구분된다. 남구에는 아디다스 매장과 유니클로 매장, 스타벅스 그리고 애플스토어가 있다. 남구는 크게 11개의 건물로 3층으로 구성되어 모두 하나로 연결되어 있다. 대부분의 식당과 레스토랑은 2층과 3층에 모여 있다(매장 이름은 p.186 More & More를 참조).

베이징에서 맛볼 수 있는 대부분의 유명 브랜드 식당과 음식들은 남구에 모여 있다. 애플 스토어와 스와로브스키가 있는 건물(S6)을 지나면 북구로 이어지는 길이 있다. 음식점과 패션용품점이 중점적으로 있는 남구와 달리 북구에는 유명 브랜드숍이 주를 이룬다. 북구에 있는 식당(N4) 역시 주로 고급 레스토랑이다. 최근 노점상과 가판점이 정비되고 클럽이 사라진 다음, 24시간 서점과 문화 관련 업체들이 입주하고 있다.

More & More
여행객을 위한 싼리툰 빌리지 안내서

싼리툰 빌리지의 얼굴은 유니클로와 아디다스 매장이다. 성당의 스테인드글라스처럼 형형색색의 조각이 빛을 받아 아름답게 빛나기 때문. 가로수 길가에 독특한 디자인의 건물이 마을을 이루고 있으며 낮에는 쇼핑몰과 카페, 레스토랑에서 잔잔한 음악이 흘러나오지만, 어둠이 깔리면 각양각색의 조명과 음악이 거리를 가득 메운다. 길을 따라 라이브 바와 펍이 길게 늘어서 있어 '바Bar 거리'라는 뜻의 '지우빠지에酒吧街'라 부른다. 이국적인 분위기의 싼리툰에서 골목골목 발길 가는 대로 걷다가 마음에 드는 바에 들어가 맥주 한잔하며 분위기에 젖어 보자.

北区 북구

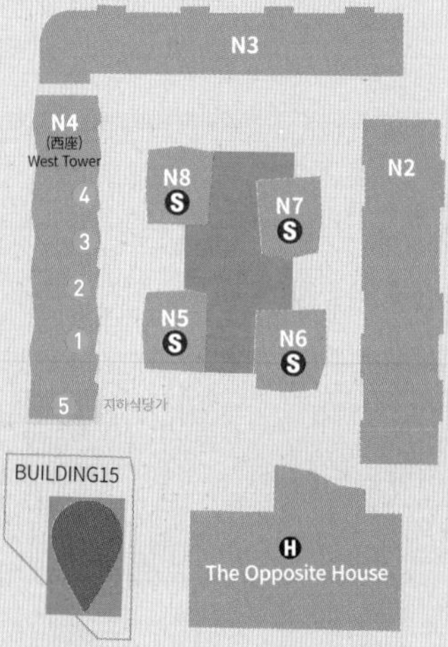

1. CICADA Ultra Lounge (CICADA 酒廊)
2. HARU Teppanyaki & Sushi Bar (尚水长廊铁板烧)
3. ISOLA ITALIAN BAR + GRILL (意索娜)
4. MISSA(魅纱西餐厅)
5. 지하 식당가
   - COLIBRI(蜂鸟)
   - KOYAMA(小山)
   - Let's BURGER Plus
   - Let's SEAFOOD
   - MS BONBON Cafe(蜜斯甜心)
   - STARBUCKS(星巴克咖啡)
   - XI DING Dumplings(喜鼎)
   - 경야당(京雅堂)

南区 남구

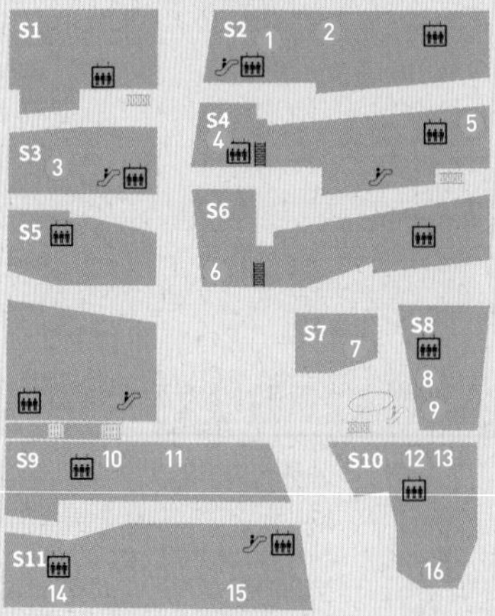

1. Blue Frog(蓝蛙)
2. Bellagio(鹿港小镇)
3. TAIRYO Tappanyaki(大渔铁板烧)
4. Pizza Express
5. MustGuette(红邮筒)
6. Apple Store
7. Hatsune(隐泉)
8. Element Fresh(新元素)
9. WAGAS(沃歌斯)
10. WU DI JIA(无敌家)
11. Crystal Jade(翡翠拉面小笼包)
12. YK YUMMY KISS(YK烤肉回廊)
13. Starbucks(星巴克咖啡)
14. H&M
15. ADIDAS
16. UNIQLO

싼리툰 빌리지의 랜드마크

싼리툰 빌리지는 유니클로UNIQLO에서부터 시작된다. 현재 베이징에서 가장 핫한 곳으로 통하는 싼리툰 빌리지는 유니클로에서 시작해 아시아 최대 규모인 애플 스토어와 세계에서 가장 큰 아디다스 매장으로 꾸며져 있고 홍콩의 여러 패션 브랜드와 명품 매장 등이 있어 내적으로도 아주 구성이 알차다는 평가를 받고 있다. 기하학적인 형태에 형형색색의 유리가 빛을 받으면 신비로우면서도 아름다운 싼리툰 빌리지의 경관이 펼쳐진다. 스타벅스를 지나면 대형 전광판과 분수대가 있는 광장을 볼 수 있는데 이곳이 바로 만남의 장소이다. 깔끔한 디자인의 애플 스토어가 화려한 싼리툰광장의 화룡점정. 스와로브스키 매장을 지나면 요란한 음악과 함께 또 다른 싼리툰 빌리지의 모습을 볼 수 있으니 신나게 쇼핑을 즐긴 후 가볍게 목을 축이러 이쪽으로 건너가는 것도 좋겠다.

싼리툰 빌리지의 맛집

싼리툰 빌리지는 먹거리 천국이다. 남구南区 2층과 3층에는 신선하고 좋은 재료를 사용해 음식을 만드는 Greyhound Café, 가볍게 브런치를 즐길 수 있는 WAGAS와 커피 한 잔에 신선한 샐러드와 샌드위치를 맛볼 수 있는 Element Fresh, 프랑스식 베트남 레스토랑인 MUSE, 싱가포르, 태국, 인도 등 다양한 아시안 음식을 합리적인 가격에 맛볼 수 있는 Orient Kitchen小城知味, 버블티와 팥빙수, 망고빙수 등 디저트로 유명한 대만계 레스토랑 Bellagio, 수제버거 전문인 Blue Frog蓝蛙, 스테이크 전문점 Flamme이 있어 싼리툰 빌리지를 찾는 관광객들 뿐만 아니라 현지인들의 입맛까지 단번에 사로잡고 있다.

Sightseeing ★☆☆

⓬

동악묘 东岳庙

둥웨먀오 | dōng yuè miào

동악묘는 도교의 한 종파인 정일도正一道가 중국 화북지구华北地区에 세운 도교 사원이다. 중국인들은 고대 황제가 하늘에 제를 올리던 장소로 쓰던 동서남북 네 곳의 산과 중앙에 있는 산을 통틀어 '오악五岳'이라 부르며 이를 숭배했다. 오악에 포함되는 산은 동쪽의 타이산泰山, 서쪽의 화산華山, 남쪽의 헝산衡山, 북쪽의 헝산恒山, 중부의 쑹산嵩山이다. 이 중 중국인이 생각하는 가장 신성한 산은 동악인 타이산이다. 역대 왕조들은 수도에 타이산을 모시는 동악을 지었는데 베이징 동악묘는 남경의 동악묘와 함께 중국에서 가장 큰 규모이다. 도교는 모시는 신이 많은 관계로 사당 내에는 여러 가지 도교 건축물과 비석이 대량으로 보존되어 있다. 또한, 현재 사당 안에 베이징민속박물관北京民俗博物馆이 설립되어 있지만 크게 볼거리는 없다.

주소 北京市朝阳区外大街141号
운영 08:30~16:30(월요일 휴관)
요금 10元
위치 **지하철** 2호선 차오양먼 역朝阳门 站 출구A에서 도보 10분 이내

♦
동악묘는 차오양먼 역에서 15분, 동따챠오 역에서 10분, 그리고 일단공원에서도 도보로 10분이나 더 이동해야 하는 대중교통 사각지대에 있다. 도교에 대한 남다른 관심이 있지 않다면 생략해도 무관하다. 동악묘 안에 있는 베이징민속박물관은 이름과 달리 기대 이하다.

Tip 택시로 찾아가기
我想要去东岳庙,
请把我送到那附近
(朝阳门外大街.北京民俗博物馆)。

Sightseeing ★☆☆

⓭

부국해저세계 富国海底世界

푸궈하이디스제 | fù guó hǎi dǐ shì jiè

부국해저세계 전시장 안에는 각종 열대어와 해양식물이 전시되어 있으며, 가장 큰 볼거리는 120m에 달하는 중국 최대 규모의 수중터널이다. 구불구불한 투명 해저터널을 무빙워크로 통과하며 바닷속의 풍경을 입체적으로 관람할 수 있다. 터널 너머로 상어와 가오리 및 열대어 들이 자유롭게 유영하는 모습을 볼 수 있다. 입장료가 다소 비싸다는 느낌이 들지만, 어린 자녀와 함께라면 있다면 가볍게 둘러보자.

주소 北京市朝阳区北京工人体育场南门
운영 08:00~19:30(4~11월)
08:30~17:30(12~3월)
요금 120元
위치 **지하철** 2호선 차오양먼 역朝阳门 站 출구A 또는 6호선 동따챠오 역东大桥 站 출구A에서 도보 15분 이내

Tip 택시로 찾아가기
我想要去北京富国海底世界,
请把我送工人体育场东南门。

♦
이곳의 자랑거리인 수중터널도 코엑스에 있는 아쿠아리움, 상하이, 홍콩 등 아시아의 수족관에 비해 규모나 전시 수준이 낮다. 야외 공연장의 돌고래와 물개 쇼도 크게 기대하진 말자.

베이징의 여유를 담다 **융허궁 역**

03 雍和宫 站

베이징 최대 규모의 라마교 사원인 옹화궁은 티베트 불교박물관이라 부른다. 수많은 사람들이 몰리는 관광지를 벗어나 베이징의 여유로운 모습을 보고 싶다면 융허궁 역으로 가보자. 옹화궁 맞은편으로 원 · 명 · 청대에 과거 시험장이던 국자감과 공자의 묘가 있는 거리가 있다. 자전거를 타고 지나가는 사람, 학생들과 담벼락에 앉아서 장기를 두면서 담소를 나누는 노인들의 모습을 볼 수 있다.

높은 담장 아래로 반듯하게 늘어선 거리를 걷다 보면 마음 한 구석에서 여유로움이 뭉클거린다. 북적거리는 천단공원과 달리 고즈넉한 지단공원의 모습도 인상적이다.

여행 Tip

- □ 베이징의 대표적인 관광 명소와는 다소 동떨어진 곳이다. 멀지 않지만 우선순위에 밀린 탓이다. 이곳을 방문하려면 오전이 적합하다. 참고로 공묘와 국자감은 개방 시간이 짧다.
- □ 시단공원은 가을에 은행나무 길을 즐기기 위해 베이징 시민들이 많이 찾는 곳이다. 비록 짧은 거리지만 단풍을 즐기는 모습은 여행자의 마음도 즐겁게 만든다.

★ 추천 일정 체크
베이징의 여유 만끽 코스(2~4시간)

융허궁 역(2호선) ▶ 옹화궁(30분~1시간) ▶ 공묘 & 국자감(1~2시간) ▶ 지단공원(30분~1시간) ▶ 융허궁 역

Sightseeing ★★☆

14

옹화궁 雍和宫

융허궁 | yōng hé gōng

옹화궁은 중국 최대 규모의 티베트 불교 사원으로 처음에는 사원이 아닌 왕부로 세워졌었다. 옹화궁은 남북으로 옹화궁전雍和宫殿, 영우전永佑殿, 법륜전法轮殿을 두어 마치 자금성의 외조(태화전, 중화전, 보화전)를 연상케 한다. 특히 이 건물들은 당시 황궁에만 사용할 수 있었던 노란 유리기와로 만들어졌다. 북쪽 끝에 있는 만복각万福阁에는 높이 18m의 백단나무로 만든 대불大佛이 있는데 이는 단일 불상으로는 최대 크기를 자랑한다. 중국 사원의 전통 건축양식은 아니지만, 한나라 시절 라마 건축물의 아름다움을 살펴볼 수 있다.

주소 北京市东城区北新桥雍和宫大街 12号

운영 09:00~16:30(4~10월)
09:00~16:00(11~3월)

요금 25元

위치 **지하철** 2호선 융허궁 역雍和宫 站 출구C 또는 A에서 도보 10분 이내

♦
명나라의 황궁 내부 감옥으로 사용하던 곳을 강희제가 넷째 아들인 윤진을 위해 저택으로 바꾸었다. 이후 윤진이 화석옹친왕和硕雍亲王으로 책봉되어 '옹친왕부雍亲王府'로 격상되었다. 강희제가 세상을 떠난 후, 윤진이 제위를 물려받아 즉위했으니 그가 바로 옹정제이다. 그는 사저였던 옹진왕부를 행궁으로 격상시키면서 이름을 '옹화궁'이라 불렀다. 건륭제는 옹화궁을 라마 불교 격로파格鲁派의 사원으로 바꾸어, 중국 통치의 수단으로 티베트 불교를 적극적으로 활용하였다. 심지어 행궁의 일부를 티베트 교단에 시주하면서 옹화궁을 불교 전도의 중심지로 만들기도 했으며 사원 내부에 피워진 향불은 260여 년간 계속 피워지고 있다.

Sightseeing ★★☆

15

국자감 国子监

궈쯔젠 | guó zǐ jiān

국자감은 한나라 시절엔 가장 높은 학부였던 '태학太学'으로 불렸으며 진나라 때는 '국자학国子学'으로, 당나라 때는 처음으로 '국자감'으로 불리며 고대 중앙 대학의 역할을 톡톡히 해온 곳이다. 700년의 역사를 자랑하는 국자감은 원 · 명 · 청나라에 걸쳐 관료를 선발하는 과거 시험장이었는데, 지방 향교 시험에서부터 약 8회 이상을 통과한 수재들을 대상으로 하는 전시殿试를 주관하는 곳이었다. 시험을 치르는 동안에는 황제가 직접 수험생들을 지켜보고 있었고, 때로는 황제가 직접 유학을 강의하기도 했다. 하지만 1905년에 학부가 세워지면서 국자감은 없어졌으나 이후 수도박물관으로 사용되다가 최근에 원래의 이름인 국자감을 되찾았다.

주소 北京市东城区国子监街13号

운영 08:30~18:00(5~10월)
08:00~17:00(11~4월)

요금 30元(공묘 입장권 포함)

위치 **지하철** 2호선 융허궁 역雍和宫 站
출구C 또는 A에서 도보 10분 이내

♦
우리나라에도 국자감이 있었다. 신라시대 국립대학 역할을 하던 국학國學이 고려시대에 들어 국자감, 성균감成均監이라는 이름을 거쳐 고려 충선왕 때에 '성균관成均館'으로 바뀌었다. 그 후에도 몇 차례 이름이 바뀌었지만 성균관이란 이름은 조선시대까지 이어졌다.

More & More
국자감 살펴보기

국자감의 첫 대문은 집현문集贤门이며 두 번째 문은 태학문太学门으로 문 왼쪽엔 종이 있는 정자가, 오른쪽엔 북이 있는 정자가 있다. 그리고 정면 벽옹辟雍으로 향하는 곳에는 유리로 된 유리패방琉璃牌坊이 높고 크게 우뚝 서 있다. 유리패방에는 앞뒤로 '원교교택圜桥教泽', '학해절관学海节观'이 각각 새겨져 있는데 이는 건륭제가 직접 친필로 쓴 것이다. 그리고 그 뒤로 좌우엔 황색 유리기와가 겹겹으로 쌓인 지붕을 자랑하는 비정碑亭이 있다. 북쪽에 있는 건축물이 국자감의 메인 건물인 벽옹이다. 이곳은 1784년에 만든 황제의 전용 강의실이며, 고위 관리 시험이던 전시를 치르던 곳이다. 건륭제의 친필 현판이 걸려 있는 벽옹은 전체적으로 도금된 사각형 전당으로 지붕은 날카로운 겹처마 형태에 황색 유리기와가 있고, 대전에는 기둥이 없다. 주위는 물로 둘러싸여 있으며 한백옥석 난간으로 둘러싸인 원형 형태로 되어 있어 외부는 원, 내부는 사각형의 구조를 보여주고 있다. 이는 둥근 하늘과 네모난 땅이 영원히 교화한다는 의미다. 동 · 남 · 북 삼면으로는 건륭 · 도광 · 함봉의 세 황제가 친필로 쓴 현판이 걸려 있으며, 궁전 중앙에는 황가에서 쓰던 가구 및 물건들이 있는데 이는 건륭제가 벽옹에서 강의를 할 때 쓰던 물건들을 그대로 보존해 놓은 것이다.

Sightseeing ★★☆

16

공묘 孔庙

콩먀오 | kǒng miào

공묘는 원 · 명 · 청 3대에 걸쳐 공자에게 제사를 드리던 사당이다. 공묘는 3개의 정원으로 구성되어 있는데, 중앙에 있는 건물로부터 선사문先师门, 대성문大成门, 대성전大成殿, 숭성사崇圣祠가 정렬되어 있다. 선사문 지붕에는 휴식을 취할 수 있는 공간이 있으며, 수차례의 보수를 거쳐 원형을 유지하고 있다. 선사문을 지나면 비정碑亭이 좌우에 3개가 있는데, 공묘에는 대성전 앞 11개를 포함하여 총 14개의 비정이 있다. 문 양쪽으로는 '관료들이 이곳에 오면 말에 내렸다'는 '하마석비下马石碑'가 각각 하나씩 있다. 대성문 안으로 들어서면 좌우로 24개의 창과 10개의 북이 전시되어 있다. 공묘의 정전正殿인 대성전은 공자의 위패를 모신 곳으로 황제가 공자에게 제사를 지내던 곳이다. 강희제 때부터는 새로운 황제가 즉위할 때마다 순서대로 이곳에 현판을 걸었는데 현재 강희제 때부터 선통제까지 9명 황제의 현판이 보존돼 있다.

주소 北京市东城区国子监街13号
운영 08:30~16:30
요금 30元(국자감 입장권 포함)
위치 **지하철** 2호선 융허궁 역雍和宫 站 출구C 또는 A에서 도보 10분 이내

◆
국자감과 공묘는 일찍 문을 닫는 경우가 많다. 인근에 옹화궁과 지단공원과 연계하여 오전에 둘러보는 것이 좋다. 또한, 공묘나 국자감으로 가는 성현가成賢街에는 사찰음식과 찻집, 그리고 고서적을 취급하는 서점 등이 많다.

Sightseeing ★☆☆

17

지단공원 地坛公园

디탄궁위안 | dì tán gōng yuán

1530년에 세워진 지단공원은 건륭제에 이르러 방택단方泽坛과 황기실皇祇室을 지어 지금의 모습을 갖추었다. 방택단에 있는 정사각형의 평면으로 둘러싸인 배수로는 '연못 내의 제단'을 상징한다. 그리고 황기실은 황제가 신에게 제사를 드리던 위패를 모시는 곳이다. 천단공원이 하늘에 제를 올리는 곳이라면, 지단공원은 땅의 신에게 제사를 드리던 곳이다. 다소 황량하고 허름하므로 만일 아름다운 천단공원을 생각하고 간다면 실망이 클 것이다. 심지어 황기실에 모신 땅의 신을 보면 대부분의 관광객은 황당한 표정을 짓는다. 바로 땅의 신이 소, 돼지이기 때문. 이는 농경 사회였던 당시 중국인들의 사상을 엿볼 수 있는 부분이다.

주소 北京市东城区安定门外大街 地坛公园

운영 06:00~21:00

요금 2元(방택단/황기실 5元)

위치 **지하철** 지하철 2호선 융허궁 역 雍和宫 站 출구A에서 도보 5분 이내

◆

영화 〈패왕별희〉에서 창녀인 엄마의 손에 이끌려 걷던 두지(장국영)가 시투(장풍의)를 처음 만난 곳이다. 두지의 여섯 손가락 탓에 경극 입단이 거부되자 엄마는 두지의 눈을 감기고 손가락 하나를 잘라낸다. 피를 흘리는 두지를 경극단에 맡기고 도망치듯 엄마는 사라진다. 아련한 흑백영화의 한 장면이 방택단에 남아 있다.

More & More

가성비 끝판왕 딤섬 맛집, 금정헌

금정헌은 광동요리 전문점이지만 사천요리, 산동요리 등을 위주로 저렴한 가격에 딤섬을 즐길 수 있다. 본점은 지단공원 남문에 있는데, 목조를 이용해 중국 전통가옥 형태를 갖춘 실내 디자인이 인상적이다. 금정헌은 맛보다는 부담 없는 가격으로 다양한 음식을 즐기기에 적합한 곳이다.

금정헌 지점 찾기

1. 지단 본점
地坛 店 추천
주소 北京市朝阳区和平里西街77号
위치 지하철 2호선 융허궁 역 출구A 앞 도보 5분 이내

2. 단결호 점
团结湖 店
주소 北京市朝阳区团结湖南路15号
위치 지하철 10호선 퇀제후 역 출구B에서 도보 10분 이내

3. 건외소호 점
建外SOHO 店
주소 北京市朝阳区东三环中路39号建外SOHOA座24号楼2楼
위치 지하철 1호선 궈마오 역 출구C에서 도보 3분 이내

4. 화무 점
华贸 店
주소 北京市朝阳区建国路87号华贸购物中心B1楼D122号
위치 지하철 1호선 다왕루 역 출구A에서 도보 3분 이내

5. 금융가 중심점
金融街中心 店
주소 北京市西城区金融大街甲9号B1楼
위치 지하철 2호선 푸청먼 역 출구C에서 도보 10분 이내

Sightseeing ★★☆

⑱

귀가 簋街

꾸이지에 | guǐ jiē

용허궁과 공묘 주변에 귀신거리鬼街, guǐjiē라 불리는 길이 있다. 정식 명칭은 '簋街꾸이지에'인데, 본명과 달리 불리는 이유가 두 가지 있다. 하나는 이 거리가 과거에 야시장이 열리던 곳으로 밤이면 붉은 유등을 걸어두었는데, 멀리서 보면 도깨비불이 둥둥 떠다니는 느낌이었기 때문이다. 또 하나는 이곳이 성 안의 시체들을 성 밖으로 옮기던 길이라, 주변에 장의사들이 모였기 때문이라고 한다. 현재는 민물가재에 고추와 산초를 듬뿍 넣어 만든 마라샤오롱샤麻辣小龙虾로 유명한 거리이다. 호대湖大, 후따와 화가이원花家怡园, 화지아이위엔이 대표적. 샤오롱샤의 계절인 여름밤에는 순서를 기다리는 사람들로 넘친다.

주소 北京市东城区东直门东直门内大街
운영 10:30~02:00
요금 5~15元
위치 **지하철** 북신교 역北新桥 站 출구B, C와 연결

Sightseeing ★★☆

⑲

금면왕조 金面王朝

찐미엔왕차오 | jīn miàn wáng cháo

중국의 뮤지컬로, 줄거리는 여자들만 사는 금면왕국에 남자들만 사는 남면왕국이 쳐들어온다. 전쟁에서 금면왕국은 크게 이기지만 금면여왕은 포로로 전락한 남면왕국의 왕과 사랑에 빠지게 된다. 사랑이 깊어 갈 무렵 금면왕국에 큰 홍수가 일어나고 이를 해결하기 위해 금면여왕은 몸을 바치게 된다. 그렇게 왕국을 지켜낸 금면여왕은 태양조로 환생하여 영원히 금면 왕국을 지켜준다. 뻔한 내용이지만 오랜 시간을 공연한 만큼 연기자들의 연기와 멋진 무대, 조명 무엇보다 마지막 대홍수 장면에서 순간적으로 80톤의 폭포수를 무대 위로 쏟아 붓는 장면은 쉽게 잊지 못할 압권이다.

주소 北京市朝阳区东四环厚俸桥 华侨城大剧院内(近欢乐谷)
운영 17:30, 19:30
요금 280元, 480元, 680元
위치 **지하철** 환락곡경구 역欢乐谷景区 站 출구B, C와 연결

★ ☆ ★ 베이징 여행을 위한 아주 특별한 방법

유화궁에서 만나는

베이징 명물 Best 2

1. 대동고압 大东烤鸭

따동카오야 | dà dōng kǎo yā

베이징의 대표적인 오리구이 전문점인 전취덕과 편이방을 압박하는 신생브랜드가 있다. 바로 따동카오야이다. 현대적인 분위기와 어울리는 색다른 카오야를 위해 오랫동안 연구한 덕분에 기름기 없이 바삭한 북경오리를 맛볼 수 있다. 아름답게 꾸며진 음식들은 맛도 뛰어나다.

❶ 단결호 점 团结湖 店

주소 北京市朝阳区东三环北路团结湖北口3号楼东三环路

운영 11:00~22:00

위치 지하철 10호선 단결호 역 출구C에서 사거리 쪽으로 도보 3분 정도 뒤돌아간다.

❷ 동사십조 점 东四十条 店

주소 北京市东城区东四十条甲22号南新仓国际大厦1~2楼

운영 11:00~22:00

위치 지하철 2호선 동사십조 역 출구D에서 도보 5분

❸ 왕부정 점 王府井 店

주소 北京市东城区王府井大街301号东华金街购物中心6楼

운영 10:00~22:00

위치 지하철 1호선 왕부정 역 출구B에서 도보 5분 (맥도날드 맞은편)

❹ 금보휘 점 金宝汇 店

주소 北京市东城区金宝街88号金宝汇5层

운영 11:00~22:00

위치 지하철 5호선 등시구 역 출구C에서 도보 5분

❺ 공체부춘산지 점 工体富春山居 店

주소 北京市朝阳区工人体育场东路17号

운영 11:00~22:00

위치 지하철 6호선 동대교 역 출구A에서 길건너 도보 5분

❻ 화무구물중심 점 华贸购物中心 店

주소 北京市朝阳区建国路81号华贸购物中心西区4层L401

운영 11:00~22:00

위치 지하철 1호선 대망로 역 출구A에서 길 건너 도보 3분

2. 경아당 京雅堂

징야탕 | jīng yǎ táng

싼리툰에 있는 디자인 호텔 어퍼짓하우스에서 운영하는 레스토랑이다. 새로운 트랜드의 북경오리를 즐길 수 있다. 원래 딤섬 뷔페로 유명한 곳이다. 높은 가격이지만 고급스러운 음식과 분위기를 느낄 수 있다. 고량주보다는 와인이 더 어울리는 분위기다.

주소 北京市朝阳区三里屯路11号院北京太古瑜舍精品酒店1楼

운영 11:00~22:30

요금 328元/1마리, 점심뷔페 168元/1인

위치 지하철 10호선 단결호 역 출구A에서 나와 싼리툰 방향으로 이동한다. 유니클로 건물 오른쪽으로 직진하다 초록빛의 호텔 어퍼짓하우스의 지하1층으로 내려간다.

베이징에서 마시는

신선하고 맛있는 수제맥주

수제맥주에 대해서는 중국이 우리나라보다 한 수 위이다. 중국은 일찍부터 크래프트 비어Craft Beer(수제맥주)가 보편화됐다. 베이징도 수제맥주 열풍으로 더욱 신선하고 맛있는 맥주를 찾는 마니아가 늘어가고 있다. 베이징의 대표적인 수제맥주 전문점을 소개한다.

1. 그레이트 립 브루잉 (Great Leap Brewing) 大跃啤酒

따위에피지우 | dà yuè pí jiǔ

베이징 크레프트비어의 시작점이다. 맥주 소비량이 줄어드는 베이징에 수제맥주의 활기를 불어 넣어주었다. 베이징 단 3곳에서 그 맛을 즐길 수 있다. 미국인 사장과 그의 부인의 애정 어린 노력으로 탄생한 이곳의 맥주는 맛이 탁월함하다. 많은 외국인과 현지인들로 붐비는 탓에 조용히 맛을 음미하기 어렵지만, 베이징 크레프트 비어의 선두주자인 만큼 반드시 맛을 보자.

주소 北京市东城区新中街乙12号 紫铭大厦101室

운영 11:00~01:00(일~목요일)
11:00~02:00(금~토요일)

요금 25元~

위치 지하철 2호선 동사십조 역에서 도보 15분 거리. 출구B에서 나와 싼리툰 방향으로 이동한다. 맥도날드를 지나 좌회전한다. 끝까지 직진하다가 막다른 곳에서 우회전한다. 직진하면 왼쪽에 있다(홀리데이 인 익스프레스 호텔 부근).

2. 슬로우보트 (Slow Boat Brewery) 悠航鲜啤

요우항시엔피 | yōu háng xiān pí

미국인이 운영하는 수제맥주 전문점이다. 처음에 오픈한 본점은 좁고 긴 후통의 한가운데 위치하여 찾기 어려웠다. 싼리툰에 2호점을 오픈하여 더욱 편하게 미국식 수제맥주와 육즙가득한 수제버거를 즐길 수 있게 되었다. 특히, 매콤하고 바삭한 감자튀김은 어떠한 맥주와도 환상적인 궁합을 보인다. 베이징에서 맥주파티를 경험하려면 주말에 가보자.

주소 北京市三里屯街道三里屯南路6号

운영 17:00~24:00(월~목요일) 17:00~02:00(금요일) 14:00~02:00(토요일) 11:30~02:00(일요일)

요금 48元~

위치 지하철 10호선 단결호 역 출구D에서 나와 싼리툰 방향으로 이동한다. 싼리툰 소호와 마주하고 있다.

3. 북평기기 北平机器

베이핑지치 | běi píng jī qì

'우따오딩후통五道营胡同' 인근에 있는 '팡지아후통方家胡同'에 자리하고 있다. 베이핑Beiping/Peiping은 베이징의 옛 이름이다. 대부분 크레프트 비어 전문점은 외국인이 운영하지만, 이곳은 젊은 중국인이다. 후통 골목 깊은 곳에 있는 탓에 외국인보다는 중국 젊은이들이 많이 찾는 곳이다. 6종류 샘플러를 통해 베이징 수제 맥주점 중에 가장 뛰어난 맛을 자랑한다.

주소 北京市东城区交道口北三条34号

운영 17:00~02:00

요금 35元~

위치 지하철 5호선 북신교 역 출구A에서 하차. 팡지아후통 골목 안 46호 E건물 1층이다.

4. 판다브루 (PANDA Brew) 熊猫精酿

슝마오징니안 | xióng māo jīng ni àng

베이징 수제맥주 전문점 중에 많은 이들에게 지속적으로 사랑받고 있는 곳이다. 민물가재에 고추와 산초를 듬뿍 넣어 만든 마라쌰오롱샤麻辣小龙虾로 유명한 꾸이지에簋街와 인접해 있다. 2층 건물에 야외테라스까지 조성되어 있다. 4종 맥주를 시음할 수 있는 샘플러가 인기 높다.

주소 北京市东城区交道口北三条34号

운영 17:00~02:00 요금 48元~

위치 **지하철** 5호선 북신교 역 출구C에서 하차

5. 바블루 씨엔 Barblu闲

베이징의 핫 스폿 '우따오딩 후통五道营胡同'에 있는 카페 겸 레스토랑이다. 옛 베이징의 전통가옥인 사합원을 개조해서 만들었다. 삭막한 회색빛 벽돌에 은은한 조명과 인테리어로 모던함을 느끼게 해준다. 유럽에서 들여오는 치즈로 만든 피자와 수제맥주의 조합이 새롭다.

주소 北京市东城区安定门北京五道营胡同

운영 11:00~23:00

요금 50元~

위치 지하철 2호선 용허궁 역 출구E 또는 G에서 하차. Costa 커피점을 끼고 골목으로 들어간다.

베이징의 과거와 현재를 넘나들다 **량마차오 역**

04 亮马桥站

베이징의 관문인 삼원교과 싼리툰 사이에 대사관 지역을 끼고 있는 량마차오 역은 비즈니스 지역으로 유명하다. 유명 관광지는 없지만 공항에서 들어오는 3환에 위치하여 동부지역의 시작점과 같다. 수많은 관광호텔과 고층빌딩들이 밀집되어 있는 량마차오 역은 한인타운이 형성된 왕징과 중국 최초의 라이프스타일 쇼핑 파크인 람색항만(SOLANA)과 조양공원을 배경으로 하고 있다.

베이징 도심의 번잡함을 벗어나 편리한 교통과 접근성으로 많은 관광객들이 선호하는 지역이기도 하다. 베이징 서쪽으로 해가 지면 동부지역은 또 다른 해가 떠오른다. 현지인들이 퇴근 후 싼리툰이나 궈마오 역 등 번화가로 밀려들기 때문. 때문에 이 지역은 베이징의 과거와 현재를 넘나드는 접경지역이라 할 수 있다.

여행 Tip

- □ 싼리툰과 십찰해가 수많은 관광객으로 정신이 없다면 람색항만을 추천한다. 최근 다양한 음식점뿐만 아니라 호숫가에 있는 예쁜 카페와 바에서 라이브 공연이 펼쳐진다.
- □ 싼리툰 가는 길에 있는 호운가는 늦은 시간까지 문을 여니 출출하다면 이곳으로 가자.
- □ 량마차오 역 앞에 있는 켐핀스키 호텔의 파울라너 맥주방은 현지에서도 유명한 곳이다. 가을에는 옥토버페스트 맥주 축제도 이곳에서 열린다.
- □ 베이징 여행 중에 한국음식이 생각난다면, 사덕공원으로 가자. 대표적인 한국식당인 애강산과 서라벌, 홰나무집 등 많은 식당이 밀집되어 있는 곳이다.
- □ 다산쯔 798 예술구에 가면, 우선 D~E구역을 집중적으로 둘러보자. 시간적 여유가 있으면 다른 곳도 둘러보자. 사덕공원과 인접하므로 연계해서 돌아봐도 좋다.

★ 추천 일정 체크

다산쯔 798 예술구와 공원에서 여유 즐기기(5~6시간)

지하철 장타이 역(14호선) ▶ 택시 또는 도보 이동 ▶ 다산쯔 798 예술구 관람(2~3시간) ▶ 택시 ▶ 리두화원/사덕공원(1시간) ▶ 도보 ▶ 장타이 역(14호선) ▶ 자오잉 역(14호선) 출구A ▶ 람색항만(1시간) ▶ 파울라너 맥주방 ▶ 량마차오 역(10호선)

왕징과 다산쯔 798 예술구 주변

Sightseeing ★★☆

20

람색항만 蓝色港湾

란써강완 | lán sè gǎng wān

람색항만은 '솔라나SOLANA'라고도 불리는데 이는 '햇빛의, 태양의'라는 뜻의 'Solar'에서 인용한 것이고 중국어로는 '란써강완蓝色港湾'으로 '푸른색의 항구'란 뜻이다. 한적한 호수와 예쁘고 아기자기한 건물, 낭만적인 길로 이루어진 유럽식 비즈니스 마을이다. 쇼핑몰과 먹거리, 그리고 바와 카페 들이 한 공간에 모여 있는 솔라나는 전 세계의 쇼핑센터를 벤치마킹하여 만든 중국 최초의 '라이프스타일 쇼핑 파크Lifestyle Shopping Park'이다. 낮보다는 해가 질 무렵에 방문하면 아름다운 조명과 은은한 작은 유럽의 거리를 걸을 수 있다. 쇼핑몰 반대편에는 다양한 음식을 맛볼 수 있는 거리가 여행객들을 유혹한다.

주소 北京市朝阳区朝阳公园路6号
운영 11:00~21:00(평일)
11:00~22:00(주말)
요금 무료
위치 **지하철** 10호선 량마차오 역亮马桥 站 출구C 또는 14호선 자오양공위안 역朝阳公园 站에서 도보 10~15분 거리

Tip 택시로 찾아가기

请把我送到蓝色港湾(西北角)。

♦

지하철 10호선 량마차오 역 출구B 또는 C로 나와 캠핀스키 호텔 방향으로 10~15분 걸으면 세계의 음식점들이 모여 있는 '호운가Lucky Street'가 나온다. 호운가 끝자락 길 건너편에 솔라나의 입구를 알리는 스타벅스가 있다. 지하철역에서 도보 이동이 많은 편이므로, 쇼핑을 좋아하지 않거나 일정상의 여유가 있지 않다면 생략해도 좋다. 참고로 택시 기사나 현지인에게는 반드시 '란써강완'이라고 해야만 알아들으니 주의할 것!

More & More
람색항만 200% 즐기기

독특한 디자인의 분수대 뒤로 스타벅스가 있다. 스타벅스 오른쪽으로 가면 쇼핑몰을 지나 중심광장으로 갈 수 있고, 왼쪽으로는 식당 전문가로 갈 수 있다. 중심광장의 분수대를 거쳐 에스컬레이터를 타고 올라가면 오른쪽에 피자 전문점 튜브 스테이션Tube Station과 스타벅스, 그리고 렛츠버거Lets Burger가 또 다른 먹거리의 시작점 역할을 하고 있다. 왼쪽으로는 호숫가를 따라 바 란당Bar 阑堂을 시작으로 라이브 바와 노천카페가 이어져 있다. 카페 거리가 끝날 무렵 식당가가 시작되어 솔라나 입구 스타벅스까지 이어진다. 식당가에는 훠궈, 독일 수제 맥줏집, 화덕피자, 타이완 · 홍콩 · 인도음식점 등이 자리하고 있다.

♦

파울라너 맥주방 찾아가기

량마차오 역 출구C로 나오면 한국 식당 서라벌로 들어가는 입구가 있는데 오른쪽으로 돌아가면 파울라너 맥주방이 있다. 또한 켐핀스키 호텔 로비에 있는 카페를 지나 옌사 아웃렛과 연결된 상점 통로의 작은 돌다리를 지나면 왼쪽 편에서 파울라너 맥주방을 찾을 수 있다.

파울라너 맥주방 普拉那啤酒坊

푸라나 피쥬팡 | pǔ lā nà pí jiǔ fáng

켐핀스키 호텔에는 맛있는 맥주를 파는 파울라너 맥주방Paulaner Brauhaus이 있다. 독일 뮌헨 맥주 회사 중 하나인 파울라너는 유럽 정통 독일식 하우스 맥주를 맛볼 수 있는 곳이다. 이곳에서는 맥주를 직접 제조하는 저장 탱크가 있어 독일 분위기가 물씬 난다. 여름에는 넓은 야외의 가든 바비큐와 함께 파라솔에서 맥주를 즐기는 사람들로 늘 붐빈다. 또한, 매년 10월 독일의 옥토버페스트 기간에는 베이징에서도 맥주 축제를 연다.

주소 北京市朝阳区亮马桥路50号凯宾斯基饭店内
운영 11:00~01:00
위치 **지하철** 10호선 량마차오 역亮马桥 站 출구C 앞

Sightseeing ★★☆

21

사덕공원 四德公园

쓰더궁위안 | sì de gōng yuán

베이징 여행 중 한식이 먹고 싶다면 조양구 주선교朝阳区 酒仙桥 지역에 있는 사덕공원으로 가자. 사덕공원은 외국인 밀집 구역 중 하나인 리두丽都 지역과 접해 있는데, 주로 체육 활동과 오락을 위주로 한 시민 개방형 공원으로 쓰이고 있다. 사덕공원의 뜻은 '네 가지를 얻다'라는 의미인데, 그 네 가지는 자연의 상쾌함, 심신의 단련, 자연에 대한 지식, 마지막으로 건강을 말한다. 사덕공원과 일본인 학교 주변에는 한국식당을 포함하여 많은 식당과 바, 카페 들이 밀집되어 있다. 걸어서 5분 거리이며 리두공원에도 다양한 식당가가 있으니 참고하도록 하자.

주소 北京市朝阳区芳园西路6号
운영 24시
요금 무료
위치 **지하철** 14호선 장타이 역将台 站에서 장태서로将台西路를 따라 도보 10분

Tip 택시로 찾아가기

请把我送到朝阳区的四德公园(北门附近)。

♦ 사덕공원과 일본인 학교 주변에는 한국식당을 포함하여 많은 식당과 바, 카페가 밀집되어 있다. 사덕공원에서 리두공원을 지나 왕징난 역(14호선)을 이용할 수 있다.

More & More
리두화원 200% 즐기기

리두화원은 사덕공원과 리두공원을 곁에 두고 있다. 야외 결혼식장과 독일 수제 맥주 전문점, 바 등이 있으며 아늑한 도심의 정원과 같다. 사덕공원은 한국음식을 포함하여 여러 나라의 레스토랑과 바가 밀집되어 있다. 다산쯔 798 예술구를 둘러보고 리두화원에서 맛있는 식사와 함께 휴식을 취하자.

1. CJ 푸드월드 希杰精品美食空间

CJ 푸드월드는 한식 문화 체험 공간으로, 총 2층 건물에 빕스VIPS, 뚜레쥬르Tous Les Jours, 비비고Bibigo, 투썸커피TWOSOME COFFEE가 있다.

주소 北京市朝阳区将台西路四得公园9-8号
운영 11:00~23:00
전화 010-6432-0758

2. 애강산 爱江山

베이징에서 고급 한식당으로 손꼽히는 곳으로 고급스러운 실내 인테리어가 돋보인다. 한국인뿐만 아니라 중국 사람들에게도 많은 사랑을 받고 있다.

주소 北京市朝阳区将台西路四得公园9-7号
운영 11:00~22:00
전화 010-8456-9336

3. 서라벌 萨拉佰尔

중국 한류 식당의 원조이다. 베이징 곳곳에 지점을 운영하고 있으며, 고급스런 인테리어와 더불어 최고의 맛을 제공하는 최고급 식당이다. 가격이 다소 부담스러우니 점심 메뉴를 이용하면 좋다.

주소 北京市朝阳区
운영 10:00~22:00

♦
베이징 오리고기 식당 지하에 있다. 건물에 별도의 간판이 없어서 찾기가 어렵다. 입구에서 서라벌에 간다고 하면 종업원이 직접 안내를 해준다. 10% 봉사료 별도.

4. Lake Rhine 莱茵湖畔

베이징 일본인 학교 맞은편 리두공원 안에 있는 'Lake Rhine'는 이름처럼 호반을 바라보면서 다양한 독일 맥주를 즐길 수 있는 곳이다. 또한, 야외 웨딩홀을 갖추고 있기에 많은 사람들이 찾는 곳이다. 푸른 잔디 위에서 펼쳐지는 결혼식이 유럽의 조그만 마을에서 펼쳐지는 잔치와 같이 흥겹다.

주소 北京市朝阳区丽都花園内9号
운영 10:00~22:00
전화 010-5842-9618

5. 홰나무집 韓村槐树家

야외 테라스와 파라솔에서 식사를 할 수 있는 고기구이 전문점이다.

주소 北京市 朝阳区将台西路四得公园9号
운영 10:00~22:00
전화 010-6437-5711

6. 엘리먼트 프레시 Element Fresh

1층과 2층에 테라스가 있는 엘리먼트 프레시는 다양한 아시안 음식과 샐러드, 샌드위치, 스무디 등을 즐길 수 있는 곳이다. 특히, 다양한 맛과 종류를 가진 스무디는 이곳만의 매력. 웰빙 푸드 전문점이다.

주소 北京市朝阳区将台路6号
운영 08:00~23:00
전화 010-6433-5058

7. 파크사이드 Park Side Bar & Grill

사덕공원 동문 바로 옆에 있다. 세계 맥주와 와인을 마시며 간단한 식사를 할 수 있는 펍이다. 식사 후 아담한 공원에서 산책을 즐기는 것도 좋다.

주소 北京市朝阳区将台西路四得公园9-6号
운영 10:00~24:00
전화 010-6444-6555

8. 피터스 Peter's Tex-Mex Grill

비교적 저렴한 가격의 오리지널 멕시코요리를 맛볼 수 있는 아메리칸 스타일의 음식점이다. 마치 가정집과도 같은 분위기여서 무난하게 즐길 수 있다.

주소 北京市朝阳区将台西路9-2号
운영 07:30~23:00
전화 010-5135-8187

㉒

다산쯔 798 예술구 大山子798艺术区

다산쯔치쥬바이수취 | da shān zi qī jiǔ bā yì shù qū

예술과 문화를 사랑하는 베이징 현지인들이 즐겨 찾던 798 예술구가 관광 코스로 개발되면서 많은 외국인이 이곳을 찾고 있다. '798'이란 이름은 706, 707, 718, 798 등 예전 국영공장 단지의 이름에서 유래한 것이다. 한때 폐허가 된 공장 지역에 예술가들이 하나둘 모여 이를 작업실로 사용하면서 자연스럽게 예술구가 형성되었다. 본래 이곳에서는 군수용품을 생산했는데 다산쯔 798 예술구에 있는 멋진 그라피티와 조형물들은 중국이 사회주의 국가였다는 흔적이기도 하고, 핍박받던 예술가들의 한 맺힌 반항이기도 하다. 또한, 당시의 시대상을 나타내는 작품과 중국인 특유의 모습을 담은 작품이 많다. 내부 인테리어는 개성을 마음껏 표출할 수 있었지만, 건물 외형이나 외벽 등 구조적인 부분은 바꿀 수 없었던 탓에 아직도 공장 분위기가 난다.

다양한 먹거리 상점이 있는 사덕공원으로 이동하려면 D구역과 E구역 사이에 연결된 4호 입구를 통해 798로에서 주산교로酒仙桥路 방면으로 걷다가 만홍로万红路 갈림길에서 우회전하여 방원서로芳园西路에 진입하면 된다(약 1.3km/도보 15분 소요).

주소 北京市朝阳区酒仙桥路4号 798艺术区
운영 24시간
요금 무료
위치 **지하철** 14호선 장타이 역将台 站에서 택시 또는 도보로 이동 가능(약 1.5~2km) 또는 13호선 왕징시 역望京西 站에서 버스로 환승. 왕예펀王爷坟 또는 다산쓰로쿠난大山子路口南에서 하차

Tip 택시로 찾아가기
我要去798艺术区,
请把我送到王爷坟公交站附近。

Asian Art Work

백아헌 798

창의공간

More & More
다산쯔 798 예술구 200% 즐기기

다산쯔 798 예술구는 A구역부터 F구역까지 총 6개로 구분되는데, 전체를 모두 둘러보긴 쉽지 않다. A구역과 B구역은 가볍게 지나치고, C구역과 D구역을 집중적으로 공략하자. 각 구역마다 지도가 있고, 구역별 상징적인 조형물을 이정표로 잘 표기해 놓았다. 다산쯔 798 예술구는 넓고 볼 것도 많은, 하지만 마치 미로와 같은 곳이라 반나절은 둘러봐야 한다. 여기저기 넘치는 호기심을 자극하는 숍과 작품들이 넘치는 곳이다.

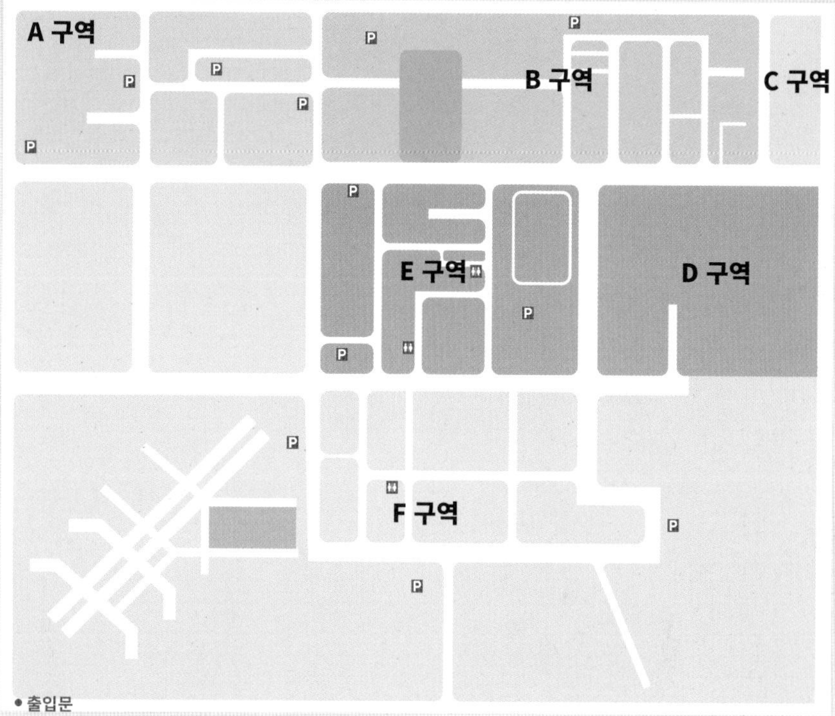

'798arts' 애플리케이션 활용하기

다산쯔 798 예술구는 매우 변화가 많은 곳이므로, 시간 낭비하지 않고 구석구석까지 즐기고 싶다면 '798arts' 애플리케이션을 이용하자. 주요 지역의 위치가 잘 나타나 있으며 갤러리, 음식점, 화장실 등 항목별로 분류도 잘 되어 있어 가고 싶은 공간을 찾기 좋다.

Suburbs of Beijing

베이징 근교

베이징 근교

N
용경협
龙庆峡
연경현
延庆县
관청수고
官厅水库
팔달령 장성
八达岭长城
거용관 장성
居庸关长城
명 13릉
明十三陵
창평구
昌平区
모전욕 장성
慕田峪长城
회유구
怀柔区
밀운수고
密云水库
사마대 장성/고북수진
司马台长城/高北水镇
순이구
顺义区
평곡구
平谷区
베이징 수도 국제공항
北京首都国际机场
향산공원
香山公园
팔대처
八大处
천저하촌
川底下村
베이징시
통주구
通州区
금면왕조
金面王朝
베이징 다싱 국제공항(예정)
北京首都第二机场
방산구
房山区
G7
G110
G6
G109
G108
G4
S50
G45
G105
G2
S30
G103
G1
G102
S12
G101
G112
G25
S9961
S1
S21

Sightseeing ★★☆

1

명 13릉 明十三陵

밍 스싼링 | míng shí sān líng

명 13릉은 명나라 시절 재위했던 13명의 황제와 23명의 황후를 모신 황릉군으로, 세계에서 가장 웅장한 규모와 완벽한 보존 상태를 자랑하는 고분군이다. 명나라가 멸망하기 전까지 약 220년간에 걸쳐 만들어졌다. 자금성이 천자의 아들로서 황제의 위엄을 보여주었다면, 명 13릉은 천하를 호령하던 황제도 죽음 앞에서는 그가 생전에 누리던 모든 것을 내려놓은 채 힘없이 역사 속으로 사라져 가는 인생의 무상함을 보여주는 곳이다. 현재 정식으로 개방된 관광지는 정릉, 장릉, 소릉, 신도 총 4곳이다. 이 중 지하 궁전으로 유명한 정릉이 가장 많은 관광객이 찾는 곳이다. 이 밖에도 **금실로 짠 황제의 관**1, **황제의 초상화**2 등 당시에 발굴된 유물들이 13릉 박물관에 전시되어 있으니 꼭 둘러보자.

주소	北京市昌平区明十三陵镇
운영	08:00~17:00
요금	정릉 65元, 장릉 45元, 신도 30元, 소릉 30元
위치	**지하철** 창평선昌平线 13링징취 역 十三陵景区 站에서 하차, 택시로 10분 이내(약 3km)

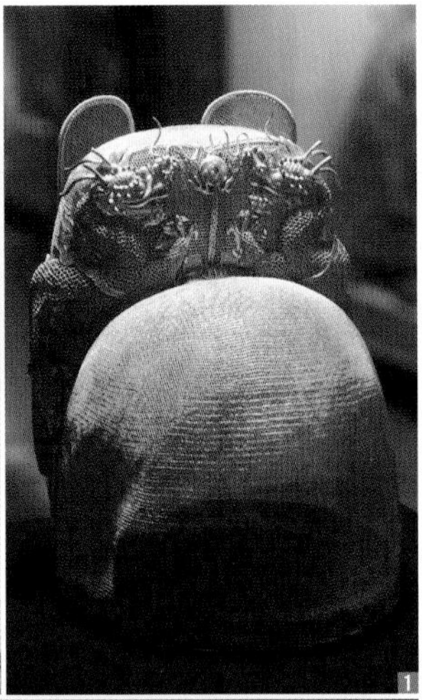

1

2

명 13릉

❶

장릉 长陵

창링 | cháng líng

3대 황제 영락제의 무덤으로, 명 13릉 중 최초로 조성된 능이자 최대 규모를 자랑하는 곳이다. 조카 건문제를 죽이고 왕위를 빼앗은 영락제는 매우 잔인한 사람이었다. 왕위를 빼앗는 과정에서 자신에게 항거했던 자들은 모두 가죽을 벗기거나, 펄펄 끓는 기름 가마에 넣어 죽였으며, 여자들은 모두 기생으로 만들었다. 이후 백성들의 원성이 높아져 불안해진 영락제는 수도를 난징에서 지금의 베이징으로 옮기고 자금성과 명 13릉을 지었다. 명 13릉은 어찌 보면 영락제 자신의 무덤 주위로 12릉을 세워 그의 자손과 후예의 안위를 지키기 위해 만든 것이라 할 수 있다.

♦
중국 고대의 황제들은 묘실의 규모에 대한 관심이 컸는데, 이는 만물에는 영혼이 있다는 사상 때문이었다. 사람이 죽으면 육신은 죽지만 영혼은 불멸하는 것이며, 사후에 기거하는 음부의 세계가 존재한다고 믿었다. 따라서 황제들의 능묘를 지칭해 음부의 주택이란 뜻의 '음택阴宅'이라 하였다.

명 13릉

❷

정릉 定陵

딩링 | dìng líng

정릉은 10살의 나이로 황제에 올라 무려 47년간 재위한 명나라 14대 황제 만력제의 무덤이다. 흔히 지하 궁전으로 불리는데 이는 명 13릉 중 유일하게 지하 무덤을 관람할 수 있기 때문이다. 계단을 따라 무덤 안으로 내려가면 긴 복도를 따라 전전前殿, 중전中殿, 후전后殿의 3전과 중전 좌우로 2개의 배전拜殿이 있다. 비록 화려함이나 보물들은 볼 수 없으나 완성된 석실과 그 규모로 미루어 황제의 무덤을 짓기 위해 희생된 수많은 사람들의 노고를 짐작할 수 있다. 실제로 정릉 발굴 시 유물 보존 기술의 부족으로 인해 엄청난 양의 유물을 잃고 말았다. 그로 인해 13개의 정릉 중 한 개의 정릉만 발굴을 진행했다고 한다.

Sightseeing ★★★

2

만리장성 万里长城

완리창청 | wàn lĭ cháng chéng

흔히 달에서도 보인다는 만리장성. 따라서 첫 중국인 우주인이었던 양리웨이楊利偉가 우주에서 만리장성을 육안으로 확인하지 못했다고 말했을 때, 많은 중국인이 실망했다고 한다. 지도상으로 축성된 만리장성의 길이는 2,700km이다. 비록 원래의 모습과 달리 곳곳마다 끊어지고 무너지긴 했지만 만리장성의 총 길이는 약 6,000km라고 한다.

물론 만리장성을 간다고 해서 그 긴 거리를 다 둘러볼 수 있는 것은 당연히 아니다. 실제로 눈 앞에 펼쳐진 만리장성을 보면 체감 길이는 말로 표현할 수 없을 정도로 어마어마한데 아쉽게도 현재 만리장성 중 직접 올라갈 수 있는 곳은 팔달령八达岭, 거용관剧庸关, 사마대司马台 등 몇 곳뿐이다. 그중 가장 대표적인 곳이 팔달령 장성이다.

주소 北京市延庆县八达岭镇东沟村八达岭长城

운영 06:30~19:00(여름)
07:00~18:00(겨울)

요금 **입장료** 성수기 45元, 비수기 35元
케이블카/슬라이딩카
왕복 100元, 편도 80元

More & More
만리장성 드나들기

1. 관광버스 이용

전문前门에 있는 베이징 관광버스 터미널에서 전용 관광차에 탑승하면 된다. 입장료, 교통비, 중식, 가이드 비용 등이 포함되어 있으며 돌아오는 길에 올림픽공원에서 하차할 수 있다. 머물고 있는 호텔에도 일일관광Daily Tour 프로그램이 있을 수 있으니 확인해 보도록 하자.

A노선 팔달령 장성 + 명 13릉(210元), 매일 6:30~10:00 출발,
약 9시간 소요 예상

B노선 팔달령 장성 + 이화원(200元)

C노선 팔달령 장성(120元), 매일 08:00~10:30 출발, 약 7.5시간 소요 예상

2. 기차 이용

기차는 출발과 도착 시간이 안정적이라는 장점이 있다. 지하철 시즈먼 역西直门 站과 연결된 베이징 북역北京 北站에서 연경延庆행 교외 기차 S2를 타고 빠다링 역八达岭 站에 하차하면 되는데, 역에서 도보로 15~20분이면 팔달령 장성八达岭长城에 도착한다. 좌석 지정은 불가하다.

베이징북역 요금 6元, 06:12, 07:58, 08:34, 09:03, 10:57, 12:43, 13:14
약 70~80분 소요

3. 직행버스 이용

지하철 2호선 지수이탄 역积水潭 站에서 출구A로 나온 후 도보로 덕승문까지 이동한다. 왼쪽 편에 877번 또는 919번 직행버스 승강장이 있다. 교통 상황에 따라 장성까지는 약 1~3시간이 소요된다(현금 12元, 5분 간격으로 출발한다고는 하지만 불규칙하다).

이용시간 4월 1일~11월 15일(06:00~12:30)
11월 16일~3월 31일(06:30~12:30)

♦

외국인 관광객이 혼자 만리장성을 찾아가는 건 생각만큼 쉽지 않다. 명 13릉을 포함하여 대부분의 베이징 관광명소는 지하철과 버스로 이동이 가능하지만 만리장성만큼은 아직도 관광버스나 기차 또는 택시를 이용해야 한다. 만일 택시를 이용한다면 2016년에 개통된 지하철 창평선을 타고 명 13릉까지 이동한 다음, 택시를 타는 것이 좋다(택시 이동만 약 40km이며 40분 이상이 소요된다).

1

팔달령 장성 八达岭长城

빠다링창청 | bā dá lǐng cháng chéng

베이징 시내에서 약 1시간 정도 거리에 있는 팔달령 장성은 가장 완벽하게 복구된 장성 중 하나이다. 두꺼운 돌계단이 닳고 닳아 움푹 파인 것에서 세월의 흔적을 느낄 수 있다. 오랜 시간 수많은 사람들이 밟고 걸었던 흔적. 가파른 길을 오르다 힘이 들면 잠시 쉬면서 뒤를 돌아보자. 오르는 위치에 따라 변하는 장성의 아름다운 모습에 저절로 탄성이 터져 나온다. 마침내 정상에 오르면 주변의 산 정상을 따라 굽이굽이 이어진 장성의 웅장한 모습이 눈에 들어오는데 마치 한 마리의 용이 승천하는 듯하다. 다시 한 번 만리장성의 경이로움에 고개를 숙이게 된다.

♦

팔달령 장성 올라가는 법

① 케이블카 타기

승강장은 주차장 끝자락에 위치한다. 짧게는 30분, 길게는 1~2시간을 기다려야 하므로 가능한 이른 아침에 도착하는 것이 좋다. 케이블카에서 내린 후 정상까지는 약 20~30분 정도 도보로 이동하면 된다.

② 슬라이딩카 타기

877번 직행버스 하차장 앞에 티켓판매소가 있다. 안내 표지판을 따라 슬라이딩카滑车를 타고 장성으로 올라간다. 속도도 빠르지 않고 약간의 불편함도 있지만 오락기구라고 생각하면서 즐겨보자.

③ 도보 이동하기

주차장에서 중국장성박물관으로 이어진 계단을 오르거나, 주차장 입구에서 직진을 하게 되면 두 길이 합쳐진다. 성문을 지나 만리장성 호텔을 지나면 매표소가 있다. 입장권을 가지고 천천히 오른쪽 성곽을 따라 걸어 올라가자.

More & More

장성의 시작

본래 장성은 이민족들이 말을 타고 중국에 쳐들어오는 것을 막기 위해 쌓은 것이다. 장성은 진나라 때 시작해 오늘날에 이르기까지 약 1,800년이란 세월을 담고 있다. 산의 능선을 따라 물결치듯 흘러가는 것처럼 보이지만 일부러 험난한 곳을 골라서 쌓았다고 한다. 강제로 동원된 노동력이라는 상황을 비추어 보았을 때 벽돌 한 장에 얼마나 많은 사람들의 희생이 담겨 있을지 짐작이 간다. 그러한 장성에 올라 산 능선을 따라 길게 뻗어 나가는 성벽을 보면 결코 이걸 인간이 만들었을 거라고는 생각을 하지 못할 만큼 불가사의한 경관이 펼쳐진다. 비록 장성을 만드는 과정에서 수많은 선조들의 희생이 있었지만, 진시황제는 후손들에게 대대손손 누릴 수 있는 위대한 문화유산을 남겨준 셈이다.

2

사마대 장성 司马台长城

쓰마타이창청 | sī mǎ tái cháng chéng

사마대 장성은 베이징 시내에서 약 120km 떨어진 밀운현密云县에 있는 고북구진古北口镇 내에 있다. 전체 길이 5.7km의 사마대 장성은 팔달령 장성과 함께 명나라 때 재건된 장성이다. 사마대 장성에는 총 35개의 망루가 있는데, 만리장성 전 구간 중 망루가 가장 밀집한 구간이다. 다양한 성벽과 망루의 보존 상태가 비교적 양호해 군사, 건축, 예술 등 여러 방면에서 매우 높은 가치를 지니고 있다. 사마대 장성은 동서로 뻗어 있는데, 동쪽의 장성은 가파른 산등성이 위에 지어졌으며, 그 모습은 마치 한 마리의 거대한 용이 하늘로 날아오르는 것 같은 형상을 하고 있다.

주소	北京市密云县古北口镇司马台村
운영	09:00~17:00(11~4월) 09:00~18:00(5~10월)
요금	**입장료** 40元 **케이블카** 편도 90元, 왕복 160元
위치	**택시** 司马台长城。

♦

사마대 장성 드나들기

동즈먼 역에서 980번 버스(东直门坐980快)로 종점까지 이동한 뒤 사마대행 버스나 승합 택시를 이용하자. 1차량당 편도로는 150~200元 정도가 들며 이는 1인당 20元 정도의 금액이다. 밀운 종점에서 쓰마타이까지 공공버스는 하루 3대 운행하며 약 4元이 든다.

① **밀운**密云 ▶ **사마대**司马台

매일 07:30, 11:30, 14:30 출발

② **사마대**司马台 ▶ **밀운**密云

매일 09:00, 13:00, 16:00 출발

More & More
사마대 장성 200% 즐기기

사마대장성은 고북수진高北水镇 관광지를 통해서 입장이 가능하다. 사마대장성을 방문하려면 최소 하루 전에 반드시 예약해야 한다. 예약시 개인의 실명과 신분증 번호(여권 번호) 등의 정보가 필요하다. 만일 예약을 하지 못했다면 오전 10시와 오후 2시, 하루 두 차례 입장이 가능하다. 당일 방문 시 신분증은 필수. 고북수진 앞 매표소에서 대기하면 셔틀버스로 케이블카 터미널까지 이동할 수 있다. 사마대 장성은 케이블카 투어와 트레킹이 모두 가능하다. 가파른 산세가 부담스럽다면 처음부터 케이블카를 이용하자. 트레킹코스로 이동할 경우 왕복 4~5시간이 소요된다. 여행 일정에 여유가 있다면 고북수진에서 하룻밤 머물면서 물길을 따라 산성 여행을 해보는 것도 좋다.

베이징 호텔,
어디에서 묵을까?

베이징 시에는 특급 호텔부터 사합원을 개조한 호텔까지 다양한 종류의 호텔이 있다. 그중에서도 호텔의 인지도와 유명 관광지로의 접근이 용이한 지하철역을 중심으로 호텔을 선정했다. 베이징은 어느 도시보다 도보로 이동하는 거리가 많은 곳이다. 따라서 숙소는 지하철역에서 직접 연결 또는 최소 도보 10분 이내의 거리로 선정해야 한다. 베이징은 여행 시기에 따라 숙박비 변동이 크기에 아래와 같이 개략적인 구분을 하여 가격을 표시했으니 참고하자.

300~400元(경제적 호텔) **¥**

500~700元(비즈니스 호텔) **¥¥**

800元 이상(특급 호텔) **¥¥¥**

Best Hotel

베이징 중심부
(지도 p.66)

자금성 인근에서 하룻밤을 보내는 건 어떨까? 왕부정은 자금성까지 도보로 이동할 수 있다. 동장안 거리와 왕부정대가를 사이에 두고 있는 왕푸징 역과 덩스커우 역 주변에는 외국계 특급 호텔이 많다. 또한, 첸먼 역이나 난뤄구샹 역 주변에는 비즈니스 호텔이나 전통 가옥인 사합원을 개조한 중국풍 호텔이 있다. 가장 중국다운 후통 거리에서 머무는 것도 좋다.

1. 그랜드 하얏트 베이징 호텔 5성급

北京东方君悦大酒店 | Grand Hyatt Beijing Hotel

베이징 시 중심지인 동장안 거리东长安街와 최대 쇼핑 거리인 왕부정대가에 있는 동방신천지 쇼핑몰과 연계되어 있다. 지하철 1호선 왕푸징 역과 연결되며, 천안문광장과 고궁은 도보로 이동할 수 있다. 825개의 호화롭고 편안한 객실에는 대리석 욕실이 있으며 바닥까지 이어진 넓은 창문이 있어 동장안 거리의 경치를 한눈에 내려다볼 수 있다.

주소 北京市东城区东长安街1号
요금 ¥¥¥
전화 86-10-8518-1234
위치 **지하철** 1호선 왕푸징 역王府井 站 출구B 연결

2. 래플스 베이징 호텔 5성급

北京饭店莱佛士 | Raffles Beijing Hotel

1900년에 세워진 중국의 첫 고급 호텔이다. 동장안 거리, 왕부정대가와 인접하며 천안문광장, 고궁박물원, 수수가 등 유명 관광지로 이동이 편리하다. 객실과 스위트룸은 프랑스 스타일과 중국식 특색이 조화를 이루어 래플스 호텔 특유의 고귀함과 우아함을 드러낸다.

주소 北京市东城区东长安街33号
요금 ¥¥¥
전화 86-10-6526-3388
위치 **지하철** 1호선 왕푸징 역王府井 站 출구C 연결

3. 톈안 레가 호텔 3성급

北京天安瑞嘉酒店 | TianAn Rega Hotel

천안문광장과 왕부정대가 사이라는 환상적인 위치를 자랑한다. 전통적인 중국 스타일 외관에 127개의 객실과 내부에는 현대적인 시설을 갖추었으며 특히 옥상정원에서는 자금성과 천안문광장을 조망할 수 있다. 시단 역 근처의 쇼핑 거리와도 인접해 있다.

주소 北京东城区南河沿大街华龙街天安大厦
요금 ¥¥
전화 86-10-8511-0088
위치 **지하철** 1호선 왕푸징 역王府井站 출구C에서 도보 5분 이내

4. 왈도프 아스토리아 베이징 호텔 5성급

北京华尔道夫酒店 | Waldorf Astoria Beijing Hotel

왕부정대가 핵심 구역에 있으며 본관과 동원, 서원으로 구성되어 있다. 본관에는 다양한 특색의 초호화 객실이 171개 있다. 그중 9개 객실에는 독특한 발코니가 설치되어 있으며 38개의 스위트룸으로 구성되어 있다. 또한 사합원 동원은 4개의 후통 스위트룸이 있다.

주소 北京市东城区灯市口大街88号
요금 ¥¥
전화 86-10-5816-8999
위치 **지하철** 5호선 덩스커우 역灯市口站 출구A에서 도보 10분 이내(동당 옆)

5. 썬월드 다이너스티 호텔 베이징 4성급

天伦王朝酒店 | Sunworld Dynasty Hotel Beijing

왕부정 천주당인 동당과 가깝다. 지하철 5호선 덩스커우 역에서 가깝지만 관광지 이동을 위해서는 왕푸징 역을 이용하는 것이 편리하다. 총 395개의 객실을 보유하고 있으며, 천안문과 고궁박물원까지 도보로 이동할 수 있다. 특히 중앙홀인 왕조광장王朝广场은 아시아에서 가장 큰 규모이다.

주소 北京市东城区金鱼胡同5-15号
요금 ¥¥
전화 86-10-8520-8989
위치 **지하철** 5호선 덩스커우 역灯市口站 출구A에서 도보 10분 이내

6. 베이징 프라임 호텔 왕푸징 4성급

北京华侨大厦 | Beijing Prime Hotel Wangfujing

2010년 리모델링한 호텔은 왕부정대가 북쪽에 자리하고 있다. 중국국가미술관, 수도극장과 가깝고, 고궁박물원과 천안문까지 도보로 이동할 수 있다. 새롭게 만든 402개의 객실은 현대와 고전의 우아함을 바탕으로 정교하고 우아한 디자인과 다양한 품격을 자랑한다.

주소 北京市王府井地区王府井大街2号
요금 ¥¥
전화 86-10-5816-9999
위치 **지하철** 1호선 동쓰 역东四站에서 도보 5분 이내

7. 레전데일 호텔 베이징 5성급

北京勵駿酒店 | Legendale Hotel Beijing

마카오 레전데일에서 설립한 5성급 호텔로 총 390개의 클래식한 객실과 79개의 호텔식 아파트, 그리고 126개의 개인 주택으로 구성되어 있다. 독특한 유럽식 건물로 베이징의 랜드마크 중 하나가 되었다. 왕부정대가에서 5호선 덩스커우 역으로 가는 방향에 있다.

주소 北京市東城區金寶街90-92號
요금 ¥¥
전화 86-10-8511-3388
위치 **지하철** 5호선 덩스커우 역灯市口站 출구C에서 도보 5분 이내

8. 더 페닌슐라 베이징 호텔 5성급

北京王府半岛酒店 | The Peninsula Beijing Hotel

중국을 방문하는 수많은 외국 정상과 고위 인사들이 머물던 곳이다. 525개의 객실에서는 유무선 인터넷 서비스와 각종 전자제어 설비를 갖추고 있어 어느 곳에서나 편리하게 이를 이용할 수 있다. 전 객실에서 무료 와이파이 사용이 가능하고, 24시간 룸서비스를 이용할 수 있다. 무엇보다 중국 전통 귀족 정원의 분위기를 살린 광동식 음식점 '황팅凰庭'과 유럽풍 스타일을 재현한 레스토랑 'JING'이 유명하다.

주소 北京市东城区王府井金鱼胡同8号
요금 ¥¥¥
전화 86-10-8516-2888
위치 **지하철** 5호선 덩스커우 역灯市口站 출구B에서 도보 5분 이내

9. 힐튼 베이징 왕푸징 호텔 5성급

北京王府井希尔顿酒店 | Hilton Beijing Wangfujing Hotel

힐튼 호텔은 왕부징대가의 마카오 센터澳门中心에 있다. 천안문, 자금성에 도보로 이동할 수 있다. 총 255개의 객실이 있으며 모든 객실에는 고급 음향 설비가 갖추어져 있고 5층에는 다양한 음식을 맛볼 수 있는 레스토랑이 모여 있다.

주소 北京市东城区王府井东大街8号
요금 ¥¥¥
전화 86-10-5812-8888
위치 **지하철** 5호선 덩스커우 역灯市口站 출구A에서 도보 10분 이내

10. 노보텔 베이징 피스 호텔 4성급

北京诺富特和平酒店 | Novotel Beijing Peace Hotel

왕부정대가 중심부에 있으며 지하철 5호선 덩스커우 역에서 도보로 2분 거리에 있다. 또한 1호선 동당 역에서는 도보로 10분 거리이다. 신동안 쇼핑몰, 오리엔탈 플라자 등 쇼핑 단지와 가깝다. 레스토랑 스퀘어에서는 전 세계의 요리로 구성된 뷔페를 제공하고 있다.

주소 北京市东城区金鱼胡同3号
요금 ¥¥
전화 86-10-6512-8833
위치 **지하철** 5호선 덩스커우 역灯市口站 출구A에서 도보 10분 이내

11. 파크 프라자 왕푸징 호텔 4성급

北京王府井丽亭酒店 | Park Plaza Wangfujing Hotel

천안문광장과 자금성에서 2.5km 이내에 있으며 지하철 5호선 덩스커우 역과 직접 연결되어 있다. 세련된 객실을 갖추고 있으며 대형 창문을 통해 도시의 전망을 감상할 수 있다. 'Oodle Restaurant'이 다양한 종류의 일식과 중식 면 요리를, 'Bloo Dining'에서는 세계 각국의 요리를 맛볼 수 있다.

주소 北京市东城区金宝街97号
요금 ¥¥
전화 86-10-8522-1999
위치 **지하철** 5호선 덩스커우 역灯市口站 출구B에서 연결

12. 베이징 꾸샹 20 코트야드 4성급

北京古巷20号小院 | Beijing Guxiang 20 Courtyard

남라고항南锣鼓巷에 있는 호텔이며 로비에 중국풍의 스타벅스가 있다. 남라고항과 북라고항 경계 지역에 있으며 십찰해, 종고루, 북해공원 등 유명 관광지와 가깝다. 지하철 6호선 난뤄구샹 역과 8호선 스차하이 역에서 도보 10분 거리이다.

주소 北京市东城区南锣鼓巷20号
요금 ¥¥
전화 86-10-6400-5566
위치 **지하철** 6호선 난뤄구샹 역南锣鼓巷站 출구E에서 도보 10분 이내

13. 베이징 싱하이치 홀리데이 호텔 3성급

北京星海琪酒店 | Beijing Xinghaiqi Holiday Hotel

베이징의 다양한 음식과 문화를 접할 수 있는 남라고항 입구에 있다. 지하철 6호선, 8호선과 연계되어 베이징의 유명 관광지로 이동이 편리하다. 대표적인 바 거리인 십찰해와 남라고항에서 500m 떨어져 있어 쇼핑과 식사, 그리고 베이징의 나이트 라이프를 즐기기 좋은 곳이다.

주소 北京市东城区地安门东大街89-3
요금 ¥
전화 86-10-5218-1995
위치 **지하철** 6호선 난뤄구샹 역南锣鼓巷 站 출구E 연결

14. 베이징 후통 인 3성급

北京枣园居宾馆 | Beijing Hutong Inn

지하철 8호선 구러우따제 역과 인접하여 주변 관광지로 이동이 편리하다. 후통 안에 위치한 호텔은 종고루, 십찰해, 북해공원 등의 관광명소에 도보로 이동할 수 있다. 현대적인 객실부터 전통적인 객실까지 다양한 형태의 객실을 제공하며 무료 와이파이 설비를 갖춘 저렴한 숙소이다.

주소 北京市东城区旧鼓楼大街张旺胡同17号
요금 ¥
전화 86-10-6404-2653
위치 **지하철** 8호선 구러우따제 역鼓楼大街 站 출구G에서 도보 5분 이내

15. 징타이롱 인터내셔널 호텔 5성급

北京京泰龙国际大酒店 | Jingtailong International Hotel

전문대가, 대책란, 유리창과 인접하며 7호선 주시커우 역에서 100m 정도 떨어져 있다. 첸먼 역까지는 도보로 10분, 천안문광장과 자금성까지는 도보로 20분이 소요된다. 널찍한 공간 배치를 자랑하는 이 객실은 전통적인 가구로 꾸며져 있다. 이곳의 숙박시설은 고객들에게 최고의 서비스와 편의시설을 제공하며 호텔 내에서는 무료 와이파이, 24시간 룸서비스, 비즈니스 센터 등의 서비스를 이용할 수 있다.

주소 北京市东城区珠市口东大街19号(天安门广场附近)
요금 ¥
전화 86-10-6457-5555
위치 **지하철** 7호선 주시커우 역珠市口 站 연결

16. 리젠트 베이징 호텔 5성급

北京丽晶大酒店 | Regent Beijing Hotel

왕부정대가에서 도보로 불과 3분 거리에 위치한 조용하고 고급스러운 휴양 호텔로 아름다운 전망을 자랑한다. 천안문광장, 자금성과는 약 2km 떨어져 있으며 지하철로 인근 관광지에 편하게 이동할 수 있다. 호텔에는 웅장한 실내 수영장 및 스파가 있다.

주소 北京市东城区金宝街99 号
요금 ¥¥¥
전화 86-10-8522-1888
위치 **지하철** 5호선 덩스커우 역灯市口站 출구C 연결

17. 디 엠퍼러 베이징 톈안먼 스퀘어 3성급

北京天安门皇家驿栈 | The Emperor Beijing Tian'anmen Square

전문대가와 선어구에 있는 호텔로 첸먼 역과는 도보로 10분 거리다. 지하철역과 인접하지는 않지만 전문대가와 대책란, 유리창과 연계되어 있어 베이징의 정취를 느끼기에 좋다. 전 구역에서 무료 와이파이를 이용할 수 있다.

주소 北京市东城区前门商业区鲜鱼口街87号
요금 ¥¥
전화 86-10-6701-7790
위치 **지하철** 2호선 첸먼 역前门站 출구B 도보 10분 이내

18. 페킹 유스호스텔 호스텔

北平国际青年旅舍 | Peking Youth Hostel

남라고항에 있는 호스텔로 전통 중국식 건물에 자리하고 있다. 또한 술집이 많은 십찰해의 후해 지역과 도보로 불과 10분 거리이며 매력적인 정원과 다채로운 색감의 객실을 자랑한다.

주소 北京市东城区地安门东大街南锣鼓巷113-2号
요금 ¥
전화 86-10-6401-3961
위치 **지하철** 6호선 난뤄구샹 역南锣鼓巷站 출구E에서 도보 10분 이내

19. 베이징 트래디셔널 뷰 호텔 3성급

北京古韵坊怡景酒店 | Beijing Traditional View Hotel

2010년에 전통적인 중국 스타일로 리모델링한 곳이다. 호텔은 베이징에서 유명한 남라고항에 자리하고 있으며, 십찰해 바 거리, 연대사가, 종고루, 공왕부, 북해공원 등 관광지와 가깝다. 지하철 6호선과 8호선 난뤄구샹 역에서 10분 거리이다.

주소 北京市东城区交道口南大街菊儿胡同33号
요금 ¥
전화 86-10-6400-5656
위치 **지하철** 6호선 난뤄구샹 역南锣鼓巷站 출구E에서 도보 10분 이내

베이징 서부 (지도 p.142)

베이징 서부는 다른 지역에 비해 유명 관광지가 많진 않다. 그러나 3대 상업지구로 속하는 서단 상업가에서는 지하철 1호선을 통해 중화세기단 주변을, 4호선을 통해 이화원과 원명원, 그리고 백탑사, 법원사 등 서부의 유명 관광지를 관람하기 편하며 북해공원과 십찰해가 가까이 있다. 하지만 베이징이 처음이라면 이곳에 숙소를 잡는 것을 권장하진 않는다.

1. 그랜드 머큐어 베이징 센트럴 호텔 4성급

北京西單美爵酒店 | Grand Mercure Beijing Central Hotel

서단상업가에 있는 이곳은 장안대로에서 도보로 10분 거리에 있다. 지하철 1호선과 4호선 시단 역과 지하철 2호선과 4호선 쉬안우먼 역에서 도보로 불과 5분 거리에 있다. 모던한 디자인의 객실에는 욕조가 딸린 전용 욕실이 있어 피로를 풀기 좋다. 호텔 로비의 직원들이 친절한 편이나 영어를 잘 하지는 못한다는 평이 있다.

주소 北京市西城区宣武门内大街6号
요금 ¥¥
전화 86-10-6603-6688
위치 **지하철** 1호선 시단 역西单站 출구B2에서 도보 5분 이내

2. 페킹 가든 부티크 호텔 사합원

北平花园 | Peking Garden Boutique Hotel

후통에 위치한 이곳은 지하철 4호선 시스 역에서 도보로 7분 거리에 있다. 수백 년 된 전형적인 베이징식 안뜰을 보유한 이 호텔은 전통적인 중국식 장식으로 꾸며져 있다. 현대적인 객실엔 고전적인 중국식 가구과 이집트산 면으로 제작된 고급 침구가 갖춰져 있다. 중국의 전통 가옥인 사합원을 개조한 호텔이 궁금하다면 하루쯤 묵어봐도 좋다.

주소 北京市西城区小院胡同15号
요금 ¥¥
전화 10-6615-0255
위치 **지하철** 4호선 시스 역西四站 출구D에서 도보 10분 이내

3. 파크 플라자 베이징 사이언스 파크 호텔 4성급

北京丽亭华苑酒店 | Park Plaza Beijing Science Park Hotel

베이징의 실리콘밸리에 위치한 이 호텔은 지하철 10호선 즈춘루 역과 도보 5분 거리에 있다. 이화원과 원명원까지 지하철로 편리하게 이동할 수 있으며 올림픽 개최 장소인 국가체육장과 국가수영센터Water Cube와도 가깝다. 지하철 역과 가까우며, 근처 호텔 중 가격 대비 방 컨디션이 괜찮은 편이다.

주소 北京市海淀区知春路25号
요금 ¥¥
전화 86-10-8235-6699
위치 **지하철** 10호선 즈춘루 역知春路站 출구F2 앞

베이징 동부
(지도 p.170)

처음 베이징을 여행한다면 동부지역에 투숙하기를 권한다. 베이징의 대표 관광지와 쇼핑 스폿으로 쉽게 이동할 수 있기 때문이다. 국무상성과 건외소호, 수수가, 더 플레이스와 연결되는 1호선 첸먼 역 주변, 싼리툰 빌리지로 연결되는 10호선 퇀제후 역과 2호선 동쓰스타오 역 주변, 비즈니스 지역인 10호선 량마차오 역 주변을 추천한다. 공항으로 이동하기에도 편하다.

1. 더 웨스틴 베이징 차오양 호텔 5성급

北京金茂威斯汀大飯店 | The Westin Beijing Chaoyang Hotel

더 웨스턴 베이징 차오양 호텔은 2008년 오픈했으며, 총 550개의 객실을 보유하고 있다. 고급스럽고 세련되게 장식된 객실은 현대적인 인테리어와 차분한 색조로 꾸며져 있다. 지하철 10호선 량마차오 역과 연결되어 있으며, 인기 있는 싼리툰 빌리지와 인접해 있다.

주소 北京市朝阳区东三环北路 7 号
요금 ¥¥¥
전화 86-10-5922-8888
위치 **지하철** 10호선 량마차오 역 亮马桥 站 출구A 연결

2. 쿤룬 호텔 5성급

崑崙飯店 | Kunlun Hotel

베이징 중앙에 위치한 쿤룬 호텔은 지하철 10호선 량마차오 역과 연결되어 있다. 아름다운 량마강을 내려다볼 수 있는 객실에서는 로마 스타일 온수 욕조에서 휴식을 취할 수 있다. 전통 사천요리와 함께 전통적인 중국 음악 공연을 즐길 수도 있으며 싼리툰 빌리지와 가깝다.

주소 北京市朝阳区新源南路2号
요금 ¥¥¥
전화 86-10-6590-3388
위치 **지하철** 10호선 량마차오 역亮马桥 站 출구D에서 도보 5분 이내

3. 켐핀스키 호텔 베이징 루프트한자 센터 5성급

北京凱賓斯基飯店 | Kempinski Hotel Beijing Lufthansa Center

독일 루프트한자가 운영하는 호텔로 유럽 스타일로 꾸며져 있으며, 넓은 객실에서는 량마강 혹은 베이징 도심의 전경을 조망할 수 있다. 옌사 아웃렛과 연결되어 있으며 1층에는 독일식 수제 맥주 전문점인 '파울라나 맥주방'이 있고, 지하에는 한국식당 '서라벌'이 있다.

주소 北京市朝阳区亮马河桥路50号
요금 ¥¥¥
전화 86-10-6465-3388
위치 **지하철** 10호선 량마차오 역亮马桥 站 출구C에서 도보 5분 이내

4. 베이징 랜드마크 호텔 4성급

北京亮馬河大廈 | Beijing Landmark Hotel

평화로운 량마강 옆에 자리한 랜드마크 호텔은 지하철 10호선 량마차오 역과 인접해 있다. 파스텔 톤으로 잘 꾸며진 객실에는 갓 세탁된 침구와 현대적인 가구가 마련되어 있다. 싼리툰 바 거리에서 차로 5분 거리에 있다. 초강남에서 맛있는 중국 사천요리를 맛보자.

주소 北京市朝阳区东三环北路8号
요금 ¥
전화 86-10-6590-6688
위치 **지하철** 10호선 량마차오 역亮马桥站 출구D에서 도보 10분 이내

5. 더 그레이트 월 쉐라톤 호텔 5성급

北京長城喜來登酒店 | The Great Wall Sheraton Hotel

차오양 상업지구 중심에 위치한 이곳은 가격 대비 시설이 낡은 편이다. 웅장한 규모에 놀라 내부로 들어서면 생각보다 낡은 시설에 조금은 실망하게 되는 곳. 그러나 호텔 내에 있는 'Silk Road Trattoria' 레스토랑에서는 맛있는 이탈리아 요리를 즐길 수 있으며, 'French Bistro'에서는 프랑스 특선 요리를 맛볼 수 있다. 베이징의 전경을 감상하면서 광동 및 사천요리도 즐겨보자.

주소 北京市朝阳区东三环北路10号
요금 ¥¥
전화 86-10-6590-5566
위치 **지하철** 10호선 량마차오 역亮马桥站 출구D에서 도보 10분 이내

6. 그랜드 밀레니엄 베이징 호텔 5성급

北京千禧大酒店 | Grand Millennium Beijing Hotel

2008년에 오픈한 호텔로 한국인 출장자와 관광객들 사이에서 가장 만족도가 높다. 지하철 10호선 진타이시자오 역에서 연결되며, 호텔에서 도보 5분 거리에 대형쇼핑몰 더 플레이스가 있다. 521개의 객실은 모던하면서도 우아한 디자인으로 현대적인 편의시설을 잘 갖추었다. KBS한국방송도 시청할 수 있다.

주소 北京市朝阳区东三环中路7号
요금 ¥¥
전화 86-10-8587-6888
위치 **지하철** 10호선 진타이시자오 역金台夕照站 출구A에 연결

7. 소피텔 완다 베이징 호텔 5성급

北京万达索菲特大饭店 | Sofitel Wanda Beijing Hotel

뉴 월드 백화점New World Department Store 바로 앞이자 지하철 1호선 다왕루 역에서 도보로 3분 거리에 있다. 중국 세계 무역 센터는 1km 거리에 있으며, 쇼핑몰인 신콩 플레이스Shin Kong Place까지는 도보로 5분 거리이다. 호텔 내에서는 프랑스식, 일식, 중식 및 세계 각국의 특선 요리를 맛볼 수 있다.

주소 北京市朝阳区建国路93号
요금 ¥¥¥
전화 86-10-8599-6666
위치 **지하철** 1호선 다왕루 역大望路站 출구D에서 도보 5분 이내

8. 트레이더스 호텔 베이징 바이 샹그릴라 4성급

北京国贸饭店 | Traders Hotel Beijing by Shangri-La

총 570개 객실에 동 · 서 두 건물로 객실이 나뉘어져 있다. 서쪽 건물이 새로 재건된 디럭스룸이고 동쪽 건물은 슈피리어룸으로 일반적으로 이용하게 되는 객실은 동측 객실이다. 궈마오 역과 연결되어 있다. 호텔 레스토랑 뒤편의 에스컬레이터를 이용하면 China World Shopping Mall과 연결되어 각종 브랜드 숍과 레스토랑을 편리하게 이용할 수 있다.

주소 北京朝阳区建国门外大街1号
요금 ¥¥
전화 86-10-6505-2277
위치 **지하철** 1호선 궈마오 역国贸站 출구E2에서 도보 5분 이내

9. 샹그릴라스 차이나 월드 호텔 5성급

北京中国大饭店 | Shangri-La's China World Hotel

샹그릴라스 차이나 월드 호텔은 베이징 CBD에 있으며, 샹그릴라 호텔에서 관리하고 있다. 2003년 전면적인 리뉴얼을 마무리한 후 베이징의 대표 호텔로서 수많은 국제 행사와 귀빈을 맞이했다. 총 716개의 객실을 보유한 베이징의 대표적인 대형 호텔이다.

주소 北京市朝阳区建国门外大街1号
요금 ¥¥¥
전화 86-10-6505-2266
위치 **지하철** 1호선 궈마오 역国贸站 출구A에 연결

10. 지안구오 호텔 4성급

建国饭店 | Jianguo Hotel

동장안 거리东长安街에 위치하고, 귀우백화점, 수수가, 중국 호텔 등과 인접해 있다. 베이징 특유의 원림식 풍격을 가지고 있는 호텔은 총 462개 객실을 보유하고 있다. 지하철 1호선 궈마오 역과 용안리 역 중간에 위치한다.

주소 北京市朝阳区建国门外大街5号
요금 ¥¥
전화 86-10-6500-2233
위치 **지하철** 1호선 용안리 역永安里 站 출구B에 연결

11. 베이징 고텔 캐피털 호텔 4성급

北京国泰饭店 | Beijing Gotel Capital Hotel

버치 숲Birch Forest의 아름다운 경관을 감상할 수 있으며 지하철 1호선 용안리 역 근처의 시내 중심에 위치한 호텔이다. 수수가와 건외소호, 더 플레이스, 그리고 국무상성과 인접하고 있으며 주변에 한국식당과 다양한 먹거리가 있다.

주소 北京市朝阳区建国门外永安西里12号
요금 ¥¥
전화 86-10-6568-3366
위치 **지하철** 1호선 용안리 역永安里 站 출구A2

12. 뉴 오타니 창 푸 공 호텔 5성급

长富宫饭店 | New Otani Chang Fu Gong Hotel

건국문 동남각에 자리하고 있으며 건국문 상업 거리, 동장안 거리 문화상업 센터와 가깝다. '란화타이兰花台' 커피숍에서는 중국식 원림의 아름다운 경치를 감상할 수 있고, '뤼저우绿洲'에서는 민족 음악 연주를 들으며 술 한잔을 할 수 있다.

주소 北京市朝阳区建国门外大街26号
요금 ¥¥
전화 86-10-6512-5555
위치 **지하철** 1호선 젠궈먼 역建国门站 출구B에서 도보 5분 이내

13. W 베이징 창안 호텔 5성급

北京长安街W酒店 | W Beijing Chang'an Hotel

베이징 최초의 W호텔로 젠궈먼 역에서 도보로 6분 거리에 있다. 넓은 객실에는 평면 TV와 JBL 홈시어터 시스템이 있으며, 컬러 휠 조명 조절기로 객실 조명을 조절할 수 있다. 또한 객실의 블루투스 사운드 시스템에 스마트 기기를 연결할 수도 있다.

주소 北京市朝阳区建国门南大街2号
요금 ¥¥¥
전화 86-10-6515-8855
위치 **지하철** 1호선 젠궈먼 역建国门站 출구B에서 도보 5분 이내

14. 하워드 존슨 파라곤 호텔 베이징 4성급

北京宝辰饭店 | Howard Johnson Paragon Hotel Beijing

미국 하워드 존슨 그룹이 관리하는 이 호텔은 동장안 거리에 있고, 왕부정대가, 천안문, 고궁박물원 등 번화한 상업지구, 유명 관광지와 인접해 있다. 다양한 유형의 객실이 306개 마련되어 있고, 객실 내에는 완벽한 시설이 구비되어 있어 손님들의 다양한 요구를 만족시킨다.

주소 北京市建国门内大街甲18号
요금 ¥¥
전화 86-10-6526-6688
위치 **지하철** 1호선 젠궈먼 역建国门站 출구B 앞

15. 이너 몽골리아 그랜드 호텔 4성급

内蒙古大厦 | Inner Mongolia Grand Hotel

2010년 내몽고 자치구인민정부가 베이징에 건설한 4성급 비즈니스 호텔이다. 호텔은 동장안 거리东长安街 남측, 동단东单에 자리하고 있으며 내몽고의 특색이 농후한 곳이다. 지하철 1호선 및 5호선과 인접해 편리한 교통 시스템을 제공하고 있다. 객실은 편안하고, 깨끗하며 아담하다.

주소 北京市东城区崇文门内大街2号
요금 ¥¥
전화 86-10-6518-6666
위치 **지하철** 1호선 동당 역东单站 출구D에서 도보 5분 이내

16. 베이징 노보텔 신차오 호텔 3성급

北京新僑諾富特飯店 | Beijing Novotel Xinqiao Hotel

지하철 2, 5호선의 충원먼 역 바로 앞에 위치한 이곳은 트립어드바이저에서 수상한 경력이 있다. 우아하게 꾸며진 객실 내 편의시설로 편안한 휴식 공간, 넓은 업무 공간 및 천연 온천수가 공급된다. 라이브 음악을 즐길 수 있는 갤러리아 바Galleria Bar도 있다.

주소 北京市东城区东交民巷2号
요금 ¥
전화 86-10-6513-3366
위치 **지하철** 2호선 충원먼 역崇文门站 출구 B2 연결

17. 펜타 호텔 베이징 3성급

北京贝尔特酒店 | Penta Hotel Beijing

지하철 2호선과 5호선이 지나는 충원먼 역에 인접해 있다. 홍교시장, 천단공원, 전문대가, 천안문광장 등으로 걸어갈 수 있다. 8가지 종류의 객실 유형이 있으며, 각 객실에는 광대역 인터넷이 설치되어 있고, 넓고 쾌적한 사무 공간을 제공한다.

주소 北京市崇文区崇文门外大街3-18
요금 ¥¥
전화 86-10-6708-1188
위치 **지하철** 2호선 충원먼 역崇文门站 출구D1 앞

18. 스위소텔 홍콩 마카오 센터 5성급

北京港澳中心瑞士酒店 | Swissotel Hong Kong Macau Center

지하철 2호선 동쓰스타오 역과 연결된 호텔에는 430개의 객실과 디럭스룸이 있으며, 객실에는 인터넷이 설치되어 있다. 사통팔달의 위치에 있어 어디든지 이동이 편리하며, 싼리툰은 도보 15분 거리에 있다. '룽마이랑 주점胧脉廊酒廊'에서는 라이브 밴드의 연주도 감상할 수 있다.

주소 北京市东城区朝阳门北大街2号
요금 ¥¥
전화 86-10-6553-2288
위치 **지하철** 2호선 동쓰스타오 역东四十条站 출구C 연결

19. 베이징 아시아 호텔 5성급

北京亞洲大酒店 | Beijing Asia Hotel

베이징 아시아 호텔은 지하철 2호선 동쓰스타오 역에서 도보 5분 거리에 있다. 싼리툰과는 10분 거리에 있는 조용한 호텔이다. 총 293개의 객실 디럭스룸의 경우 유럽 건축양식으로 꾸며져 있으며 인근에 식당과 바 등이 밀집되어 있다.

주소 北京市东城区工体北路新中西街8号
요금 ¥¥
전화 86-10-6500-7788
위치 **지하철** 2호선 동쓰스타오 역东四十条站 출구C에서 도보 10분 이내

20. 베이징 지앙 타이 아트 호텔 4성급

北京将台艺宫酒店 | Beijing Jiang Tai Art Hotel

다산쯔 798 예술구에서 2.5km 거리에 있는 부티크 스타일의 호텔이다. 세련된 인테리어의 객실과 레스토랑을 보유하고 있으며, 객실은 자연적인 요소, 중국의 회화 혹은 영화를 테마로 꾸며져 있다. 도심부 관광지로 이동거리가 먼 것이 단점이다.

주소 北京市朝阳区酒仙桥路甲12号, 燕莎商区& 国际展览中心
요금 ¥
전화 86-10-6434-5588
위치 **지하철** 14호선 장타이 역将台站 연결

21. 동황 호텔(구.퀄리티 호텔) 4성급

北京东煌酒店 | Donghuang Hotel

동황 호텔은 2008년 8월 개업했으며 왕징 중심 상업구에 자리하고 있다. 전체적으로 고급 오피스 빌딩, 쇼핑센터, 오락센터로 구성되어 있다. 호텔에는 객실이 총 312개 있고, 객실 내부에는 초고속 광대역 인터넷이 설치되어 있다.

주소 北京市朝阳区(望京)广顺南大街16号
요금 ¥¥
전화 86-10-6479-6666
위치 **지하철** 14호선 왕징난 역望京南站 앞

22. 홀리데이 인 베이징 포커스 스퀘어 4성급

北京方恒假日酒店 | Holiday Inn Beijing Focus Square

홀리데이 인 베이징 포커스 스퀘어는 2010년 개업하였으며, 호텔은 망경望京에 자리하고 있다. 호텔에는 275개 객실이 마련되어 있고, 61개의 행정 객실과 21개의 호화 스위트룸이 여기에 포함된다.

주소 北京市朝陽區望京阜通東大街6號
요금 ¥¥
전화 86-10-6473-3333
위치 **지하철** 14호선 푸통 역阜通站 도보 5분 이내

23. 인터컨티넨탈 베이징 싼리툰 5성급

InterContinental Beijing Sanlitun | 北京三里屯通盈中心洲际酒店

베이징에서 가장 현대적인 지역인 싼리툰 소호 빌리지에 있다. 이곳은 일 년 내내 관광객과 현지인들의 발걸음이 끊기지 않는 핫플레이스로, 쇼핑과 먹거리가 많다. 화려한 외관과 LED를 이용한 인터컨티넨탈 베이징 싼리툰의 인테리어는 싼리툰 지역의 새로운 랜드마크로 떠오르고 있다. 베이징 전통적인 문화와 초현대적인 건축디자인이 만나 어우러진 랜드마크에서 여행의 또 다른 즐거움을 느낄 수 있다.

주소 北京市朝阳区三里屯1号
요금 ¥¥¥
전화 +86-10-6530-8888
위치 **지하철** 10호선 퇀제후 역团结湖站 출구D에서 도보 5분 이내 (싼리툰 소호 옆)

03

Step to Beijing

쉽고 빠르게 끝내는 여행 준비

Step to Beijing 01

베이징 일반 정보

✚ 베이징의 역사

중국의 역사상 천년 고도라 부를 수 있는 도시는 시안西安, 뤄양洛阳, 그리고 베이징北京뿐이다. 특히 원 · 명 · 청나라의 700년 역사를 고스란히 품고 있는 베이징은 도시 전체가 세월의 흔적을 간직한 역사박물관이다. 베이징은 연나라의 계성薊城에서 요나라의 난징南京, 금나라의 옌징燕京, 원나라의 따도우大都를 거쳐 명나라 시기에 지금의 이름을 얻게 되었다. 이후 청나라도 베이징을 수도로 삼았는데 국민당 정부가 난징으로 잠시 도읍을 옮기면서 '베이핑北平'이라 불리기도 했지만 1949년 중화인민공화국이 출범하면서 베이징은 중국의 수도로 다시 자리 잡게 되었다. 2008년 베이징올림픽을 성공적으로 개최하고, 초고속 경제가도를 달리는 중국의 변화에 맞춰 베이징도 급격히 변하고 있다. 천년고도의 모습과 최첨단 도시의 양면성을 가진 베이징을 여행하는 것은 마치 과거와 현재를 오가며 시간 여행을 하는 것과 같다.

✚ 기후

사계절이 뚜렷한 베이징은 여름엔 고온건조, 겨울은 한랭건조하다. 겨울에는 매서운 추위로 여행이 어렵고, 여름에는 무척이나 덥다. 특히 7~8월에는 간혹 38~39°C를 넘는 경우도 있는데 정부의 기상 발표는 절대 40°C를 넘는 일이 없다. 40°C가 넘으면 임시 공휴일을 제정할 수 있기 때문. 실제 체감 온도는 그 이상이니 여름에 베이징을 여행한다면 만발의 준비를 하는 것이 좋다.

✚ 면적

베이징의 면적은 16,411km²로, 서울의 약 28배이며 서울과 경기도를 합친 면적과 같다(남북의 거리는 176km, 동서의 거리는 160km).

✚ 인구

2018년 기준, 베이징 시 상주 인구는 2,170만 명으로 베이징 상주인구 중 약 45%가 핵심 지역인 3환 지역 안에 밀집해 있어, 심각한 교통정체와 상 · 하수도 및 전력 공급 문제 등 불균형 현상이 일어나고 있다.

✚ 화폐 및 환율

중국의 화폐는 인민폐人民币이며 'RMB' 또는 'CNY'라 표기하고 부호는 '¥'이다. 부를 때는 '위안元' 또는 '콰이块'라 부른다. 쟈오角 또는 마오毛는 1/10元이다. 지폐는 가장 작은 단위인 1元부터 2, 5, 10, 20, 50, 100元과 1角, 2角, 5角까지 통용된다. 주화는 '쟈오角'라 부르며 1角과 2角, 5角은 지폐뿐만 아니라 동전도 있다. 참고로 중국의 지폐에는 모두 마오쩌둥이 그려져 있다. 색과 크기만 다를 뿐인데, 이는 중화인민공화국을 세운 마오쩌둥에 대한 인민들의 존경심을 표현한 것이다. 환율은 2019년 1월 기준 '1CNY'은 약 163원이지만 쇼핑 시에는 대략 200원으로 계산하는 것이 편리하다.

Tip 1 추천 여행 시기

9월 말~11월 초를 추천한다. 파란 가을 하늘 아래 아름다운 베이징의 풍경을 만끽할 수 있기 때문인데, 간혹 스모그와 황사가 하늘을 뿌옇게 만들기도 하니 출발 전 일기예보를 확인하자.

Tip 2 여행 복장 준비하기

봄, 가을에는 강한 바람과 황사에 대비하여 바람막이 재킷과 보온용 긴팔 상의가 필수다. 여름에는 뜨거운 태양과 기온차를 대비해 선글라스와 모자나 양산과 얇은 긴팔이 필요하다. 겨울에는 두꺼운 옷보다는 체온 조절을 위해 얇은 옷을 여러 겹 입는 것이 좋다.

Tip 3 위조지폐 구별법

인민폐는 위조 방지 기능이 있음에도 불구하고 암암리에 유통되고 있으니 간단한 위조지폐 구별법을 알아보자. 100CNY의 경우, 지폐 위에 그려진 마오쩌둥의 옷깃을 만지면 울퉁불퉁한 느낌이 나야 한다. 지폐의 중앙 금속선에 '¥100'이 적혀 있어야 하며, 햇빛에 지폐를 비추어 보았을 때 앞면이 아닌 뒷면에서 보이는 마오쩌둥의 두상이 올바르게 나타나야 한다.

Step to Beijing 02

베이징 여행 필수 준비물

✚ 베이징의 표준시간

베이징의 표준시간은 한국에 비해 1시간 늦다. 즉, 한국의 오전 9시는 베이징에서 오전 8시에 해당한다.

출국장

✚ 전원 및 전압

전원은 220V, 50Hz로 한국과 차이가 없다. 하지만 전원 플러그는 한국과 달리 3구 형태이다. 대부분 호텔은 2구와 3구 겸용 플러그를 사용하고 있지만, 아직 대부분 3구 플러그를 사용한다. 따라서 멀티탭을 준비하는 것이 좋다(어댑터는 공항과 편의점에서 구매 또는 호텔에서 대여할 수 있다).

공항로밍센터

✚ 데이터 로밍 신청

무제한 데이터 로밍 신청은 출국 전에 국내 공항에서 하는 것이 좋다. 만일, 출국장에서 신청하지 못한 경우 면세점 지역에서도 신청이 가능하니 참고하자. 통신사마다 다양한 요금제가 있으니 확인 후 여행에 맞는 요금제를 신청하는 것이 좋다. 베이징에서 와이파이 사용은 자유롭지 못하며, 데이터 속도도 매우 느리다. 또한 데이터 로밍을 사용하더라도 간단한 채팅이나 검색 수준이며, 사진이나 동영상을 주고받을 경우 상당한 인내가 필요한 경우가 많다.

✚ 현지 USIM 이용

로밍서비스가 편리하지만, 비용(9,000~10,000원/일)이 부담되고, 여행 시 데이터 이용이 필수라면 중국 · 홍콩의 현지 USIM을 구매하는 것도 바람직하다. 또한, 국내 공항에서 해외용 USIM을 구매하는 방법도 있다. 하지만 이 경우 현지에서 데이터가 제한되어 요금 폭탄 걱정이 없는 반면, 여행 기간 내내 국내전화를 받을 수 없다는 단점이 있다.

✚ 베이징 여행 준비물

베이징은 대부분의 관광지가 지하철과 잘 연계되어 있지만 주로 도보를 이용해야 하는 만큼 편안한 신발이 필수다. 쿠션이 많은 운동화와 땀 흡수가 잘되는 면양말을 준비하자. 여름에 베이징을 여행하면 호텔이나 쇼핑몰의 엄청난 냉방으로 인한 기온 차이로 감기에 걸리기 쉽다. 중국의 감기약은 한국인에게 거의 맞지 않으니 종합 감기약은 필수. 자외선 노출에 대비한 자외선 차단제와 황사나 스모그에 대비한 마스크 역시 필수 아이템!

USIM 판매기

> **Tip 1 여행 필수 준비 품목**
> 운동화와 두꺼운 면양말, 각종 충전 케이블, 일반 티슈, 물티슈, 비누, 화장품, 약품(소화제, 감기약, 지사제), 어댑터, 믹스커피 등과 계절 용품으로 모자 및 양산, 선글라스, 마스크 등을 챙기자. 많이 걷게 되므로 새 신발은 절대 금물이다.

+ 현금 준비

베이징은 타 도시보다 신용카드 이용이 수월한 편이지만 예산 전액을 현금으로 소지하기 부담스러운 여행자는 전체 경비의 50% 정도 현찰로 준비하는 것을 권한다. 그리고 약간의 미국 달러를 비상금으로 지참하는 것이 좋다. 중국 인민폐(RMB)의 경우 살 때 비해 팔 때 환차 손실이 매우 크기 때문. 미국 달러는 가능한 소액권으로 준비하고, 달러는 필요시에 호텔이나 은행에서 인민폐로 환전할 수 있다.

+ 신용카드 이용

국내 신용카드(VISA, MASTER)는 베이징뿐만 아니라 중국 대부분 지역에서 사용할 수 없다. 호텔을 제외하고 식사나 쇼핑을 할 경우에는 반드시 국내 신용카드의 사용 가능 여부를 미리 확인하자. 간혹 신용카드 표식을 보더라도 우리나라 카드가 아닌 대부분 중국은행 계좌에 연계된 신용카드만이 통용된다. 현재는 국내은행에서 발행하는 신용카드 중에선 은련카드(UNION PAY)가 그나마 많이 쓰인다. 중국을 자주 여행한다면 은련카드 한 장쯤은 필수다.

+ 와이파이 이용

1. 베이징은 와이파이가 대부분 유료다. 호텔의 경우, 투숙객에 한해 비밀번호를 제공하고 있다. 데이터 이용 속도는 한국에 비해 무척이나 느리다는 것을 감안하자.

2. 베이징으로 출발하기 전에 특정 기간만 데이터 무제한 서비스를 신청하는 것도 방법이다. 예를 들어, 예상되는 일정에만 한시적으로 데이터를 신청할 수도 있다. 서비스 개통 시간은 원하는 날짜와 시간부터 하루 24시간 기준으로 신청이 가능하다(통신사마다 가격이 조금씩 다르다).

3. 데이터 무제한이 필요한 이유는 해외에서 구글 지도와 지하철 교통편, 주변 관광 정보를 수시로 확인하거나 일행 간 연락을 취하기 위해서다. 물론, 일행들과 항상 함께 한다면 1~2명만 데이터 무제한 신청을 하고, 개인 핫스폿을 통해 와이파이를 공유하도록 하자.

4. 무료로 와이파이를 이용할 수 있는 장소를 찾자. 공항을 비롯하여 스타벅스, 맥도날드, KFC와 같은 프랜차이즈 상점과 호텔의 로비, 비즈니스 센터와 같은 곳에서는 무료로 와이파이를 사용할 수 있다. 만일 상점에 'Free Wireless'가 적혀 있다면 그곳은 무료로 와이파이를 사용할 수 있는 곳이라는 뜻이다.

베이징 여행 전 챙겨야 할 모든 것

1. 비자 신청하기

해외여행을 하기 전에 반드시 확인해야 하는 것이 여권과 비자다. 여권은 해외에서 대한민국 국민임을 증명하는 신분증이다. 하지만 여권이 있다고 해서 모든 나라를 자유롭게 여행할 수 있는 것은 아니다. 여행하려는 국가에서 입국을 허가해주어야 하는데 이처럼 개인이 외국에 입국하기 위하여 사전에 얻는 허가의 증명을 '비자Visa' 혹은 '사증签证'이라고 한다.

✚ 방문 신청 비자

중국(단, 홍콩은 제외)은 출국하기 이전에 반드시 비자를 받아야 한다. 중국대사관이나 별도의 비자 접수처에 여권과 신청서를 비롯한 구비서류와 함께 수수료를 내면 된다. 중국어를 모를 경우 개인적으로 발급받기가 매우 어려우니 여행사를 통해 대행 접수하는 것을 추천한다. 개인뿐 아니라 단체로 여행하는 방문객들도 반드시 비자를 발급받아야 한다. 중국 비자는 단수와 복수 두 가지가 있는데 단수비자는 발급 후 30일 이내 1회에 한해 입국을 허가해주는 것이며, 복수 비자는 1년 이내 횟수에 상관없이 자유롭게 입국할 수 있다. 단수와 복수 모두 최대 30일간의 체류가 가능하다. 비자가 없는 경우, 국내 공항에서 탑승이 거절되거나 베이징에 도착한 후 입국심사를 통과하지 못하게 된다. 비자는 신청일로부터 일주일 이내에 수령이 가능하다.

◎ 단순 비자 구비 서류

여권(6개월 이상 유효), 여권용 사진 1매, 비자 신청서, 신분증 사본

◎ 비자 종류

L – 관광 및 친척 방문, F – 비즈니스 방문, X – 유학, Z – 취업

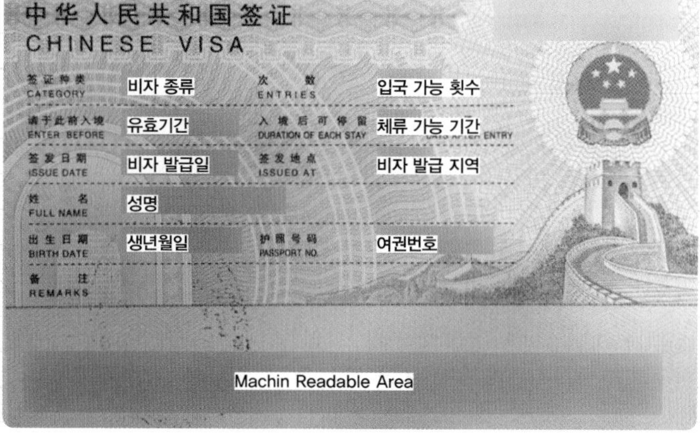

2. 항공권 구매하기

+ 항공사 또는 여행사 선택

저렴한 항공 요금도 중요하지만, 취소 · 변경에 따른 수수료도 함께 비교해야 한다. 가능한 일찍 항공권을 구매하는 얼리버드Early Bird 혜택을 이용하자.

◎ 대표적인 항공 예약 사이트

대한항공 kr.koreanair.com

아시아나항공 flyasiana.com

인터파크 투어 tour.interpark.com

웹 투어 www.webtour.com

G마켓 gtour.gmarket.co.kr

+ 출국일과 귀국일, 입출국 공항을 선택하고, 입력

인터넷 사이트에서 출국과 귀국 일정을 입력하고 목적지 도시 또는 공항을 선택한다. 이때, 직항 및 좌석 예약 가능 여부를 먼저 확인한다.

+ 검색 결과 중 본인의 일정과 예산에 적합한 상품을 선택

검색된 결과에서 항공사와 결제 조건에 따라 가격 차이가 발생한다. 동일한 항공편인 경우에도 희망하는 시간대에 따라 가격이 다를 수 있다. 시간이 곧 돈이다.

+ 최종적으로 일정을 확인 후 예약 및 결제 진행

일정 변경 시 취소 수수료와 위약금이 발생하니 신중하게 예약해야 한다. 최종 일정이 정해지면 결제 후 예약번호 확인 및 E-Ticket을 출력한다. 인터넷 항공 예약 사이트는 출국 일정이 가까워질수록 항공 예약 사이트와 가격 차이가 줄어든다.

Tip 1 **여행 일정 팁**

1. 여행 일정이 짧은 경우, 늦은 오후 출국 또는 오전 귀국은 피하자. 어렵게 가는 해외여행인 만큼 비용이 다소 들더라도 실질적인 현지 여행 시간을 최대한 늘리는 것이 좋다.
2. 여행 출발일이 충분하게 남아 있는 경우, 항공기 예약 사이트에서 할인 항공권 구매도 가능하다. 또한, 예정된 일정의 전후 3일간의 비용을 비교해 볼 수 있다. 출국 일정과 귀국 일정을 하루 변경하는 것만으로도 숙박비 또는 여행 경비를 절감할 수 있다.

항공권 구매하기 ① 여행지 공항 선택하기

② 출국 및 귀국 일정 입력하기

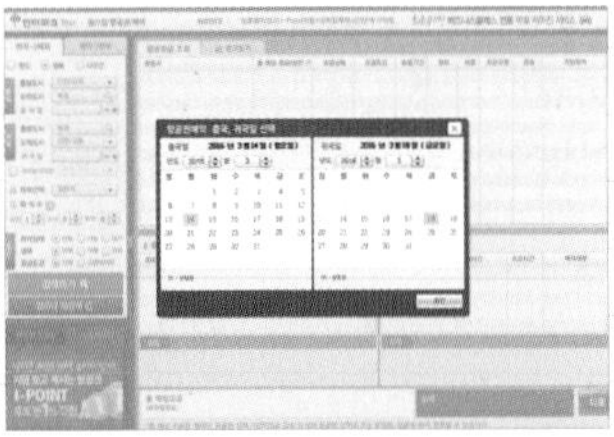

③ 항공권 조회하기

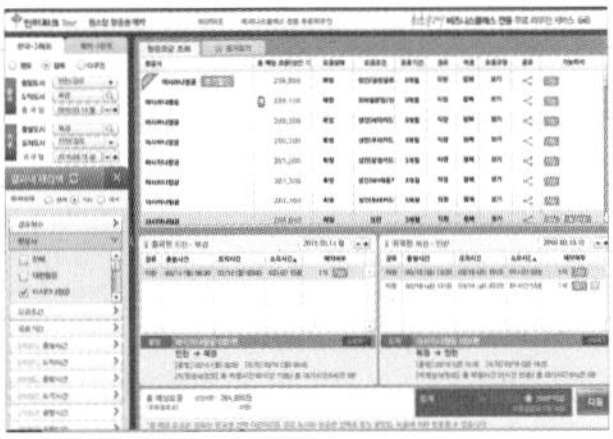

④ 예산에 맞는 상품 선택하기

3. 해외 호텔 예약하기

✚ 여행지 확인

베이징에서 여행 목적에 따른 이동 경로 및 시간을 최소화할 수 있는 장소 또는 지역을 미리 정한다. 여행 목적지를 입력하고 체크인과 체크아웃 날짜를 입력한다. 이때 1박을 기준으로 비교를 해야 예산 수립이 쉽다.

◎ 대표적인 호텔 예약 사이트

부킹닷컴 www.booking.com
인터파크 투어 원스톱 호텔 예약 tour.interpark.com
호텔패스닷컴 www.hotelpass.com

◎ 지도 보기 기능 이용하기

호텔 예약 사이트는 지도 보기를 지원한다. 지도상에서 목적지, 중심 관광지를 선택하고 그중에서도 지하철역과 가까운 호텔을 선택하자. 대표적인 관광지 또는 해당 지역을 설정하여 검색이 가능하니 최대한 대로 또는 지하철역에 가까운 호텔을 선정하자. 도보 10분 이내 거리를 추천한다.

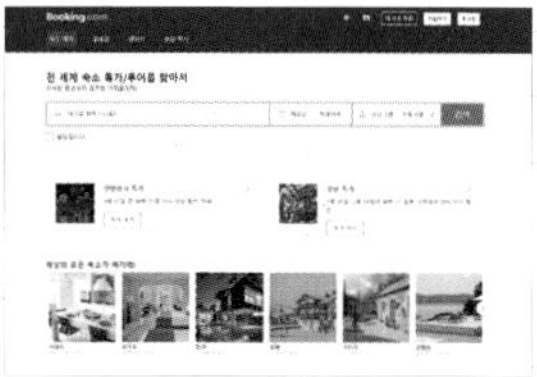

일정에 맞는 호텔 확인하기

예산에 맞는 호텔 예약하기

◎ 구글맵

해외에서는 구글맵이 매우 정확하고 유용하게 활용된다. 우리가 주로 사용하고 있는 네이버 지도나 다음 지도는 국내에서만 활용할 수 있으니 스마트폰 애플리케이션은 필수로 설치하도록 하자.

◎ 조식 선택

여행 일정상 조식이 불가능하거나 현지식으로 아침식사를 맛보길 원한다면 조식 불포함으로 숙소를 예약해야 한다. 호텔에 따라 하루에 15~30불 정도가 조식 비용으로 추가된다.

✚ 예산에 맞는 호텔 예약하기

베이징 호텔은 위치에 따라 숙박비 차이가 크다. 위치 및 시설 등을 감안하여 하루에 300~400元의 경제적인 호텔과 500~600元의 비즈니스 호텔, 그리고 800元 이상의 특급 호텔들로 구성되어 있다고 보면 된다. 각자의 예산에 맞는 호텔을 선정하면 된다(필자는 부킹닷컴을 이용했다).

✚ 예약 후 바우처 출력 및 보관

호텔이 결정되면 결제 후 바우처를 출력해 보관하자. 현지 호텔 체크인 때 여권과 함께 제출해야 한다.

4. 면세점 알뜰 쇼핑하기

낯선 여행지에 대한 설렘도 있지만 여행에서 빼놓을 수 없는 것이 바로 면세점 쇼핑이다. 특히 국내 면세점 쇼핑이 중요하다. 그 이유는 내국인에게 많은 할인과 우대 혜택이 있기 때문. 하지만 겨우 출국 수속을 마치고 면세점에 들어오니 무엇을 사야 할지, 어디로 가야 할지도 몰라 정신이 아득해진다면 인터넷면세점을 활용해 보자. 공항 면세점 대비 최대 30~40% 저렴하게 구입할 수도 있다.

1. 각 면세점의 다양한 이벤트를 최대한 활용한다. 출국 일정 입력하기, 출석하기 등 다양한 이벤트에 참가해 적립금을 모아 둔다. 물론 약간의 수고스러움이 있지만 몇만 원의 적립금 모으기는 땅 짚고 헤엄치기. 특히 주말에 할인 이벤트가 많이 몰린다.

롯데 인터넷면세점

2. 할인 쿠폰을 활용한다. 사이트에서 제공하는 정액 · 정률 쿠폰을 받아 결제 시 사용한다. 정액 쿠폰은 일정 금액 이상을 구매할 때 정해진 금액을 차감해주는 것이고, 정률 쿠폰은 일정 비율(%)로 할인을 해주는 쿠폰이다. 또한, 카드사가 제공하는 결제 조건에 따른 할인율도 별도로 있으니 꼭 확인해볼 것!

★ 물품을 할인율 높은 품목으로 정렬한 다음, 쿠폰 적용 및 적립금을 사용하면 공항 면세점 대비 최소 20~30% 이상 할인을 받을 수 있다. 신제품은 할인율이 낮다.

신라 인터넷면세점

신세계 인터넷면세점

3. 항공사에서 운영하는 기내 면세점도 사전 구매 시 10~15%의 할인이 적용된다. 참고로 매월 변경되는 달러 대비 원화 환율이 구매자에게 유리하게 적용되니 일석이조.

◎ 대표적인 인터넷면세점 사이트

신라 인터넷면세점 www.shilladfs.com

롯데 인터넷면세점 www.lottedfs.com

신세계 인터넷면세점 www.ssgdfs.com

Step to Beijing 04

베이징 입국부터 출국까지 A to Z

1. 국내 공항에서 출국하기

✚ 공항 터미널 도착

국내 공항에 도착하면 해당 항공사의 출국 수속 카운터로 이동한다. 운항 정보 안내 모니터에서 탑승할 항공사와 카운터(A~M) 확인이 가능하다. 인천공항의 경우, 제1터미널과 제2터미널로 나뉘니 주의해야 한다. 대한항공은 제1터미널에서, 아시아나항공은 제2터미널에서 탑승 수속을 진행한다.

> Tip 1 **공항 도착은 여유있게**
> 처음 공항을 이용한다면 출발 시간 최소 2시간 반~3시간 전에 공항 카운터에 도착하는 것이 좋다. 그래야 여유로운 탑승 수속과 즐거운 면세점 쇼핑이 가능하다.

✚ 체크인 절차

여권과 함께 E-Ticket을 제시하여 비자 확인을 받는다. 수하물을 위탁하고 좌석 배정 및 보딩패스를 발권받는다. 참고로 카메라, 노트북 배터리 및 외장 배터리는 수하물 위탁이 불가능하다.

★ 체크인 카운터 이용은 보통 항공기 출발 3시간 전부터 가능하다.

✚ 출국 심사

출국장에 들어서면 공항 안전 및 항공기 안전을 위한 보안 검색을 받는다. 외투와 모자, 선글라스, 컴퓨터와 태블릿PC, 카메라 핸드폰과 배터리 등을 바구니에 담아 검색대를 통과한다. 기내 반입 금지 물품에 대해서는 보안 검색대 앞에 있는 안내판을 참조하자. 이후, 출국 심사대에 여권과 항공권을 제시하여 출국 확인 후 바로 면세 구역으로 들어가면 된다.

출국 수속

출국 게이트 안내판

자동 출입국

◎ 자동 출입국 심사

여권 정보와 지문을 통해 매번 줄 서서 출입국 심사를 받지 않고 무인 심사대를 통과할 수 있는 자동 시스템이다. 만 19세 이상 국민이라면 누구나 사전등록 절차 없이 바로 이용가능하며, 만 14세 이상~18세 미만 국민의 경우 사전등록 후 이용할 수 있다(단, 7세 이상~14세 미만은 부모 동반 및 가족관계확인 서류 제출 시 가능하다).

1단계 (대상자의 경우) 인천공항 제1터미널 3층 체크인카운터 G구역 앞과 제2터미널 일반지역 2층 정부종합행정센터 내의 자동 출입국 등록 센터에 여권을 제시하면 신청할 수 있다. 오전 7시부터 오후 7시까지만 운영하니 주의하자.
2단계 서명, 지문을 등록하고 사진 촬영을 하면 사전 등록 절차가 완료된다.
3단계 여권을 기기에 접촉하여 스캔한다. 이때, 여권 커버는 빼는 것이 편리하다.
4단계 입구가 열리면 입장해 지문 인식 본인인증 절차를 거친다.
5단계 안면 인식 본인인증 완료 후 심사가 끝나면 출구가 열린다.

★ 등록은 최초 한 번만 하면 되고 그 이후로는 3~5단계만 수행하면 된다.

2. 베이징 입국하기(제3터미널 기준)

베이징의 공항 터미널은 2개다. 제2터미널은 대한항공(KE)과 남방항공(CZ), 동방항공(MU)이 이용하고, 제3터미널은 아시아나항공(OZ)과 중국국제항공(CA), 그리고 대부분의 스타얼라이언스 소속 항공사가 이용한다. 사전에 터미널을 미리 확인해 혼란을 줄이자.

✚ 기내에서 준비

기내에서 입국 신고서와 건강 신고서를 받아 해당 사항을 기입한다. 건강 신고서는 경우에 따라 작성한다. 중국 내 주소는 예약한 호텔의 영문명을 대문자로 기입한다. 비자 번호는 우측 상단에 있으며, 비자 발급 지역은 해당 지역(Ex. SEOUL)을 기입한다. 비행기 편명은 입국 카드와 출국 카드에 다르게 기입이 되어야 한다. 주의하자.

✚ 착륙 후 이동

비행기에서 내리면 에스컬레이터를 타고 입국장으로 무빙워크를 따라 이동한다. 'Arrival' 화살표를 따라 이동하면 되니 걱정하지 말자.

✚ 입국 수속

베이징 공항에 들어서면 먼저 검역 카운터와 입국 심사 카운터를 지나게 된다. 우선 검역 카운터에 노란색의 건강 신고서를 제출한다. 베이징을 처음 방문한다면 자동지문등록시스템에 지문 등록을 해야 한다. 지문 등록을 마치면 나오는 확인증을 가지고 입국 심사 카운터로 이동하여 여권과 입국신고서를 제출한다. 입국 심사 창구는 중국 내국인 전용과 외국인 전용이 구분되어 있으니 참고하자. 입국 심사 시, 모자와 안경은 벗어야 한다.

✚ 수하물(짐) 찾기

여행 가방 등 수하물이 있는 경우 비행기 편명과 수취대 번호를 전광판에서 확인한다. 다음엔 수하물 수취 장소로 이동해 자신의 짐을 찾아 세관으로 간다.

✚ 세관

외국인 관광객들은 입국 시 여객 수하물 신고서를 기입하여 세관에 신고해야 하며 또한 세관의 검사를 받아야 한다. 신고할 물건이 없다면 'Nothing to Declare'를 통해 나가면 된다.

출국 수속

입국 수속 - 검역 카운터

Tip 2 모노레일로 이동하기

국제선 제3터미널의 경우, 입국 수속 후 모노레일 APM을 이용해 수하물 수취 장소로 이동한다. 이때, 모노레일은 3분에 1대씩 승차 가능하며, 두 번째 T3-C역에서 하차한다.

입국 수속 - 입국 수속 카운터

수하물 찾기

3. 베이징에서 출국하기

✚ 베이징 공항 도착

귀국 항공편의 일자와 항공 시간, 그리고 이용 터미널을 사전에 확인한다. 참고로 대부분의 항공권은 왕복 항공권이니 입국 시 이용한 터미널로 이동하면 된다. 베이징 수도 국제공항으로 가는 길은 교통 체증이 빈번한 만큼 최소 3시간 전에 출발하도록 하자.

✚ 공항 체크인(탑승 수속)

공항에 도착하면 먼저 해당 항공사의 체크인 카운터로 가서 체크인을 한다. 항공사 카운터에서는 기내 반입 금지 물품 및 수하물 규정 등에 의해 수하물을 처리하며, 초과 수하물의 경우 추가 요금을 지불해야 한다. 참고로 주류와 같은 물품은 수하물 위탁이 안 된다. 공항 내에서 별도 포장을 해야 하며 외장 배터리에 대한 규정이 엄격하니 반드시 기내 반입을 하도록 하자.

✚ 출국 심사

탑승권(보딩패스)과 수하물표를 받고 출국 심사대로 이동한다. 입국 시 받은, 또는 근처에 비치되어 있는 출국 카드를 작성하여 여권, 탑승권과 함께 제시한다. 베이징의 경우, 노트북이나 배터리뿐만 아니라 카메라와 렌즈까지 별도의 보안 검색을 받아야 한다. 출국 심사 시간이 예상 외로 오래 걸릴 수 있으니, 사전에 여유 있게 공항에 도착해야 한다.

Step to Beijing 05

베이징 도심으로 들어가기

베이징 수도 국제공항은 베이징 시내에서 약 25km 떨어져 있다. 시내로 이동하는 교통수단은 크게 세 가지이다. 공항철도와 공항버스, 그리고 택시 중 선택할 수 있다. 일반적으로 제2터미널 또는 제3터미널에서 도심 진입구라 할 수 있는 싼위안차오 역三元桥 站근처까지는 교통편에 따라서 대략 30분에서 60분이 소요된다. 노선은 터미널과 상관없이 동일하지만 안내판은 꼭 살펴보는 것이 좋다.

1. 공항 고속열차 이용하는 법

공항 고속열차机场快轨, Airport Express는 베이징 수도 국제공항에서 시내까지 가장 빠르게 이동할 수 있는 교통수단이다. 공항 고속열차는 제3터미널3号航站楼, Terminal 3과 제2터미널2号航站楼, Terminal 2을 지나 시내의 싼위안차오 역三元桥 站과 동즈먼 역东直门 站에 정차한다. 불과 16분 만에 베이징 공항에서 종착역인 동즈먼 역까지 이동할 수 있다. 티켓은 편도 티켓만 구입할 수 있으며, 숙소의 위치를 미리 확인하여 가까운 역에 내려 지하철로 환승을 하거나 택시를 이용하는 것을 추천한다.

공항 고속열차 매표소 이동

❶ 공항 고속열차 매표소 이동 입국장에서는 '机场快轨(지창콰이쿠웨이)' 혹은 'Airport Express'라는 안내 표시를 찾자. 표지판을 따라 무빙워크로 이동을 하면, 오른쪽에 공항 고속열차 매표소가 있다(편도 요금 25元). 티켓을 구입했다면 공항 고속철도를 탈 수 있는 곳으로 이동하면 된다.

수하물 보안 검사

❷ 수하물 보안 검사 공항 고속열차를 타기 위해서는 수하물 보안 검사를 다시 해야 한다. 베이징에서는 대중교통을 이용하는 모든 곳에서 가방 검사를 하고 있으니 당황하지 말자. 심지어 천안문광장에서 고궁박물원을 가기 위해서는 약 5~6번의 보안 검사를 받아야 한다. 소형백이나 카메라는 무관하지만 대부분의 가방은 반드시 검색대를 통과하여야 한다.

공항 고속열차 탑승

❸ 공항 고속열차 탑승 공항 고속열차는 지정 좌석이 없다. 짐을 안전하게 고정시켜 두고 편한 곳에 앉으면 된다. 가방은 반드시 보이는 곳에 두자. 공항 고속철도 운행시간은 오전 6시 20분부터 오후 11시 10분까지이며 10분 간격으로 운행한다.

동즈먼 역

❹ 싼위안차오 역과 동즈먼 역 하차 정차역인 싼위안차오 역에는 한인타운이 있는 왕징望京, 싼리툰三里屯으로 연결되는 지하철 10호선을 탈 수 있고, 동즈먼 역에서는 지하철 2호선과 13호선을 탈 수 있다.

2. 공항버스 이용하는 법

베이징은 많은 여행객을 위해 저렴한 가격에 다양한 노선을 제공하는 공항버스를 운영하고 있다. 제2터미널은 11번 게이트에, 제3터미널은 5번 게이트에 공항버스机场巴士 승차장이 있다. 제3터미널의 경우 입국장과 승차장 앞에 있는 매표소에서 노선 및 시간표를 반드시 확인하고 타자. 참고로 싼위안차오三元桥 방향은 1선线을, 시단西单 방향은 2선线을, 동즈먼东直门과 동시스차오东四十桥 방향은 3선线을 이용한다.
또한 하차 후 연계 노선도 확인하자. 요금은 거리별로 15元, 18元, 21元, 24元, 30元씩 총 5단계로 나뉜다. 소요시간은 버스 노선과 교통 상황에 따라 다르지만 대략 1시간 정도 소요되며, 교통 체증이 생기면 1시간 30분 이상도 걸린다(07:00~24:00, 15/30분 간격, 요금 15~30元)

3. 공항택시 이용하는 법

공항택시出租车는 요금도 저렴하고 생각보다 친절한 편이다. 특히 일행이 2~3명이라면 공항 고속열차보다 택시(약 80~100元)를 이용하는 것이 보다 편리하고 경제적이다.
하지만 중국어를 전혀 못 하거나, 베이징이 처음이라면 권하지 않는다. 택시 기사들은 영어를 전혀 못 하기 때문. 또한, 공항에서 도심으로 들어가는 고속도로는 때에 따라 정체가 심한 편이다. 만일 택시를 이용하려면 목적지와 장소에 대한 한자로 된 주소 또는 약도를 반드시 챙겨야 한다. 필요하면 공항 안내소에 문의하여 중국어 주소를 받아두자. 싼위안차오 역까지 약 80~100元 정도가 든다.

Tip 1 **베이징 택시**
베이징을 여행하다 보면 택시를 이용할 일이 많이 생긴다. 다행히 베이징 택시는 요금이 저렴하고 안전하다. 목적지만 제시하면 알아서 데려다주고, 합승은 불법이며 내릴 때는 운전석 옆에 있는 요금기에서 영수증까지 준다. 그리고 혹시 놓고 내린 물건이 있으면 영수증을 이용하여 찾을 수도 있으니 영수증은 꼭 잘 보관하자.

Tip 2 **헤이처**
관광지에서는 택시가 아닌 택시들도 볼 수 있는데 중국에서는 이를 '헤이처黑車'라고 한다. 정상적인 택시가 아니라는 뜻에서 붙여진 이름이다. 이런 차들은 일반 택시들보다 차 내부가 깨끗하고 비교적 차종도 고급스럽다. 하지만 헤이처는 불법 영업이기에 교통사고가 났을 경우 보험 처리가 어렵고, 제대로 손해배상을 청구하기가 어렵다. 헤이처는 택시 미터기 요금이 아닌 사전 합의로 이루어진다.

Tip 3 **베이징 택시 기사, 스푸**
중국에서는 택시 기사를 '스푸師傅'라고 부른다. 이는 '사부님'과 같은 의미로, 거리를 훤히 꿰뚫고 있어 거리 박사라는 뜻에서 이런 호칭이 붙은 것이다. 중국에서 택시는 주행 중에 마치 경찰차에 쫓기고 있는 차량처럼 곡예를 하는 것이 일반적이다. 급한 차선 변경 및 불법 회전, 심지어는 역주행도 마다치 않는다. 조수석에 앉을 경우에는 스릴을 맛보면서 불안감과 쾌감을 동시에 느낄 수 있는데, 내리고 나면 다리에 힘이 쏙 빠진다고들 한다.

4. 지하철 이용하는 법

지하철 요금은 구간별 요금제 방식이다. 최소 3元부터 9元까지 거리와 목적지에 따라 요금이 차등 적용된다. 반드시 목적지와 해당 요금을 확인 후에 표를 사자. 이카통 이용 시에는 요금이 자동 차감된다.

✚ 지하철 표 구매하기

자동 발매기의 경우, 언어를 선택하고 이용하고자 하는 구간(몇 호선)을 선택한다. 역 이름을 터치하고 인원을 선택하면 해당 요금이 화면에 나타난다. 현금(동전 또는 지폐)을 넣으면 발권된다. 지폐 인식이 안 되는 발매기가 많이 있으니 당황하지 말고 주변을 잘 살펴보면서 역무원이 있는 판매 창구를 찾아보자. 해당 구간 요금을 확인한 다음, 현금과 함께 수량을 말하면 된다.

◎ 자동 발매기 이용방법

❶ 가고자 하는 목적지와 요금을 확인한다.

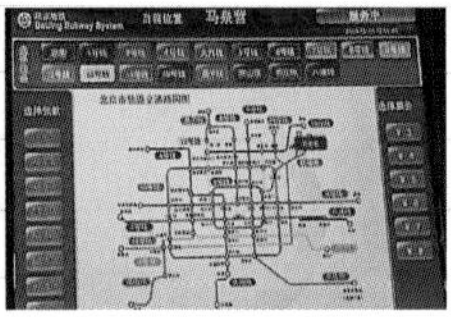

❷ 자동 발매기에서 지하철 노선표를 확인, 해당 노선을 누른다.

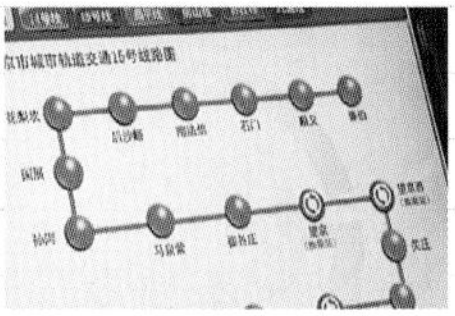

❸ 노선표에서 목적지를 누른다.

❹ 요금을 확인한다.

❺ 필요한 수량을 누른다.

❻ 지폐 또는 동전을 투입한다.

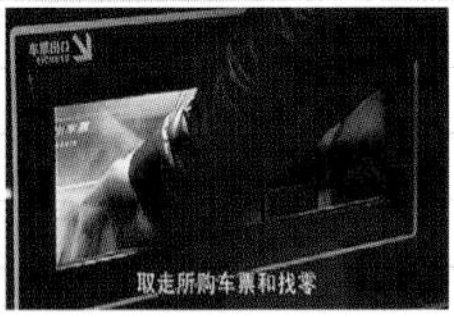

❼ 지하철 표를 수령한다.

◎ 지하철 타고 이동하기

우리나라와 같이 모든 노선은 색으로 구분되며, 각 승강장에는 진행 방향이 표시되어 있다. 예를 들어 왕사혜동 방향往四惠東方向에서 왕往은 'To'를 의미한다. 또는 개왕开往으로 표기하기도 한다.

지하철 역명이 검정색과 회색으로 구분되는데, 회색은 이미 지나온 역이다. 따라서 검정색으로 표기된 승강장을 이용해야 한다.

5. 버스 이용하는 법

베이징 버스 역시 지하철만큼이나 편리하고 빠른 교통수단이다. 특이한 것은 베이징의 버스는 번호로 노선을 쉽게 구분할 수 있다는 것이다. 1~122번까지의 버스는 베이징 시내를 주간에 운행하는 버스이며, 200번대는 야간버스로 오후 11시부터 새벽 4시 30분까지 운행하는 버스다. 300번대 버스와 700번대 버스는 시내와 근교를 운행하는 버스이며, 500번대는 시외를 운행한다. 800번대는 에어컨이 있는 버스, 900번대는 시외 투어 버스이다. 버스 요금은 거리에 비례하지만 보통 에어컨이 없는 버스는 1元, 에어컨이 있는 버스는 2元이며 이카통으로 요금을 내면 버스 요금을 할인 받을 수 있다.

Tip 5 베이징의 버스 안내양

베이징의 버스에는 버스 안내양이 있다. 버스를 승차할 때 교통카드인 이카통이 있다면 단말기에 찍으면 되지만, 현금 승차 시엔 버스 안내양에게 즉석에서 표를 구매해야 한다. 표를 끊고 받은 종이는 내릴 때도 보여줘야 하니 잘 보관하여야 한다. 안내양이 없으면 운전석 옆에 있는 요금함에 현금을 넣어야 하니 잔돈을 준비하는 것이 좋다.

✚ 베이징 교통카드, 이카통

교통카드는 베이징 도심 여행의 필수품이다. '한 장의 카드로 모두 통한다'는 이름처럼 이카통一卡通은 지하철, 버스는 물론 일부 택시에서도 이용할 수 있다. 매번 매표소에서 줄을 서지 않아도 되고, 버스를 이용할 때 이카통을 내면 최대 60% 할인이 된다.

◎ 이카통 구매 및 충전하는 법

이카통은 공항, 버스정류장, 편의점, 지하철역의 매표소 등에서 구매할 수 있다. 매표소에서 '이카통'이라고 말하면서 현금을 지불한다. 카드 보증금은 20元이며, 충전은 10元 단위로 가능하다. 100元(보증금 20元+교통비 80元)을 충전하면 충분하다. 부족할 경우 주요 전철역 또는 일반 24시 편의점에서 충전할 수 있다. 사용 후에는 보증금과 잔액을 돌려받을 수 있으며 환불받기 가장 적합한 곳은 공항 고속열차 매표소이다. 카드를 살 때는 '마이카买卡', 환불할 때는 '투이카退卡'라고 말하면 된다.

이카통 매표소

6. 삼륜차 이용하는 법

자전거에 뒷좌석을 붙인 인력 삼륜차는 베이징에서 가장 특색 있는 교통수단이다. 특히, 차가 지나다니지 못하는 골목에서 삼륜차의 진가가 발휘된다. 삼륜차는 시내의 가까운 곳을 구경하는 데에 편리하지만 반드시 가격 흥정을 한 후 타야 한다. 짧은 거리의 시내 구경 또는 특정 관광지에 한하여 꼭 특이한 경험을 해보고 싶을 때나 타보길 바란다. 특히, 장거리 이동수단으로는 위험하니 절대 이용하지 말 것. 비용도 택시보다 훨씬 비싸다.

Step to Beijing 06

베이징을 여행하며 길 찾는 법

낯선 곳에 도착하면 가장 걱정되는 것 중 하나가 길 찾기이다. 특히 영어가 잘 통하지 않고, 익숙하지 않은 글자가 많은 곳이라면 더 그렇다. 그러나 베이징은 몇 가지 개념만 잘 알아두면 길을 찾기도 쉽고, 각 관광명소 간의 거리를 가늠하기도 쉽다. 지도를 보며 베이징의 구조를 파악해 보자!

1. 동서(东西), 남북(南北)선 이해

베이징 지도를 보면 마치 현대의 계획 도시처럼 직사각형의 면적에 고궁박물원을 중심으로 수직南北선, 수평东西선으로 명확하게 나누어져 있는 것을 볼 수 있다. 그래서 베이징에서는 방향 감각만 있어도 길을 잃어버릴 일이 없다. 남북선은 도시의 심장인 고궁을 기준으로 북쪽으로는 경산공원과 고루까지, 남쪽으로는 천안문과 전문대가, 그리고 천단공원까지 이어진다. 그리고 동서선은 천안문을 가로지르는 장안대로长安大街(창안따지에)는 베이징의 중심선이자 번화한 거리이다. 이렇게 고궁을 중심으로 교차점이 형성된다.

2. 외곽 순환도로의 이해(2~6환)

베이징은 고궁을 중심으로 동서남북 선이 그어져 있듯이, 외곽으로는 2환环부터 6환까지 순환도로가 있다. 그런데 지도상에 표기는 2환부터 나타나 있는 것을 볼 수 있다. 그럼 1환은 어디일까?
고궁박물원에는 외곽 성벽을 따라 해자가 있는데, 이것이 바로 1환이다. 즉, 베이징의 모든 기준점은 고궁박물원이라는 의미이다. 일반적으로는 2환부터 3환까지를 도심으로 보고, 4환부터 5환까지를 베이징 시내로 보고 있다. 그리고 6환부터는 시외로 구분 짓고 있다. 이렇게 동서남북선과 외곽순환도로 명칭을 사용해 개략적인 방향을 잡을 수 있다. 예를 들면, 지하철을 나갈 때 동북东北 출구, 서남西南 출구라는 출구명을 통해 나가고자 하는 방향을 짐작할 수 있다. 도로의 경우도 동3환 북출구东三环北出口라는 식으로 표기되는데 이는 3환 순환 도로의 동쪽 북출구라는 의미이다. 이렇듯 베이징의 길 찾기는 순환도로 명과 동서남북선으로 시작된다.

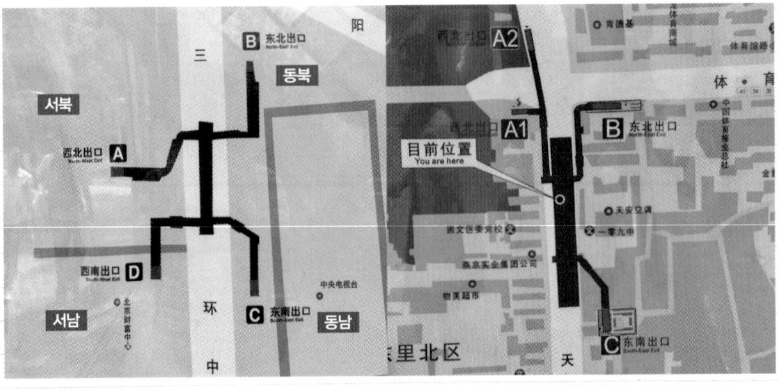

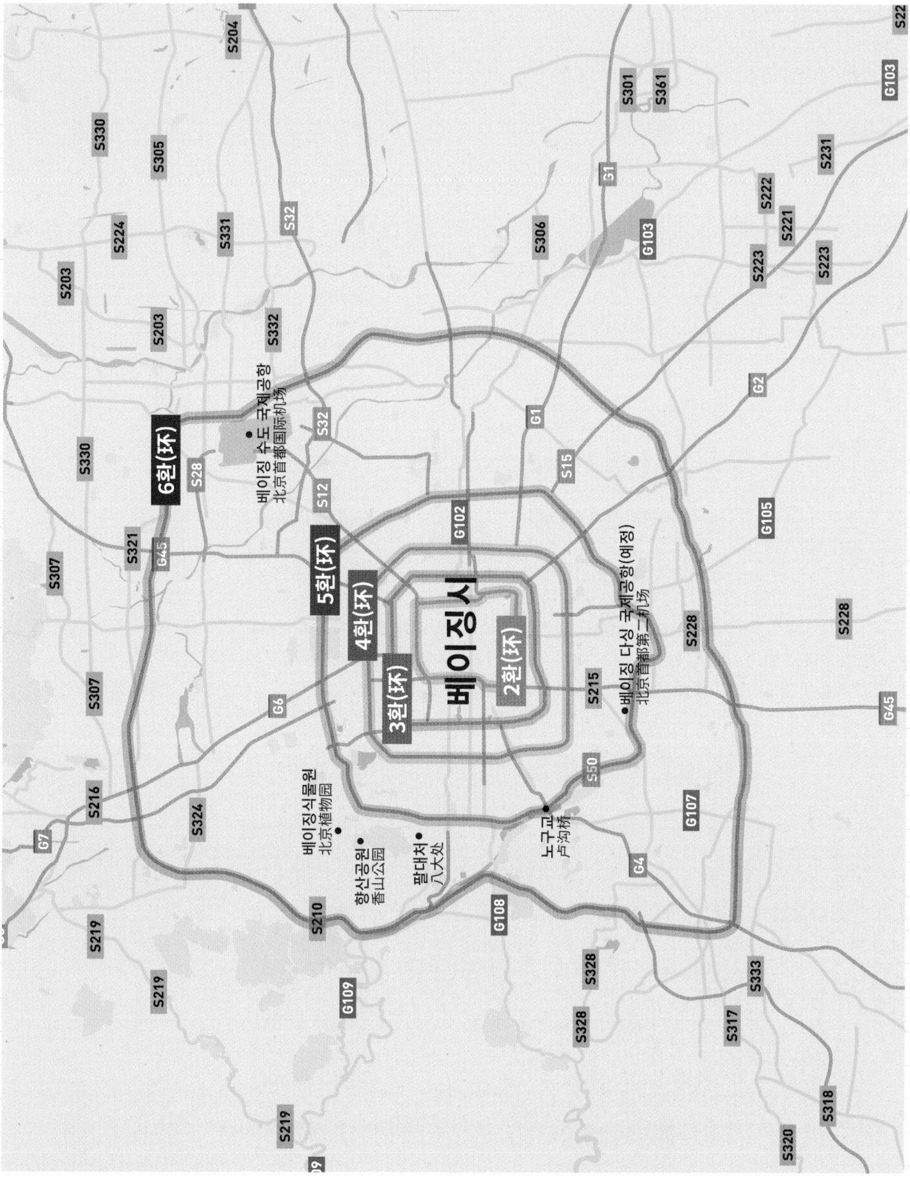
베이징 시
2환(环)
3환(环)
4환(环)
5환(环)
6환(环)
베이징 수도 국제공항
北京首都国际机场
베이징 다싱 국제공항(예정)
北京首都第二机场
베이징식물원
北京植物园
향산공원
香山公园
팔대처
八大处
노구교
卢沟桥
G1
G2
G4
G6
G7
G45
G102
G103
G105
G107
G108
G109
S12
S15
S28
S32
S50
S203
S204
S210
S215
S216
S219
S221
S222
S223
S224
S228
S231
S301
S305
S306
S307
S317
S318
S320
S321
S324
S328
S330
S331
S332
S333
S361

Step to Beijing 07

베이징 여행을 책임질 생존 중국어

생존 중국어는 베이징 공항에 도착해 호텔을 찾아가는 것부터 관광지 이동 및 쇼핑과 음식 주문까지 상황별 필수 문장으로 구성했다.

✚ 인사 표현

안녕하세요.	你好。 [니하오.]
감사합니다.	谢谢。 [씨에씨에.]
미안합니다.	对不起。 [뚜이붙이.]
괜찮아요.	没关系。 [메이꽌시.]
천만에요.	不客气。 [부커치.]
실례합니다.	不好意思。 [뿌하오이쓰.]
다시 한 번 말씀해 주시겠어요?	请再说一遍? [칭짜이슈오 이삐엔?]
좀 더 천천히 말씀해주세요.	请再慢点说。 [칭자이만띠엔슈오.]
이건 어떻게 발음합니까?	这怎么发音? [쩌전머파이인?]
써주시겠습니까?	写一下可以吗? [씨에이샤커이마?]

✚ 공항에서

관광안내소는 어디에 있습니까?	观光介绍所在哪儿? [꾸안구앙 지에사오쒀 짜이나알?]
매표소는 어디에 있습니까?	售票处在哪儿? [셔우퍄오추 짜이나알?]
어디서 택시를 탑니까?	在哪儿坐出租车? [짜이나알 쭤추주처?]

✚ 택시 이용 시

어디까지 가십니까?	到哪里? [따오 나리?]
OO호텔로 가주세요.	到OO大酒店。 [따오OO따지우뎬.]
(주소를 보여주며) 이리로 가주세요.	请往这个地址。 [칭 왕 쩌거띠즈.]
시간은 얼마나 걸립니까?	得多长时间? [데이 뚸창스지엔?]
좀 더 앞까지 가주세요.	请再往前走一点。 [칭짜이 왕치엔쩌우 이띠엔.]

	여기서 세워주세요.	请在这里停车。 [칭짜이쩌리 팅처.]
	고맙습니다. 얼마입니까?	谢谢, 多少钱? [씨에씨에, 뚸샤오첸?]
✚ 호텔에서	체크인해주세요.	请给我开个房间。 [칭게이워 카이거팡지엔.]
	예약했습니다.	预约了。 [위위에러.]
	확인서는 여기 있습니다.	确认书在这里。 [취에런수 짜이쩌리.]
	여기는 123호실입니다.	这里是123房间。 [쩌리스 이얼싼팡지엔.]
	도와주시겠어요?	能帮忙吗? [넝빵망마?]
	식당은 어디에 있습니까?	餐厅在哪儿? [찬팅 짜이나알?]
	계산은 방으로 해주세요.	请一起算到房费里。 [칭이치 쑤안따오 팡페이리.]
	열쇠를 방에 두고 나왔습니다.	钥是落在房里了。 [야오스라 짜이팡리러.]
	화장실 물이 잘 흐르지 않습니다.	洗手间水流不好。 [씨셔우지엔 수이리우 뿌하오.]
	뜨거운 물이 나오지 않아요.	不出热水。 [뿌추 러수이.]
	출발할 때까지 짐을 맡아 주시겠어요?	出发之前能给我看一下行李吗? [츄파즈치엔 넝게이워 칸이샤싱리마?]
	신용카드도 됩니까?	刷卡可以吗? [쑤아카 커이마?]
✚ 식당에서	이곳에 한국식당이 있습니까?	这里有韩国餐厅吗? [쩌리요우 한궈찬팅마?]
	(책을 보이며) 이 식당은 어디에 있습니까?	这个餐厅在哪儿? [쩌거 찬팅 짜이나알?]
	걸어서 갈 수 있습니까?	能走着去吗? [넝저우저취마?]
	몇 시부터 하나요?	从几点开始? [총지디엔카이스?]
	식당이 많은 곳은 어디입니까?	餐厅多的地方在哪儿? [찬팅뚸더디팡 자이나알?]
	메뉴 좀 보여주세요.	请给我看菜单。 [칭게이워 칸차이딴.]

	영어 메뉴판이 있습니까?	有英语菜单吗。 [요우잉위차이단마?]
	잠시만 기다려주시겠어요?	请稍等? [칭샤오덩?]
	(종업원을 부르며) 주문 받으세요.	服务员，点菜。 [푸우위엔, 디엔차이.]
	(메뉴를 가리키며) 이것, 이것으로 하겠습니다.	请给我这个和这个。 [칭게이워 저거 허저거.]
	샹차이(향신료)는 넣지 마세요.	不放香菜。 [부팡샹차이.]
	맥주 한 병 주세요. 차가운 것으로 주세요.	请给我啤酒一瓶。给我凉的。 [칭게이워 피지우 이핑. 게이워 량더.]
	한 병 더 주세요.	请再来一瓶。 [칭짜이라이 이핑.]
	찬물 좀 주세요.	请给我冰水。 [칭게이워 삥수이.]
	(종업원을 부르며) 계산을 부탁합니다.	服务员，买单。 [푸우위엔, 마이딴.]
	전부 얼마인가요?	全部多少钱? [취엔뿌 뚸샤오첸?]
	신용카드도 받나요?	信用卡可以吗? [신융카 커이마?]
	영수증을 주세요.	请给我发票。 [칭게이워 파피야오.]
✚ 지하철 이용 시	표는 어디서 삽니까?	在哪里卖票? [짜이나리 마이피야오?]
	3원짜리 표 두 장 주세요.	请给我三元票两张。 [칭게이워싼위엔피야오 량장.]
	천안문으로 가려면 어디로 나가면 됩니까?	到天安门要往哪儿去? [따오 티엔안먼 야오왕나알쩌우?]
	다음은 어디입니까?	下一站是哪里? [샤이잔 스나리?]
	여기서 내려요.	在这里下车。 [짜리쩌리 샤처.]
✚ 길을 물을 때	잠시 여쭙겠습니다.	请问一下。 [칭원이샤.]
	(지도를 가리키며) 여기는 어디에 있습니까?	这个地方在哪里? [쩌거디팡 짜이나리?]
	천안문광장은 어디입니까?	天安门广场在哪儿? [티엔안먼광창 자이나알?]

	걸어서 몇 분 걸립니까?	走着去几分钟? [쩌우저취 지펀종?]
	여기서 가깝습니까?	离这里近吗? [리쩌리 찐마?]
	이 주변에 지하철역이 있습니까?	这附近有地铁吗? [쩌푸진여우 띠티에마?]
✚ 관광할 때	티켓은 어디에서 삽니까?	门票在哪儿买? [먼퍄오 짜이나알마이?]
	어른 표 1장 주세요.	请给我一张(成人票)。 [칭게이워 이짱(청언퍄오).]
	화장실은 어디입니까?	厕所在哪里? [처쉬 짜이나리?]
	출구는 어디입니까?	出口在哪儿? [추커우 짜이나알?]
	여기서 사진을 찍어도 되나요?	可以在这里照相吗? [커이짜아저리 자오시앙마?]
	사진 한 장 찍어 주시겠어요?	能给我照一张相吗? [넝게이워 자오이장시앙마?]
	몇 시에 문을 엽니까?	几点开门? [지디엔카이먼?]
✚ 쇼핑할 때	편의점을 찾고 있습니다.	我在找便利店。 [워짜이자오 삐엔리띠엔.]
	여기서 먼가요?	离这儿远吗? [리쩌얼 위엔마?]
	몇 층 입니까?	在几楼? [짜이지러우?]
	저걸 보여주시겠어요?	能给我看一下哪个吗? [넝게이워 칸이샤 나거마?]
	이거 얼마입니까?	这个多少钱? [쩌거뚜어샤오첸?]
	비싸요.	太贵了。 [타이꾸이러.]
	모두 얼마입니까?	一共多少钱? [이꽁뚸샤오치엔?]

Index - 가나다순 -

해외에서 데이터 고플 땐?
와이파이도시락
셀프여행에 꼭 필요한 가이드
와이파이도시락
10% 할인
해외여행 데이터 필수품! 「와이파이도시락」을 소개합니다.
와이파이도시락은 세계 각 국가별 이동통신사의 3G/4G(LTE) 신호를 Wi-Fi신호로 바꿔주는 새로운 개념의 데이터로밍 단말기로써, 해외여행 시 데이터를 도시락처럼 간편하게 휴대하며 언제 어디서든 쉽고 빠르게 와이파이를 사용할 수 있습니다.
www.widemobile.com/?esangsang
지금 예약하세요